高等职业教育水利类新形态一体化教材

水利工程测量

主　编　张雪锋　刘勇进

副主编　孔令惠　张鹏飞　齐建伟　鱼小波

中国水利水电出版社
www.waterpub.com.cn
·北京·

内 容 提 要

本书共十二个项目。项目一～七为普通测量，主要介绍了测量的基本概念、基本知识和基本工作，项目八～十为水利工程施工测量，主要介绍大坝施工测量、水闸施工测量、渠道施工测量和大坝变形观测等内容，项目十一主要介绍现代测量技术（包括测量机器人、三维激光扫描仪技术、无人机倾斜摄影技术、无人船搭载多波束测深系统）在水利工程中的应用，项目十二是水利工程测量实训。

本书可供水利工程、水利水电建筑工程、水电站动力设备、水文水资源、水文与工程地质、水土保持、港口航道等专业使用，也可供从事水利水电的专业技术人员参考。

图书在版编目（CIP）数据

水利工程测量 / 张雪锋，刘勇进主编. -- 北京：
中国水利水电出版社，2020.11(2025.1重印).
高等职业教育水利类新形态一体化教材
ISBN 978-7-5170-8797-7

Ⅰ．①水… Ⅱ．①张… ②刘… Ⅲ．①水利工程测量
－高等职业教育－教材 Ⅳ．①TV221

中国版本图书馆CIP数据核字(2020)第157160号

书　　名	高等职业教育水利类新形态一体化教材 **水利工程测量** SHUILI GONGCHENG CELIANG
作　　者	主　编　张雪锋　刘勇进 副主编　孔令惠　张鹏飞　齐建伟　鱼小波
出版发行	中国水利水电出版社 （北京市海淀区玉渊潭南路1号D座　100038） 网址：www.waterpub.com.cn E-mail：sales@mwr.gov.cn 电话：(010) 68545888（营销中心）
经　　售	北京科水图书销售有限公司 电话：(010) 68545874、63202643 全国各地新华书店和相关出版物销售网点
排　　版	中国水利水电出版社微机排版中心
印　　刷	北京印匠彩色印刷有限公司
规　　格	184mm×260mm　16开本　17.75印张　410千字
版　　次	2020年11月第1版　2025年1月第3次印刷
印　　数	6001—9000册
定　　价	**55.00元**

凡购买我社图书，如有缺页、倒页、脱页的，本社营销中心负责调换

前言

为了贯彻落实《国家中长期教育改革和发展规划纲要（2010—2020年）》、《教育部关于印发〈高等职业教育创新发展行动计划（2015—2018年）〉的通知》（教职成〔2015〕9号）、《现代职业教育体系建设规划（2014—2020年）》，顺应"互联网十"的发展趋势，推进信息技术与教育、教学的全面深度融合，编写了高等职业教育水利类新形态一体化教材，旨在实现数字教学资源和传统教材的完美融合。

水利工程测量是水利水电类专业的基本技能课。为了更好地培养高素质、高技能人才，及时反映水利工程测量的新技术、新方法，突出能力培养和技能训练的职业教育特点，本教材由学院教师、企业技术人员和学生代表共同编写而成，编写过程中充分考虑了高职学生的特点，注重与高中知识的衔接，力求将基本理论、基本知识和基本技能以"词条化""碎片化""科普化"的形式呈现，尤其强调实践环节，侧重对学生测、算、绘实际能力的培养；另外，还重视测量新技术、新仪器和新方法的介绍，内容包括测量机器人、三维激光扫描技术、无人机倾斜摄影测量技术、无人船搭载多波束测深系统等。

本教材由黄河水利职业技术学院张雪锋、刘勇进担任主编，黄河水利职业技术学院孔令惠、张鹏飞、齐建伟与中国水利水电第六工程局有限公司鱼小波担任副主编。其中，项目一和项目五由张雪锋编写，项目二和项目六由刘勇进编写，项目三由孔令惠编写，项目四由齐建伟编写，项目七和项目九由张鹏飞编写，项目八由鱼小波、黄玉富编写，项目十由鱼小波、孔令惠编写，项目十一由黄飒编写，项目十二由张玏编写。

本教材的编写得到了中国水利水电第六工程局有限公司、开封黄河河务局、陆浑水库管理局等单位技术人员的大力支持，黄河水利职业技术学院水利工程学院陈诚教授、张亚坤老师、申浩老师，测绘工程学院彭维吉老师对课程内容提了很多宝贵意见和建议，水利工程学院学生吴保鑫、张成斌、黄新如、卢楠楠等为本教材的出版做了很多工作，在此一一表示感谢！教材在编写过程中参考了部分科技文献、网络资源，因篇幅所限未能在参考文献中一一列出，在此对有关作者表示感谢。

数字教材建设仍然处在探索阶段，还有很多内容需要继续完善，加上编者水平有限，本书难免存在不足之处，恳请读者批评指正！

编者

2019 年 12 月

"行水云课"数字教材使用说明

"行水云课"水利职业教育服务平台是中国水利水电出版社立足水电、整合行业优质资源全力打造的"内容"＋"平台"的一体化数字教学产品。平台包含高等教育、职业教育、职工教育、专题培训、行水讲堂五大版块，旨在提供一套与传统教学紧密衔接、可扩展、智能化的学习教育解决方案。

本套教材是整合传统纸质教材内容和富媒体数字资源的新型教材，将大量图片、音频、视频、3D动画等教学素材与纸质教材内容相结合，用以辅助教学。读者可通过扫描纸质教材二维码查看与纸质内容相对应的知识点多媒体资源，完整数字教材及其配套数字资源可通过移动终端APP"行水云课"微信公众号或中国水利水电出版社"行水云课"平台查看。

内页二维码具体标识如下：

· Ⓕ 为平面动画

· ▶ 为知识点视频

· Ⓧ 为计算表格（需下载使用）

· Ⓣ 为试题

· ▣ 为课件

· Ⓟ 为拓展阅读

多媒体知识点索引

目录

项目一 测量学基本知识

【主要内容】

本项目主要讲述测量学的概念、学科分类、作用和任务，地面点位的表示方法、测量中常用的坐标系、测量工作的基本概念和基本原则，以及地球曲率对测量的影响。

重点：水利工程测量的主要任务；水准面、大地水准面、高程、高差的概念；高斯平面直角坐标系、独立平面直角坐标系；测量的基本工作和基本原则；地球曲率对水平距离、高程和水平角的影响。

难点：高斯平面直角坐标系；地球曲率对水平距离、高程及水平角的影响。

【学习目标】

知 识 目 标	能 力 目 标
1. 理解测量中的一些基本概念 2. 理解并掌握高斯平面坐标系的建立 3. 了解测量的基本工作和原则 4. 了解地球曲率对测量工作的影响	1. 能正确表达地面点位 2. 会利用高斯投影建立测量坐标系

单元一 初 识 测 量 学

一、测量学及其任务

测量学：广义上也称为测绘学，是研究地面点位确定，地球的形状、大小，以及地理空间信息的获取、存储、处理和管理的一门学科。

测量学的任务：主要包括三个方面，一是研究确定地球的形状和大小，为地球科学提供数据和资料；二是将地球表面的地物和地貌测绘到图纸上，即测定工作；三是将图纸上的设计成果测设至实地，即测设工作。

二、测量学的学科分支

根据研究的具体对象和工作任务的不同，一般将测量学分为以下几个主要学科分支。

1. 大地测量学

大地测量学是研究地球的形状、大小和重力场，测定地面点几何位置和地球整体与局部运动的理论和技术的学科。其基本任务是建立国家大地控制网，为地形图测绘和工程测量提供基础控制数据；测定地球的形状、大小和重力场，为空间科学、军事科学及研究地壳变形、地震预报等提供重要资料。

2．地形测量学

地形测量学又称普通测量学，是研究如何将地球表面局部区域内的地物、地貌及其他有关信息测绘成地形图的理论、方法和技术的学科（图 1-1）。地形测量学作业区域一般范围小，可以不考虑地球曲率的影响，通常将地球表面按平面来处理。

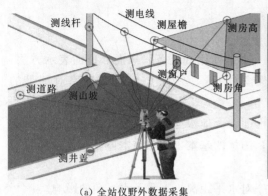

　　　（a）全站仪野外数据采集　　　　　　（b）GNSS-RTK 野外数据采集

图 1-1　地形测量

3．工程测量学

工程测量学是研究在工程建设的勘测、规划、设计、施工和管理各阶段中进行测量工作的理论、方法和技术的学科。

按所服务的工程种类不同，分为水利工程测量、建筑工程测量、线路测量、桥梁与隧道测量、矿山测量、城市测量等（图 1-2），以及用于大型设备的高精度安装定位和变形观测的精密工程测量。按建设的阶段不同，分为勘测规划设计阶段的测量、施工阶段的测量和竣工后的运营管理阶段的测量。勘测规划设计阶段的测量主要是提供地形图，主要通过现代数字测图的方法获得。施工阶段测量的主要任务是在测区建立施工控制网，按照设计要求在实地准确地标定建筑物各部分的平面位置和高程，作为施工与安装的依据。竣工后的运营管理阶段的测量，主要包括竣工验收测量、工程变形监测等测量工作。

4．摄影测量学

摄影测量学是研究利用摄像或遥感的手段获取目标物的影像数据，从中提取几何或物理信息，并用图形、图像和数字形式表达测绘成果的学科。其基本任务是通过对摄影像片或遥感图像进行处理、量测、解译，以测定物体的形状、大小和位置，进而制作成图（图 1-3）。

根据获得影像的方式及遥感距离的不同，分为地面摄影测量学，航空摄影测量学和航天遥感测量等。

5．海洋测量学

海洋测量学是研究以海洋水体和海底为对象所进行的测量和海图编制理论与方法的学科，主要包括海道测量、海洋大地测量、海底地形测量（图 1-4）、海洋专题测量以及航海图、海底地形图等图的编制。

（a）大坝变形监测

（b）场地平整

（c）道路放样

（d）隧道测量

图 1-2 工程测量

图 1-3 无人机摄影测量

图 1-4 海底地形测量

本书主要介绍普通测量学和水利工程测量的内容。

三、水利工程测量

水利工程测量是指水利水电建设中的测量工作，属于工程测量学的范畴。

水利工程测量的任务主要包括三个方面，一是规划设计阶段，为水利工程规划设计提供不同比例尺的地形图；二是施工阶段，将图上设计好的建筑物按其位置、大小测设于地面，以便据此施工，称为施工放样；三是竣工阶段，需要测绘竣工图，供日后扩建、改建和维修使用。此外，在施工过程及工程建成后的运行管理中，需要对建筑物的稳定性及变化情况进行监测，即变形观测，以确保工程安全。

四、课程学习目的和要求

水利工程测量是水利类专业的基本技能课程。作为一名水利工作者，必须掌握测量的知识和技能，才能担负起工程勘测、规划设计、施工及管理等任务。

通过本课程的学习，使学生能够掌握现代测量学的基本知识、基本理论；具备水准仪、全站仪、GNSS等常规测量仪器的操作技能；掌握处理测量数据的理论和评定精度的方法；能根据实际需要进行合理的控制点布设，进行小区域控制测量；掌握大比例尺数字化测图的过程与方法；在水利工程规划、设计和施工中能够正确使用地形图和测量信息；在施工过程中，能正确使用测量仪器进行一般水利工程的施工放样工作。

水利工程测量是一门实践性很强的课程，在教学过程中，除了课堂讲授之外，还有实训教学环节。实训教学是一个系统的实践环节，只有认真完成实训教学的各项内容，才能对课堂教学的理论和知识有一个完整、系统的认识，实践技能才能得到巩固和提高。

单元二 测量基准的确定

测量工作研究的主要对象是地球的自然表面。地球的表面是一个极其复杂而又不规则的曲面，难以用数学语言描述。因此，必须寻找一个形状、大小都与地球接近的球体或椭球体来代替它。

一、测量外业的基准面和基准线

1. 铅垂线

铅垂线：又称重力方向，重力是地球引力和离心力的合力，由于地球表面离心力远远小于引力，所以重力方向主要取决于引力方向。用一条细绳一端系重物，在相对于地面静止时，悬挂重物而自由下垂时的方向即为铅垂线方向（图1-5），铅垂线是测量外业的基准线。

2. 水准面

长期的测绘工作和科学调查表明，地球总的形状可以看成是一个被海水包围的形体，也就是设想一个静止的海水

图 1-5 铅垂线

面（即没有波浪、潮汐的海水面）向大陆延伸，最后包围起来的闭合形体。我们将水在静止时的表面称为水准面，由于海水受潮汐、风浪等影响而时高时低，故水准面有无穷多个。水准面是受地球重力形成的，是一个处处与铅垂线相垂直的连续曲面，同一水准面上各点的重力位相等，故又将水准面称为重力等位面。

3．大地水准面

大地水准面：与平均海水面重合并延伸到大陆内部的水准面（图 1-6）。大地水准面是唯一的，是决定地面点高程的起算面，即测量外业工作中的基准面。

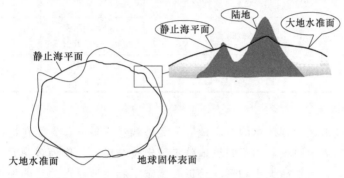

图 1-6 大地水准面

4．大地体

大地体：由大地水准面所包围的形体，通常认为大地体可以代表整个地球的形状。

5．水平面

水平面：通过水准面上某一点与水准面相切的平面称为过该点的水平面。

二、测量内业的基准面和基准线

大地水准面虽然比地球的自然表面规则得多，但由于地球表面起伏不平和地球内部质量分布不匀，大地水准面是一个略有起伏的不规则曲面。显然，要在这样的曲面上进行各种测量数据的计算和成图处理是难以实现的。因此，必须找到与大地体接近且能够用数学语言表达的规则球体或椭球体，作为测量内业的基准。

1．地球椭球体

人们经过长期的精密测量，发现大地体十分接近于一个两极稍扁的旋转椭球体（图 1-7）。这个与大地体形状和大小十分接近的旋转椭球体称为地球椭球体。

旋转椭球体是一个由椭圆 NESW 绕短轴 NS 旋转而成，符合 $x^2/a^2 + y^2/a^2 + z^2/b^2 = 1$ 公式的数学曲面。用 a 表示地球椭球体的长半轴，b 表示其短半轴，则地球的扁率 f 为

$$f = (a-b)/a \qquad (1-1)$$

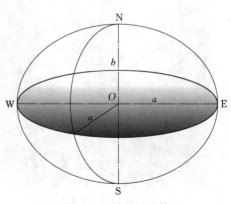

图 1-7 旋转椭球体

5

世界各国推导和采用的椭球体元素值很多，表1-1列出了几种典型的椭球体。

表1-1 几种典型的椭球体

椭球名称	长半轴 a/m	短半轴 b/m	扁率 f	计算年代和国家	备 注
贝塞尔	6377397	6356079	1：299.152	1841年德国	
海福特	6378388	6356912	1：297.0	1910年美国	1942年国际第一个推荐值
克拉索夫斯基	6378245	6356863	1：298.3	1940年苏联	中国1954年北京坐标系采用
1975国际椭球	6378140	6356755	1：298.257	1975年国际第三个推荐值	中国1980年国家大地坐标系采用
WGS-84	6378137	6356752	1：298.2572	1979年国际第四个推荐值	美国GPS采用

2. 参考椭球体

某一国家或地区为处理本国或本地区的大地测量成果，首先要在地面上适当的位置选择一点作为大地原点，用于归算地球椭球定位结果，并作为观测元素归算和大地坐标计算的起点。与地球大小和形状接近并确定了和大地原点关系的地球椭球体，称为参考椭球体（图1-8）。

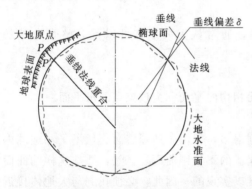

图1-8 椭球体定位及参考椭球面

3. 参考椭球面

参考椭球体的表面称为参考椭球面（图1-8），是测量内业处理大地测量成果的基准面。

4. 法线

参考椭球面上某一点的法线指的是经过这一点并且与参考椭球面垂直的那条直线（图1-9），地面上任一点的位置都可以沿法线方向投影到参考椭球面上。由此可见，法线是测量内业的基准线。

(a) 外部轮廓

(b) 中心标志

图1-9 我国的大地原点

5．大地原点

大地原点，又称大地基准点，是国家地理坐标（经纬度）的起算点和基准点。我国的大地原点位于陕西省泾阳县永乐镇北流村，具体位置在：北纬 $34°32'27.00''$，东经 $108°55'25.00''$，由主体建筑、中心标志、仪器台、投影台四部分组成。主体为七层塔楼式圆顶建筑，高 25.8m，半球形玻璃钢屋顶可自动开启，以便天文观测［图 1-9（a）］。中心标志是原点的核心部分，用玛瑙做成，半球顶部刻有十字线［图 1-9（b）］。

大地原点确立了我国独立的大地坐标系的起算点和基准点，从原点再延伸出去推算国家的其他测量点坐标，成为国家和城市建立大地坐标系的依据，在经济建设、国防建设、社会发展和科学技术研究等方面发挥着举足轻重的作用。

1-4
测量基准的
确定

1-5
测量基准的
确定

1-6
大地原点的
前世今生

单元三 地面点位置的确定

由于地球自然表面高低起伏变化很大，要确定地面点的空间位置，就必需要有一个统一的坐标系统。在测量工作中，通常用地面点在基准面（如参考椭球面）上的投影位置和该点沿投影方向到大地水准面的距离来表示。投影位置通常用地理坐标或平面直角坐标来表示，到大地水准面的距离用高程表示。

一、坐标

1．大地坐标系

如图 1-10 所示，P 为地面上任一点，M 为过点 P 的法线与参考椭球面的交点。

大地经度：简称经度，是指过参考椭球面上 M 点的子午面与首子午面所夹的两面角。用 L 表示，经度由起始大地子午面向东量算称为东经，向西量算称为西经，其值各为 $0°\sim180°$。在同一子午线上的各点，其经度相同。

大地纬度：简称纬度，是指过参考椭球面上 M 点的法线与椭球赤道面所夹的线面角。用 B 表示，纬度由赤道向北量算称为北纬，向南量算称为南纬，其值各为 $0°\sim90°$。在同一平行圈上各点的纬度相同。

大地坐标：指以大地经度（L）和大地纬度（B）表示地面点的在参考椭球面上的投影位置的坐标。

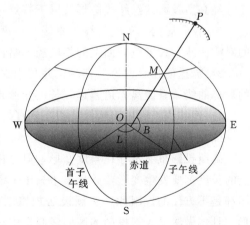

图 1-10 大地坐标系

1-7
大地坐标系

大地坐标系：又称球面坐标系或地理坐标系，是指以大地经度（L）和大地纬度（B）表示地面点在参考椭球面上的投影位置的坐标系。

2．高斯平面直角坐标系

（1）高斯投影。

为了方便工程的规划、设计与施工，需要把测区投影到平面上来，使测量计算和绘图更加方便。而大地坐标是球面坐标，当测区范围较大时，要建平面坐标系就不能

1-8
高斯投影

忽略地球曲率的影响。把地球上的点位化算到平面上，称为地图投影。地图投影的方法有很多，目前我国采用的是高斯-克吕格投影（又称等角横切椭圆柱投影），简称高斯投影。

为简要说明高斯投影，设想用一个椭圆柱横套在地球椭球体外并与椭球面上的某一条子午线相切 [图 1-11 (a)]，这条相切的子午线称为中央子午线。假设在椭球体中心放置一个光源，通过光线将椭球面上一定范围内的物象映射到椭圆柱的内表面上，然后将椭圆柱面沿一条母线剪开并展成平面，即获得投影后的平面图形。取中央子午线与赤道交点的投影为原点，中央子午线的投影为纵坐标 x 轴，赤道的投影为横坐标 y 轴，构成高斯-克吕格平面直角坐标系 [图 1-11 (b)]。

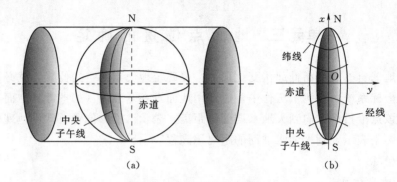

图 1-11 高斯投影原理

经高斯投影的经纬线图形有以下特点：

1）投影后的中央子午线为直线，长度不变。其余的经线投影为凹向中央子午线的对称曲线，长度较球面上的相应经线略长。

2）赤道的投影也为一直线，并与中央子午线正交。其余的纬线投影为凸向赤道的对称曲线，且距离赤道越远，长度变形越大。

3）经纬线投影后仍然保持相互垂直的关系，说明投影后的角度无变形。

（2）6°带和3°带。

高斯投影虽然不存在角度变形，但存在长度变形。除中央子午线外，投影在平面上的长度都要发生变形，并且离中央子午线越远，变形越大。变形太大对于测图和用图都是不方便的。因此，必须设法加以限制，通常采用分带投影的办法限制长度变形。具体做法是，把投影的区域限制在中央子午线两边一条狭小的范围内，这个范围的宽度一般为经差 6°、3°或 1.5°，分别简称 6°带、3°带和 1.5°带。按照这种做法，国际上统一把椭球分成若干 6°带或 3°带，并依次编号，如图 1-12 所示。

1）6°带。如图 1-12 所示，6°带由 0°子午线算起，自西向东每隔经差 6°划分一带，将地球分成 60 个带，带号依次编为第 1、2、…、60 带。第 N 带中央子午线的经度 L_6 与带号 N 的关系为

$$L_6 = 6N - 3 \quad (N = 1, 2, \cdots, 60) \tag{1-2}$$

如已知某点的经度 L，则该点所在 6°带的带号为 $N = \left[\dfrac{L}{6}\right]$（取整有余数时）$+1$

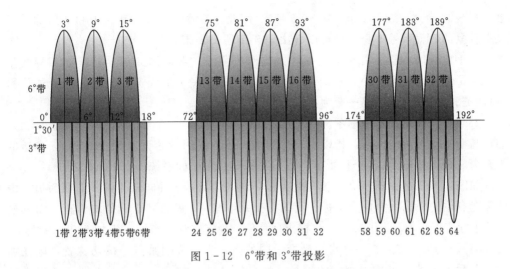

图 1-12 6°带和3°带投影

或 $N = \left[\dfrac{L}{6}\right]$（取整无余数时）。

【例 1-1】 已知某点的经纬度为 $115°30'$，该点位于6°带第几带？该带中央子午线的经度是多少度？

解：因为 $115°30' = 115.5°$，$\dfrac{115.5}{6} = 19 + 1.5$（有余数）；

所以 $N = \left[\dfrac{115.5}{6}\right] + 1 = 19 + 1 = 20$；

$L_6 = 6N - 3 = 6 \times 20 - 3 = 117$；即该点位于第 20 带，其中央子午线的经度为 $117°$。

2）3°带。如图 1-12 所示，3°带是在 6°带的基础上划分的。3°带是由东经 $1°30'$ 起算，自西向东每隔经差 3°划分，其带号按 1～120 依次编号。3°带第 N 带的中央子午线的经度 L_3 与带号 N 的关系为

$$L_3 = 3N \quad (N = 1, 2, \cdots, 120) \qquad (1-3)$$

如已知某点的经度 L，则该点所在 3°带的带号为 $N = \left[\dfrac{L-1.5}{3}\right]$（取整有余数时）$+1$ 或 $N = \left[\dfrac{L-1.5}{3}\right]$（取整无余数时）。

【例 1-2】 已知某点的经纬度为 $115°30'$，该点位于3°带第几带？该带中央子午线的经度是多少度？

解：因为 $115°30' = 115.5°$，$\dfrac{115.5 - 1.5}{3} = \dfrac{114}{3} = 38$（无余数）；

所以 $N = \left[\dfrac{115.5 - 1.5}{3}\right] = \dfrac{114}{3} = 38$；

$L_3 = 3N = 3 \times 38 = 114$；即该点位于第 38 带，其中央子午线的经度为 $114°$。

3）我国的 6°带和 3°带带号。我国的经度范围西起 73°东至 135°，可分成 6°带 11

1-9 ▶
3°带与6°带

个（13～23 带），3°带 21 个（25～45 带）。因此，就我国而言，其 6°带和 3°带的带号没有重复的，就带号本身，就可以看出是 3°带还是 6°带。

中小比例尺一般采用 6°带坐标，大比例尺测图一般采用 3°带坐标。在工程测量中，为了使长度变形更小，有时采用任意带，即中央子午线选在测区内一合适位置（通常是测区中央），带宽一般为 1.5°。

（3）高斯平面直角坐标系。

高斯平面直角坐标系：指以每一带的中央子午线的投影为 x 轴（纵轴），赤道的投影为 y 轴（横轴），各个投影带自成一个平面直角坐标系统。

如图 1-13（a）所示，x 轴向北为正，向南为负；y 轴向东为正，向西为负。由此确定点位的坐标称为自然坐标。我国位于北半球，x 的自然坐标值均为正，而 y 的自然坐标有正有负。为了避免 y 坐标出现负值，规定在自然坐标 y 上加 500km ［图 1-13（b）］。因每一带都有一些自然坐标相同的点，为了说明某点的确切位置，则在加 500km 后的 y 坐标前加上相应的带号。将自然坐标 y 加 500km，并在前面冠以带号的坐标称为通用坐标。我国的 x 坐标值均为正，因而 x 的自然坐标值和通用坐标值相同。

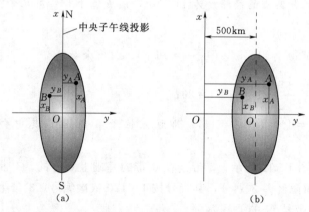

图 1-13 高斯平面直角坐标系

【例 1-3】 已知 A、B 两点位于第 20 带，其自然 y 坐标分别为 $y'_A = +180736.3$m、$y'_B = -105374.8$m，则其通用 y 坐标是多少？

解：因为 180736.3＋500000＝680736.3，前面加上带号 20，则 $y_A = 20680736.3$m；

因为 -105374.8＋500000＝394625.2，前面加上带号 20，则 $y_B = 20394625.2$。

3. 独立平面直角坐标系

当测区的范围较小时（半径不大于 10km 的区域内），能够忽略地球曲率的影响而将其当作平面看待时，可在此平面上建立独立的直角坐标系。如图 1-14 所示，测量上将南北方向定为纵轴，即 x 轴。原点一般设在测区的西南角，以避免坐标出现负值，自原点向北为正，向南为负；东西方向的坐标轴定为横轴即 y 轴，自原点向东为正，向西为负；象限按顺时针 Ⅰ、Ⅱ、Ⅲ、Ⅳ 排列。测区内任一地面点用坐标（x，y）来表示，它们与本地区统一坐标系没有必然的联系而为独立的平面直角坐标系。

4. 我国的大地坐标系

中华人民共和国成立以来，我国先后使用了三个
大地坐标系统：1954 北京大地坐标系、1980 西安大地
坐标系、2000 国家大地坐标系，其中 1954 北京大地
坐标系和 1980 西安大地坐标系属于参心坐标系，
2000 国家大地坐标系属于地心坐标系，见表 1-2。

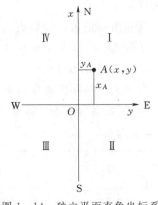

1-12 ℗
坐标系

二、高程

1. 绝对高程

绝对高程（海拔）：指地面上某点到大地水准面
的铅垂距离，简称高程。如图 1-15 所示，地面点
A 和 B 的绝对高程分别为 H_A 和 H_B。

图 1-14　独立平面直角坐标系

表 1-2　　　　　　　　　我国的大地坐标系

序号	名　称	依　据	大地原点	备注
1	1954 北京大地坐标系	采用的是克拉索夫斯基椭球元素值	位于苏联普尔科沃	我国自 2008 年 7 月 1 日起启用 2000 国家大地坐标系
2	1980 西安大地坐标系（1980 国家大地坐标系）	采用 1975 年国际第三推荐值作为参考椭球	位于陕西省泾阳县永乐镇	
3	2000 国家大地坐标系	地心坐标系	坐标原点在地球质心	

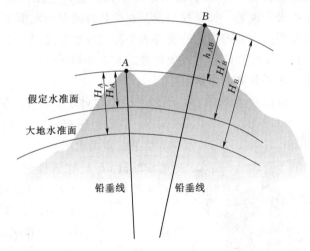

图 1-15　绝对高程、相对高程与高差

2. 相对高程

相对高程（假定高程）：指地面上某点到任一假定水准面的铅垂距离。如图 1-15
中的 H'_A、H'_B 分别为地面上 A、B 两点的假定高程。

3. 高差

高差：指地面上两点之间的高程之差，用 h 表示。如图 1-15 所示，A 点至 B 点
的高差可写为：$h_{AB} = H_B - H_A = H'_B - H'_A$。由此可见，地面两点之间的高差与采用

1-13 ▶
高程与高差

的高程系统无关。

高差值有正负。如果测量方向由 A 到 B，A 点低，B 点高，则高差 $h_{AB}=H_B-H_A$ 为正值，若测量方向由 B 到 A，则高差 $h_{BA}=H_A-H_B$ 为负值。

4. 我国的高程系统

中华人民共和国成立以来，我国先后使用了两个高程系统，即 1956 黄海高程系和 1985 国家高程基准，具体见表 1-3。

表 1-3 　　　　　　　　　　我国的高程系统

1-14 ⊙
地面点位置
的确定

序号	名称	依据	水准原点高程/m	备注
1	1956 黄海高程系	新中国成立后我国采用青岛验潮站 1950—1956 年观测结果求得的黄海平均海水面作为全国统一的高程基准面	72.289	1985 国家高程基准于 1987 年 5 月启用，1956 黄海高程系同时废止
2	1985 国家高程基准	1985 年，国家测绘局根据青岛验潮站 1952—1979 年间连续观测潮汐资料，计算得出的平均海水面作为新的高程基准面	72.260	

单元四　用水平面代替水准面的限度

在实际测量工作中，当测区面积不大时，往往以水平面代替水准面，即在一定范围内把地球表面的点直接投影到水平面上来确定其位置。这样简化了测量和计算工作，但也给测量结果带来误差，如果这些误差在所容许的误差范围之内，这种代替是允许的。但是，究竟在多大范围内才能允许水平面代替水准面呢？下面对用水平面代替水准面引起的距离、角度和高程等方面误差的大小作初步分析。

一、地球曲率对水平距离的影响

在图 1-16 中，设以 O 点为球心，R 为半径的球面为水准面。在地面上有 A、B

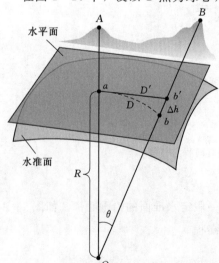

图 1-16　用水平面代替水准面对水平距离、高差的影响

两点，它们投影到球面的位置为 a、b，如果将切于 a 点的水平面代替水准面，即以相应的切线段 ab' 代替圆弧 ab，则在距离方面将产生误差 ΔD。经推导计算得出

$$\Delta D=D^3/3R^2$$

或　　　　　　$$\Delta D/D=D^2/3R^2 \qquad (1-4)$$

取地球半径 $R=6371\mathrm{km}$，并以不同的距离 D 值代入式（1-4），则可求出距离误差 ΔD 和相对误差 $\Delta D/D$，见表 1-4。

从表 1-4 可以看出，当地面距离为 10km 时，用水平面代替水准面所产生的距离误差仅为 8.2mm，其相对误差约为 1/120 万，小于目前最精密测距的允许误差 1/100 万。所以，只有在大范围内进行精密量距时，

表 1-4　　　　　　　　　　　地球曲率对水平距离的影响

距离 D/km	距离误差 $\Delta D/\mathrm{mm}$	相对误差 $\Delta D/D$
0.1	0.000008	1/1250000 万
1	0.008	1/12500 万
5	1	1/500 万
10	8.2	1/120 万
15	27.7	1/54 万
20	128.3	1/19.5 万

才考虑地球曲率的影响，而在一般地形测量中测量距离时，可不必考虑这种误差的影响。因此，在半径为 10km 的范围内进行距离测量时，可以用水平面代替水准面，而不必考虑地球曲率对距离的影响。

二、地球曲率对水平角度的影响

由球面三角学可知，同一空间多边形在球面上投影的各内角和，比在平面上投影的各内角和大一个球面角超值 ε（图 1-17）。

$$\varepsilon = \rho\frac{P}{R^2} \qquad (1-5)$$

式中：ε 为球面角超值，（″）；P 为球面多边形的面积，km^2；R 为地球半径，km；ρ 为弧度的秒值，$\rho = 206265″$。

以不同的面积 P 代入式（1-5），可求出球面角超值，见表 1-5。

从表 1-5 可以看出，当面积在 $100\mathrm{km}^2$ 以内时，地球曲率对水平角的影响只有在最精密的测量中才需要考虑，一般的测量工作是不必考虑的。

以上两项分析说明，在 $100\mathrm{km}^2$ 范围内进

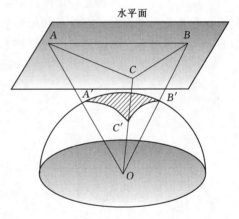

水平面

图 1-17　用水平面代替水准面对水平角的影响

行测量时，无论是水平距离或水平角的影响都可以不考虑地球曲率的影响；在精度要求较低的情况下，这个范围还可以相应扩大。

表 1-5　　　　　　　　　　　地球曲率对水平角的影响

球面多边形面积 P/km^2	球面角超值 $\varepsilon/(″)$	角度误差/(″)
10	0.05	0.02
50	0.25	0.08
100	0.51	0.17
300	1.52	0.51
1000	5.07	1.69

三、地球曲率对高程的影响

如图 1-16 所示，地面点 B 的绝对高程为 H_B，用水平面代替水准面后，B 点的

13

高程为 H'_B，H_B 与 H'_B 的差值，即为水平面代替水准面产生的高程误差，用 Δh 表示，经推导计算得出

$$\Delta h = D^2/2R \qquad (1-6)$$

以不同的距离 D 值代入式（1-6），可求出相应的高程误差 Δh，见表 1-6。

表 1-6　　　　　　　　　　　地球曲率对高程的影响

距离 D/km	0.1	0.2	0.3	0.4	0.5	1	2	5	10
高程误差 Δh/mm	0.8	3	7	13	20	78	314	1962	7848

从表中可以看出当距离为 0.1km 时，高程误差接近 1mm；这对高程测量来说，其影响是很大的。所以尽管距离很短，也不能忽视地球曲率对高程的影响。

单元五　测量工作的基本原则

一、测量的基本工作

测量工作的基本内容是确定地面点的位置并根据各点的邻接关系绘制地图。它包含测绘和测设两个方面，测绘是利用测量技术测定地面点的空间位置，并以图形、数据的形式表示出来；测设是利用测量技术将设计的点位标定在地面上的过程。实际测量工作中，一般不能直接测出地面点的坐标和高程，通常是根据已知坐标和高程的点，测出已知点和待定点之间的几何关系，然后再推算出待定点的坐标和高程。

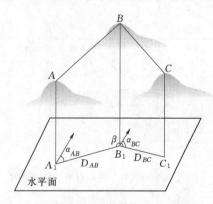

图 1-18　地面点的相对位置

如图 1-18 所示，设地面上有三个点 A、B、C 投影到水平面上的位置分别为 A_1、B_1、C_1。如果 A、B 点已知，要确定 C 点的位置，则需要测定水平角 β、水平距离 D_{BC} 和高差 h_{BC}，即可推算出 C 点的平面位置和高程。

测量三要素：确定地面点的三个基本元素水平距离、水平角和高差称为测量三要素。

测量三项基本工作：距离测量、角度测量和高程测量。

二、测量工作的基本原则

下面以某区域地形图测绘为例介绍测量工作的基本原则。地形图是通过测量一系列碎部点（地物点和地貌点）的平面位置和高程，然后按一定的比例，应用地形图符号和注记缩绘而成。进行测量工作时，如果从一个碎部点开始逐点进行施测，最后虽可以得到欲测各点的位置，但由于测量工作中存在不可避免的误差，会导致前一点的测量误差传递到下一点，这样误差不断累积，最后可能到达不可容许的程度。因此，测量工作必须按照一定的原则进行。

1. "从整体到局部、先控制后碎部、由高级到低级"的原则

图 1-19（a）为某一待测区域。在实际测量工作中，首先要在测区范围内选定若

干具有控制意义的点（A、B、C、D、E、F）组成控制网，这些点称为控制点。通过精密的测量仪器，把它们的平面位置和高程精确地测定出来，然后再根据这些控制点测定出附近碎部点的位置，如图 1-19（b）所示。前者测定控制点的位置的工作称为控制测量，后者测绘碎部点的工作称为碎部测量。由于控制点的位置比较准确，在每个控制点上测绘地形碎部点的误差只能影响局部，不影响整个测区，误差就不会从一个碎部点传递到另一个碎部点，在一定的观测条件下，各个碎部点均能保证具有应有的精度。

（a）某待测区域

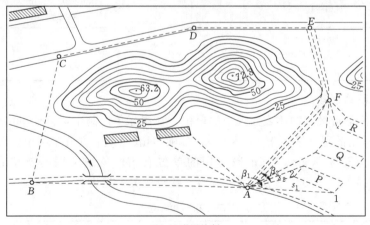

（b）地形图绘制

图 1-19 地形图测绘

同样在施工放样和建筑物变形观测等其他测量工作中，也必须遵循这一工作原则。

2. "实时监测，步步检核"的原则

"实时监测，步步检核"也是测量工作应当遵循的原则。测量工作中，上道工序出现差错或超出限差，会将错误直接传递到下道工序中去，最终导致测绘成果出现质量问题，轻则返工、赔偿损失，重则将影响国家安全、社会安定和人们的生产生活，

1-17

测量工作的
基本原则

造成不可估量的损失。在水利工程施工中，如果不进行基坑监测、水工建筑物变形观测，则对可能出现的基坑垮塌、建筑物倾斜和拉裂的情况不能及时发现，导致事故时有发生。因此，测量工作中形成的测站检查、测段检查、线路检查、地图拼接检查、巡查和设站检查等行之有效的检查方法应当落实到测绘工作岗位中，切实执行"过程检查、最终检查和成果验收"的制度。

单元六　测量常用的计量单位

在测量中，误差处理主要使用毫米（mm）为计量单位，成果处理主要使用米（m）为计量单位。数据一般保留两位小数。对于数据保留位数的取舍处理按照"四舍六入，五看奇偶，奇进偶不进"的原则进行。常见有长度、面积和角度三种计量单位。

一、长度单位

长度单位是指丈量空间距离上的基本单位。在国际单位制中，标准单位长度为米（m），常用的还有千米（km）、分米（dm）、厘米（cm）和毫米（mm）；英制常用单位有英里（mi）、英尺（ft）、英寸（in）。其转换关系见表1-7。

表1-7　　　　　　　　　　　长　度　单　位

公　　制	英　　制
1km=1000m	1km=0.6241mi =3280.8ft
1m=10dm =100cm =1000mm	1m=3.2808ft =39.37in

二、面积单位

面积单位是指量测物体表面大小的单位。在国际单位制中，标准单位面积为平方米（m^2），常用的还有平方千米（km^2）、公顷（hm^2）、平方分米（dm^2）、平方厘米（cm^2）和平方毫米（mm^2）；市制常用的单位有亩；英制常用的单位有平方英亩（mi^2）、平方英尺（ft^2）、平方英寸（in^2）。其转换关系见表1-8。

表1-8　　　　　　　　　　　面　积　单　位

公　　制	市　　制	英　　制
$1km^2=1\times10^6 m^2$ $=100hm^2$	$1km^2=1500$ 亩	$1km^2=247.1$ 英亩
$1m^2=100dm^2$ $=1\times10^4 cm^2$ $=1\times10^6 mm^2$	$1m^2=0.0015$ 亩	$1m^2=10.764ft^2$ $=1550.0031in^2$

三、角度单位

角度单位是用来量测角度大小的单位。测量上常用的角度单位有60进制的度（°）、分（′）、秒（″）制和弧度制。其转换关系见表1-9。

16

表 1 - 9 角 度 单 位

度、分、秒制	弧 度 制
1 圆周＝360°	1 圆周＝$2\pi\rho°$（弧度）
$1°＝60'$ $＝3600''$	$1\rho°$（弧度）$＝180°/\pi＝57.3°$ $＝3038'＝\rho'$ $＝206265''＝\rho''$

项 目 小 结

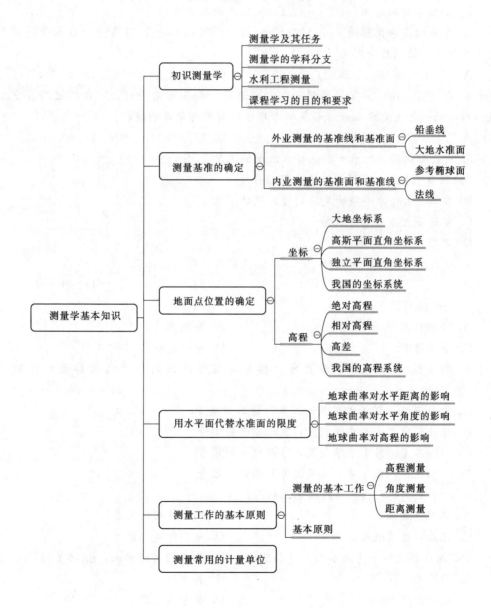

单 元 自 测

1. 我国现在使用高程系的标准名称是（　　）。

A. 1956 黄海高程系　　　　　　B. 1956 国家高程基准

C. 1985 黄海高程系　　　　　　D. 1985 国家高程基准

2. 在高斯平面直角坐标系中，纵轴为（　　）。

A. x 轴，向东为正　　　　　　B. y 轴，向东为正

C. x 轴，向北为正　　　　　　D. y 轴，向北为正

3. A 点的高斯坐标为 x_A：112240m，y_A：19343800m，则 A 点所在 6°带的带号及中央子午线的经度分别为（　　）。

A. 11 带，66°　　　B. 11 带，63°　　　C. 19 带，117°　　　D. 19 带，111°

4. 在（　　）km 为半径的圆面积之内进行平面坐标测量时，可以用过测区中心点的切平面代替大地水准面，而不必考虑地球曲率对距离的投影。

A. 100　　　　　　B. 50　　　　　　C. 25　　　　　　D. 10

5. 对高程测量，用水平面代替水准面的限度是（　　）。

A. 在以 10km 为半径的范围内可以代替

B. 在以 20km 为半径的范围内可以代替

C. 不论多大距离都可代替

D. 不能代替

6. 地面某点的经度为东经 85°32′，该点应在 3°带的第几带？（　　）。

A. 28　　　　　　B. 29　　　　　　C. 27　　　　　　D. 30

7. 高斯投影属于（　　）。

A. 等面积投影　　　　　　　　B. 等距离投影

C. 等角投影　　　　　　　　　D. 等长度投影

8. 测量使用的高斯平面直角坐标系与数学使用的笛卡儿坐标系的区别是（　　）。

A. 与轴互换，第Ⅰ象限相同，象限逆时针编号

B. 与轴互换，第Ⅰ象限相同，象限顺时针编号

C. 与轴不变，第Ⅰ象限相同，象限顺时针编号

D. 与轴互换，第Ⅰ象限不同，象限顺时针编号

9. 以下关于大地水准面的描述正确的是（　　）。

A. 不规则曲面　　　　　　　　B. 外业观测的基准面

C. 就是指自然地表面　　　　　D. 是实际存在的

10. 通过静止的平均海水面，并向陆地延伸所形成的封闭曲面，称为（　　）。

A. 水平面　　　　　　　　　　B. 水准面

C. 大地水准面　　　　　　　　D. 参考椭球面

11. 某地大地经度为 105°17′，它所在的 6°带的带号及中央子午线经度是（　　）。

A. 36 带和 108°

B. 18 带和 105°

C. 17 带和 102°

D. 35 带和 105°

12. 测量的基本原则不包括（　　）。

A. 先整体后局部

B. 先控制后碎部

C. 高级控制低级

D. 由简单到复杂

技 能 训 练

1. 我国境内某点的高斯横坐标 $Y=22365759.13m$，请问该点属于哪个度带的高斯投影？带号、中央子午线、横坐标实际值分别是多少？该点位于中央子午线东侧还是西侧？

2. 地面某点的经度为 $131°58'$，该点所在统一 6°带和 3°带的中央子午线经度分别是多少？此点位于对应中央子午线的东侧还是西侧？

项目二 测量的三项基本工作及直线定向

【主要内容】

本项目主要介绍测量的三项基本工作（高程测量、角度测量、距离测量）及直线定向。高程测量主要介绍水准测量的原理和方法，水准仪的使用和校验，水准测量的误差和消除方法；角度测量主要介绍角度测量的基本原理，角度测量的仪器和测量的方法，全站仪的使用和检验校正，测角误差的影响和消除方法；距离测量主要介绍钢尺量距、视距测量和电磁波测距三种测量方法，直线定向主要介绍三个标准方向以及方位角和象限角。

重点：水准测量原理，水准仪的操作与使用，水准测量的施测程序及成果计算；测角原理，全站仪测定水平角和竖直角的方法；电磁波测距，三北方向，坐标方位角，象限角。

难点：高差闭合差的调整和水准仪的检校；水平角、竖直角的表格计算，全站仪的检验校正；坐标方位角与象限角之间的换算。

【学习目标】

知 识 目 标	能 力 目 标
1. 理解水准测量原理	1. 能使用水准仪测高程
2. 理解角度测量原理	2. 能使用全站仪测角度
3. 了解距离测量的基本方法	3. 会距离测量
4. 掌握坐标方位角与象限角	4. 能进行坐标方位角的推算

单元一 高 程 测 量

高程测量是指测定地面点高程或两地面点间高差的工作。根据所使用的仪器和施测方法可以分为水准测量、三角高程测量、GPS 高程测量和气压测量。其中水准测量是目前精度较高的一种高程测量方法，广泛应用于国家高程控制测量、工程勘测和施工测量中。

一、水准测量原理

水准测量：利用水准仪提供的一条水平视线，读取竖立于地面两点上水准尺的读数，测定两点间的高差，然后根据已知点的高程推算出待测点的高程。

如图 2-1 所示，已知 A 点的高程 H_A，欲求 B 点的高程 H_B，可在 A、B 两个点上竖立带有分划的标尺——水准尺，在 A、B 两点中间安置可提供水平视线的仪器——水准仪。当水准仪视线水平时，依次照准 A、B 两个点的水准尺分别读得读数 a 和 b，则 A、B 两点的高差等于两个标尺读数之差，即

$$h_{AB}=a-b \qquad (2-1)$$

则 B 点的高程为

$$H_B=H_A+h_{AB} \qquad (2-2)$$

显然，地面上两点间的高差必须是后视读数减去前视读数（水准测量中的基本术语见表 2-1）。高差的值可能是正，也可能是负，正值表示待求点 B 高于已知点 A，负值表示待求点 B 低于已知点 A。

表 2-1　　　　　　　　　　　　　水准测量中的基本术语

序号	名称	概　念	备注
1	后视点	若沿 AB 方向测量，则规定 A 为后视点	
2	前视点	若沿 AB 方向测量，则规定 B 为前视点	
3	后视尺	后视点上竖立的水准尺	如图 2-1 所示
4	前视尺	前视点上竖立的水准尺	
5	后视读数	后视点上水准尺读数，如读数 a	
6	前视读数	前视点上水准尺读数，如读数 b	

此外，高差的正负号又与测量进行的方向有关，如图 2-1 中测量由 A 向 B 进行，高差用 h_{AB} 表示，其值为正；反之由 B 向 A 进行，则高差用 h_{BA} 表示，其值为负。因此说明高差时必须标明高差的正负号，同时要说明测量进行的方向。

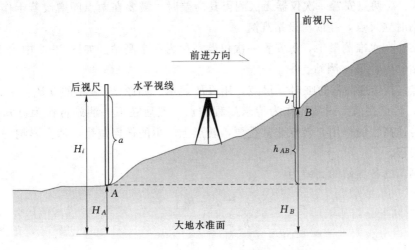

图 2-1　水准测量原理

在工程测量中还有一种应用比较广泛的计算 B 点高程的方法：视线高法。

视线高法：由图 2-1 可知，A 点的高程加上后视读数等于水准仪的视线高程，视线高用 H_i 表示，则 B 点高程等于视线高减去前视读数 b，即

$$H_B=H_i-b=(H_A+a-b) \qquad (2-3)$$

二、连续水准测量

连续水准测量：指连续多次设站测定高差，根据各测站高差代数和求得 A、B 两点间高差的方法（图 2-2）。

2-1

水准测量原理

2-2

水准测量原理

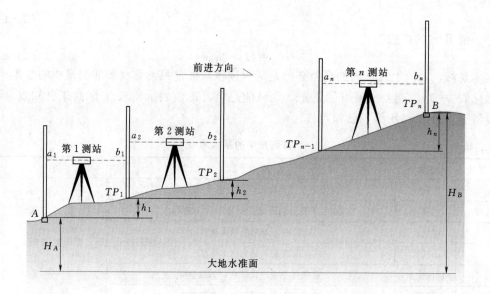

图 2-2　连续水准测量原理

在实际工作中，已知点到待测点之间往往距离较远或高差较大，仅安置一次仪器不可能测得它们的高差，必须分成若干站，逐站安置仪器连续进行观测。如图 2-2 所示，A、B 两点安置一次仪器无法测得其高差时，需要在两点间增设若干作为传递高程的临时立尺点，并依次设站观测。

测站：在水准测量中，每安置一次仪器，称为一个测站。如图 2-2 中第 1 测站，第 2 测站，…，第 n 测站。

转点：指传递高程的临时立尺点，用 TP 表示。如图 2-2 中的 TP_1，TP_2，…，TP_n 点。转点在前一测站先作为待求高程的点，然后在下一测站再作为已知高程的点，起传递高程的作用。转点非常重要，转点上产生的任何差错，都会影响到以后所有点的高程。

设测出的各测站的高差为

$$\left.\begin{array}{l} h_1 = a_1 - b_1 \\ h_2 = a_2 - b_2 \\ \vdots \\ h_n = a_n - b_n \end{array}\right\} \qquad (2-4)$$

则 A、B 两点间高差等于连续各测站高差的代数和，也等于后视读数之和减去前视读数之和，计算公式为

$$h_{AB} = \sum h = \sum a - \sum b \qquad (2-5)$$

三、水准测量的仪器和工具

水准测量所用的仪器为水准仪，工具有三脚架、水准尺和尺垫。

1. 水准仪

水准仪：目前，工程测量中常用的水准仪有自动安平水准仪和电子水准仪。我

2-3 ◉

连续水准测量

2-4 ▶

连续水准测量

国的水准仪系列标准分为 DS_{05}、DS_1、DS_3 和 DS_{10} 四个等级。D 是大地测量仪器的代号，S 是水准仪的代号，均取"大"和"水"两个字汉语拼音的首字母。下标数字表示仪器的精度，是指各等级水准仪每千米往返测高差中数的中误差，以 mm 为单位。

（1）自动安平水准仪：是指安置仪器时，只要使圆水准器的气泡居中，水准仪借助一种"补偿器"装置，使视线自动处于水平状态。需要注意的是自动安平水准仪并不意味着使用时不需要整平。

图 2-3 是苏一光 NAL232 自动安平水准仪，主要由望远镜、水准器和基座三部分组成，各部分的构造及作用见表 2-2。

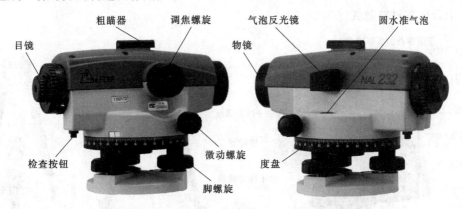

图 2-3　苏一光 NAL232 自动安平水准仪

表 2-2　　　　　　苏一光 NAL232 自动安平水准仪的构造及作用

序号	组成名称		构 造 及 作 用
1	望远镜	构造	目镜、物镜、调焦螺旋、十字丝分划板、微动装置
		作用	（1）提供水平视线； （2）照准目标，调焦螺旋使成像清晰并读数
2	水准器	构造	圆水准器
		作用	圆水准器，粗略整平，使竖轴竖直
3	基座	构造	轴座、脚螺旋、底板和三角压板
		作用	（1）安装仪器； （2）通过中心连接螺旋与三脚架连接； （3）三个脚螺旋用于粗略整平

2-5 ▶

苏一光 NAL-232 自动安平水准仪的构造

（2）电子水准仪：又称数字水准仪。电子水准仪是以自动安平水准仪为基础，在望远镜的光路中增加分光镜和光电探测器等部件，并采用条形码分划水准尺和图像处理电子系统构成的光、机、电及信息存储与处理的一体化水准测量系统。

与自动安平水准仪相比，电子水准仪具有如下特点：

1）电子读数。用自动电子读数代替人工读数，不存在读错、记错等问题，消除了人为读数误差。

2）读数精度高。读数都是采用大量条码分划图像经处理后取平均值，因此削弱了标尺分划误差，自动多次测量，削弱外界条件影响。

3）速度快、效率高。数据采集自动记录、检核、处理和存储，可实现水准测量从外业数据采集到最后成果处理的内外业一体化。

4）操作简单。由于仪器实现了读数、记录的自动化，并且预存了大量测量和检核程序，在操作中还有实时提示，即使非专业人员也能很快熟练掌握使用仪器。

电子水准仪的构造：以天宝 DINI03 电子水准仪为例，其由基座、水准器、望远镜及数据处理系统组成，主要部件名称如图 2-4 所示。

2. 三脚架

三脚架是指用来安置、稳固水准仪，具有三个可伸缩的架腿的装置。一般由木质、铝合金等材料制成（图 2-5）。

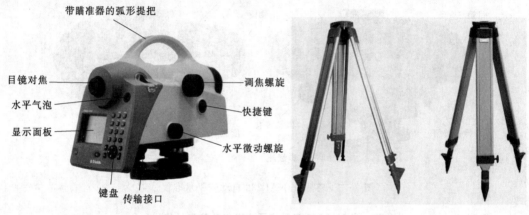

图 2-4　天宝 DINI03 电子水准仪　　　　　　图 2-5　三脚架

3. 水准尺

水准尺：水准标尺的简称，是指水准测量常用的标尺，有塔尺、双面水准尺、铟瓦尺及条码尺等。

（1）塔尺：通常由铝合金等轻质高强材料制成，采用塔式收缩形式 [图 2-6（a）]，在使用时方便抽出，单次高程测量范围大大提高，长度一般为 5m，携带时将其收缩即可，因其形状类似塔状，故常称之为塔尺。

塔尺因连接处稳定性差，仅适用于普通水准测量。

（2）双面水准尺：一般用优质木材制成，双面（黑面、红面）刻划的直尺 [图 2-6（b）]。双面水准尺一般尺长 3m，尺面每隔 1cm 涂一黑白或红白相间的分格，每 1dm 处标有数字。尺子底部钉有铁片，以防磨损。双面尺的一面为黑白相间，称为黑面尺；另一面红白相间称为红面尺。在水准测量中，水准尺必须成对使用。每队双面水准尺黑面尺底部的起始数均为 0，而红面尺底部的起始数分别为 4687mm 和 4787mm，这两个不同的起始数称为尺常数 K。水准尺侧面装有圆水准器，可使水准尺精确地处于竖直位置。

双面木尺因有黑、红面的检核，配合相应的水准仪，适用于三等、四等水准测量。

24

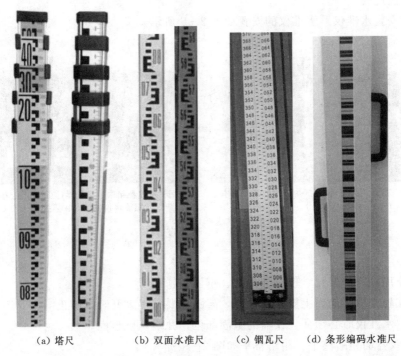

（a）塔尺　　　（b）双面水准尺　　（c）铟瓦尺　　（d）条形编码水准尺

图 2-6　水准尺

（3）铟瓦尺：又称铟钢尺 [图 2-6（c）]，其刻划印刷在铟瓦合金钢带上，这种合金钢的膨胀系数小，保证了水准尺的尺长准确而稳定，为使铟瓦合金钢带尺不受木质尺身的伸缩影响，以一定的拉力将其引张在木质尺身的凹槽内。带尺上刻有 5mm 或 10mm 间隔的刻划线，数字注记在木尺上。

铟瓦尺配合精密水准仪适用于精密水准测量，如一等、二等水准测量，变形观测等。

（4）条形编码水准尺：又称条码尺，是指条形码刻划印刷在铟瓦合金钢条或玻璃钢的尺身上的水准尺 [图 2-6（d）]，与电子水准仪配套使用，可用于一等水准测量。注意不同厂家生产的电子水准仪，都有配套的条码尺，不能混用。

4. 尺垫

尺垫是用于转点上的一种工具，用钢板或铸铁制成（图 2-7）。使用时把三个尖脚踩入土中，把水准尺立在突出的圆顶上。尺垫可使转点稳固防止下沉，当水准尺转动方向时，尺底的高程不会改变。

注意水准点和待测点上不能放置尺垫。

四、水准仪的操作与使用

1. 自动安平水准仪

使用水准仪的基本作业是：在适当位置安置水准仪，仪器整平后读取水准尺上的读数。自动安平水准仪的操作应按下列

2-6

水准测量的
仪器和工具

2-7

水准测量的
仪器和工具

图 2-7　尺垫

步骤和方法进行。

（1）安置水准仪。水准仪的安置如图2-8所示。

（a）打开三脚架,伸缩三个架腿使高度适中　　　　（b）从仪器箱中拿出仪器,通过中心连接
　　　　　　　　　　　　　　　　　　　　　　　　　　螺旋将仪器固定在架头上

图2-8　水准仪的安置

要点：

1）要用脚踩实架腿，使脚架稳定、牢固。

2）在较光滑的地面上安置仪器时，架腿不要分得太开，以防止滑动。

3）取水准仪时必须握住仪器的坚固部位，并确认已牢固。

（2）仪器的粗略整平。粗略整平如图2-9所示。

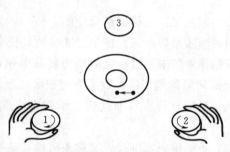

（a）调节架腿高度使仪器大致水平　　　　　　（b）调节脚螺旋（1、2、3）使气泡居中

图2-9　水准仪的粗略整平

要点：

1）先调焦三脚架的架腿高度使仪器大致水平［图2-9（a）］，然后用脚螺旋粗略整平，因为脚螺旋调节的高度是有限的。

2）调节脚螺旋时，要先旋转两个脚螺旋，然后旋转第三个脚螺旋［图2-9（b）］。

3）旋转两个脚螺旋时必须相对地转动，即旋转方向相反。

4）气泡移动的方向始终和左手大拇指移动的方向一致。

（3）照准目标。照准目标如图2-10所示。

要点：

1）用望远镜照准目标，必须先调节目镜使十字丝清晰。然后利用望远镜上的准星从外部瞄准水准尺（图2-10），再旋转调焦螺旋使尺像清晰，也就是使尺像落到十

（a）瞄准水准尺

（b）调节焦螺旋使成像清晰

图 2-10 照准目标

字丝平面上，这两步不可颠倒。

2）最后用微动螺旋使十字丝竖丝照准水准尺，为了便于读数，也可使尺像稍偏离竖丝一些。

3）当照准不同距离处的水准尺时，须重新调节调焦螺旋才能使尺像清晰，但十字丝可不必再调。

4）照准目标时必需要消除视差。

视差：观测时把眼睛稍作上下移动，如果尺像与十字丝有相对的移动，即读数有改变，则表示有视差存在。其原因是尺像没有落在十字丝平面上［图 2-11（a）、（b）］。存在视差时不可能得出准确的读数。消除视差的方法是一面稍旋转调焦螺旋一面仔细观察，直到尺像和十字丝不再有相对移动为止，即尺像与十字丝在同一平面上［图 2-11（c）］。

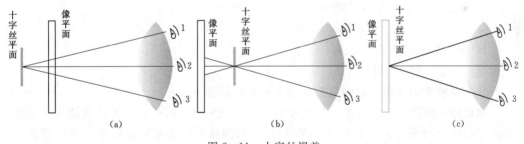

图 2-11 十字丝视差

（4）读数并记录。如图 2-10（b）所示，水准尺中丝读数为 1325 或 1.325。

要点：

1）用十字丝中间的横丝读取水准尺的读数。从尺上可直接读出米、分米和厘米数，并估读出毫米数，所以每个读数必须有 4 位数字。如果某一位数是 0，也必须读出并记录，不可省略，如 1.008m、0.506m、1.600m 等。

2）从望远镜内读数时应由下向上读，即由小数向大数读。

3）读数前应先认清水准尺的分划特点，特别注意与注字相对应的分米分划线的位置。

2-10 ▶

水准仪的
照准

4）为了保证得出正确的水平视线读数，在读数前和读数后都应检查气泡是否居中。

2. 电子水准仪

电子水准仪的操作方法与自动安平水准仪基本相同，不同之处是电子水准仪使用的是条码尺，当瞄准标尺消除视差后，按测量键，仪器即自动读数。以水准测量线路为例，具体步骤如下。

（1）水准路线设置（图2-12）。

1）输入新路线的名称，如1；或者从项目中选择一条旧路线继续测量。

2）设置测量模式，如BF；测量模式有：BF、BFFB、BFBF、BBFF、FBBF。

3）设置奇偶站交替，利用向左键进行选择。

（2）基准点设置（图2-13）。

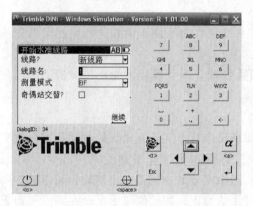

图2-12　水准路线设置　　　　　图2-13　基准点设置

1）输入要测量的点号，如001。

2）输入代码。

3）输入基准高，如102.5。

（3）测量（图2-14）。

瞄准要测量的标尺，消除视差，点击测量键测量。

测量结果如图2-15所示，屏幕左边表示上一个点（后视点）的测量结果；屏幕右边表示将要测量的下一个点（前视点）；如果测量的结果不满足要求，可以重新进行测量。

五、水准测量方法

水准测量的任务，是从已知高程的水准点开始测量其他水准点或地面点的高程。测量前应根据要求布置并选定水准点的位置，埋设好水准点标石，拟定水准测量进行的路线。

1. 水准路线

水准路线：在水准点之间进行水准测量所经过的路线。水准路线有以下几种形式，如图2-16所示。

附合水准路线：水准测量从一个已知高程水准点 BM_A 开始，沿各高程待定点1、2、

28

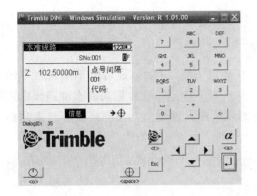

图 2-14 测量

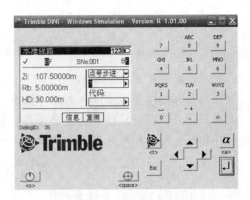

图 2-15 测量结果

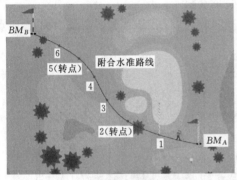

（a）附合水准路线

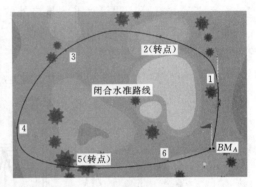

（b）闭合水准路线

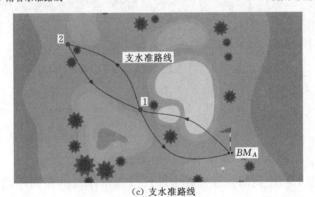

（c）支水准路线

图 2-16 水准路线

3 进行水准测量，最后附合到另一已知高程水准点 BM_B 的水准路线［图 2-16（a）］。附合水准路线各测站所测高差之和的理论值应等于由已知水准点的高程计算的高差，即有

$$\sum h_{理} = H_B - H_A \qquad (2-6)$$

闭合水准路线：水准测量从一个已知高程水准点 BM_A 开始，沿各高程待定点 1、2、3、4、5 进行水准测量，最后返回到原来水准点 BM_A 的水准路线［图 2-16

(b)]。闭合水准路线各测站所测高差之和的理论值应等于0，即

$$\sum h_{理} = 0 \qquad\qquad (2-7)$$

支水准路线：水准测量从一已知高程的水准点 BM_6 开始，最后既不附合也不闭合到已知高程的水准点上的一种水准路线 [图 2-16（c）]。这种形式的水准路线由于不能对测量成果自行检核，因此必须进行往测和返测。理论上，往测高差应与返测高差大小相等，符号相反，即有

$$\sum h_{往} + \sum h_{返} = 0 \qquad\qquad (2-8)$$

2. 普通水准测量外业观测程序

普通水准测量外业观测程序：普通水准测量也称为等外水准测量，是指国家规定的一等、二等、三等、四等水准测量之外的水准测量。

如图 2-17 所示，图中 A 点的高程为 75.946m，采用普通水准测量，测定 B 点的高程。

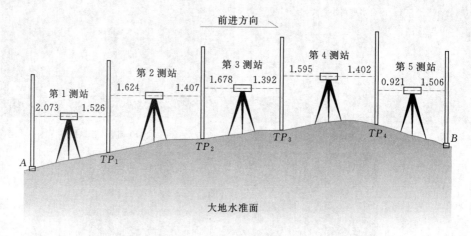

图 2-17　普通水准测量

（1）观测程序。

1）在起始水准点 A 上竖立水准尺，作为后视。

2）在路线上适当距离的位置安置水准仪（离水准尺的距离不超过 150m），整平后照准后视尺，消除视差，读取中丝读数记入手簿（表 2-3）。

3）在适当高度和距离的地方选定一个转点（TP_1），将尺垫踩实，在尺垫上竖立水准尺，作为前视。

4）转动水准仪，消除视差，读取中丝读数记入手簿，一个测站结束。

5）将水准仪移到前面适当高度和距离的地方安置好。

6）前视尺位置不动，变作后视，将原来的后视尺移到前面去，变为前视。

7）按照 2）、3）、4）的方法开始新的测站测量，依次类推，直到观测到 B 点。

（2）注意事项。

1）在已知点和待测点上立尺时，不能放置尺垫，尺垫只用于转点。

2-14 ▶

普通水准
测量

表 2 - 3 　　　　　　　　普 通 水 准 测 量 手 簿

名称：　　　观测者：　　　记录者：　　　年　　月　　日　　天气：　　　仪器型号：

测站	测点		中丝读数/m	每测站高差 (后一前)/m	高程/m	备注
1	后视	A	2.073	+0.547	75.946	已知
	前视	TP_1	1.526			
2	后视	TP_1	1.624	+0.217		
	前视	TP_2	1.407			
3	后视	TP_2	1.678	+0.286		
	前视	TP_3	1.392			
4	后视	TP_3	1.595	+0.193		
	前视	TP_4	1.402			
5	后视	TP_4	0.921	-0.582		
	前视	B	1.503		76.607	
校核 计算	后视	$\sum a$	7.891	$\sum h = +0.661$	$H_B - H_A = 76.607 - 75.946$	
	前视	$\sum b$	7.230		$= +0.661\text{m}$	
	$\sum a - \sum b = +0.661$					

2）前、后视距离应大致相等。

3）立尺人员应时刻注意水准尺气泡，保持水准尺竖直，不能左右偏斜，也不能前俯后仰。

4）在观测员未迁移测站之前，后视转点尺垫不能移动。

5）将水准仪移到前面适当高度和距离的地方安置好。

6）记录、计算字迹要清晰工整，读错或记错的数据应当以横线或斜线划去，将正确的数据记录在它的上方。

3. 水准测量的校核方法

水准测量的校核方法：上述普通水准测量结果也进行了检核，但应注意这种检核只能检查计算工作有无错误，而不能检查出测量过程中所产生的错误，如读错、记错等。检查测量过程中的差错，要采用下述方法。

（1）测站检核：指为防止在一个测站上发生错误而导致整个水准路线结果的错误，在每个测站上对观测结果进行检核。

1）两次仪器高法：在每个测站上一次测得两转点间的高差后，改变一下水准仪的高度（至少 10cm），再次测量两转点间的高差。对于一般水准测量，当两次所得高差之差小于 6mm 时可认为观测值合格，取其平均值作为该测站所得高差，否则应进行检查或重测。

2）双面尺法：利用双面水准尺分别由黑面和红面读数得出的高差，扣除一对水准尺的常数差后，两个高差之差小于 6mm 时可认为观测值合格，否则应进行检查或重测。

（2）水准路线的检核：测站检核只能检查单个测站的观测精度，因此还须对水准路线进行检核。

水准路线检核：是指对水准路线的检核，即将测量结果与理论值比较，来判断水准路线的观测精度是否符合要求。

高差闭合差：是指实际测量得到的该段高差与该段高差的理论值之差，用 f_h 表示。

$$f_h = \sum h_{测} - \sum h_{理} \tag{2-9}$$

如果高差闭合差在允许限差之内，观测结果正确，精度合乎要求，否则应当重测。水准测量的高差闭合差的允许值因水准测量的等级不同而异。表 2-4 为工程测量的限差规定表。

表 2-4　　　　　　　　　　工程测量的限差规定表

等级	容许闭合差/mm	一般应用范围举例
三等	$f_{h容} = \pm 12\sqrt{L}$ 或 $f_{h容} = \pm 4\sqrt{n}$	较大型工程、城市地面沉降观测等
四等	$f_{h容} = \pm 20\sqrt{L}$ 或 $f_{h容} = \pm 6\sqrt{n}$	综合规划路线、普通建筑、河道工程等
图根	$f_{h容} = \pm 40\sqrt{L}$ 或 $f_{h容} = \pm 12\sqrt{n}$	山区线路工程、小型农田等

注　1. 表中 L 为水准路线单程千米数，n 为单程测站数。

　　2. 表中容许闭合差在平地水准路线的千米数 L 计算，在山地按测站数 n 计算。

1）附合水准路线的高差闭合差。对于附合水准路线，$\sum h_{理} = H_{终} - H_{始}$，因此

$$f_h = \sum h_{测} - (H_{终} - H_{始}) \tag{2-10}$$

2）闭合水准路线的高差闭合差。对于闭合水准路线，$\sum h_{理} = 0$，因此

$$f_h = \sum h_{测} \tag{2-11}$$

3）支水准路线的高差闭合差。对于支水准路线，往返测量值之和理论上应该等于 0，因此

$$f_h = \sum h_{测} = \sum h_{测} + \sum h_{测} \tag{2-12}$$

4. 普通水准测量内业计算

普通水准测量内业计算：水准测量外业观测数据经检验无误后，才能进行内业成果的计算。内业成果的计算步骤如下。

（1）计算高差闭合差 f_h 和高差闭合差的容许值 $f_{h容}$。

当实际的高程闭合差在容许值以内时，即 $f_h < f_{h容}$，方可进行后续计算；否则说明外业成果不符合要求，必须重测。

（2）高差闭合差的调整与分配。

高程测量的误差是随水准路线的长度或测站数的增加而增加的，所以分配的原则是把闭合差以相反的符号根据各测段路线的长度或测站数按比例分配到各测段的高差上。故各测段高差的改正数为

$$v_i = -\frac{f_h}{\sum L_i} L_i \tag{2-13}$$

或

$$v_i = -\frac{f_h}{\sum n_i} n_i \tag{2-14}$$

式中：L_i 和 n_i 分别为各测段路线之长和测站数；$\sum L_i$ 和 $\sum n_i$ 分别为水准路线总长和测站总数。

（3）计算改正后的高差。

将各段高差观测值加上相应的高差改正数，求出各段改正后的高差，即

$$h_{i改} = h_{i测} + v_i \qquad (2-15)$$

（4）计算各点高程。

根据改正后的高差，由起点高程逐一推算出其他各点的高程。最后一个已知点的推算高程应等于它的已知高程，以此检验计算是否正确。

【例 2-1】 某一闭合水准路线的观测成果如图 2-18 所示，试按普通水准测量的精度要求，计算待定点 A、B、C 的高程，结果见表 2-5。

表 2-5 闭合水准路线计算成果

点号	测站数	实测高差/m	高差改正数/mm	改正后高差/m	高程/m
BM_1					152.358
	4	+0.746	+0.005	+0.751	
A					153.109
	4	+1.374	+0.005	+1.379	
B					154.488
	8	−2.553	+0.010	−2.543	
C					151.945
BM_1	6	+0.405	+0.008	+0.413	152.358
$\sum$	22	−0.028	+0.028	0	
辅助计算					

辅助计算：$f_h = \sum h_{测} = -0.028\text{m} = -28\text{mm}$
$f_{h容} = \pm 12\sqrt{n} = \pm 12\sqrt{22} = \pm 56.3(\text{mm})$

（1）高差闭合差的计算与检核。

$$f_h = \sum h_{测} = -0.028\text{m} = -28\text{mm}$$
$$f_{h容} = \pm 12\sqrt{n} = \pm 12\sqrt{22} = \pm 56.3(\text{mm})$$

$f_h < f_{h容}$，符合普通水准测量的要求，可以进行闭合差调整。

（2）高差改正数和改正后的高差计算。根据式（2-14），计算每一测段的高差改正数：

$$v_1 = \frac{f_h}{\sum n} \cdot n_1 = -\frac{-0.028}{22} \times 4 = 0.005$$
$$v_2 = \frac{f_h}{\sum n} \cdot n_2 = -\frac{-0.028}{22} \times 4 = 0.005$$

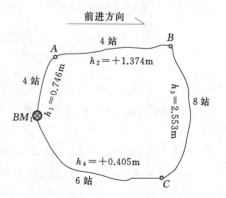

图 2-18 闭合水准路线略图

$$v_3 = \frac{f_h}{\sum n} \cdot n_3 = -\frac{-0.028}{22} \times 8 = 0.010$$

$$v_4 = \frac{f_h}{\sum n} \cdot n_4 = -\frac{-0.028}{22} \times 6 = 0.008$$

$\sum v_i = +0.028 = -f_h$，说明计算正确。

（3）改正后的高差计算。根据式（2-15）计算每一段改正后的高差。

$$h_{1改} = +0.746 + 0.005 = +0.751(\text{m})$$
$$h_{2改} = +1.374 + 0.005 = +1.379(\text{m})$$
$$h_{3改} = -2.553 + 0.010 = -2.543(\text{m})$$
$$h_{4改} = +0.405 + 0.008 = +0.413(\text{m})$$

（4）高程的计算。

$$H_A = 152.358 + 0.751 = 153.109(\text{m})$$
$$H_B = 153.109 + 1.379 = 154.488(\text{m})$$
$$H_C = 154.488 - 2.553 = 151.945(\text{m})$$
$$H_{BM1} = 151.945 + 0.413 = 152.358(\text{m})$$

推算的 H_{BM1} 应等于该点的高程，以此作为计算的校核。

（5）利用 Excel 进行闭合水准路线成果计算。

输入已知数据：点名（A列）、测站数（B列）、观测高差（C列）、已知点 BM_1 的高程，然后输入公式，计算闭合差、改正数及各点高程。公式输入如图 2-19 所示。

	A	B	C	D	E	F
1	点名	测站数	观测高差/m	改正数/m	改正后高差/m	高程/m
2	BM₁					152.358
3	A	4	0.746	C7/B7*B3	C3+D3	F2+E3
4	B	4	1.374	C7/B7*B4	C4+D4	F3+E4
5	C	8	-2.553	C7/B7*B5	C5+D5	F4+E5
6	BM₁	6	0.405	C7/B7*B6	C6+D6	F5+E6
7	总和	22	-0.028	SUM(D3:D6)	SUM(E3:E6)	
8	闭合差/m	$\sum h=$	C7			
9	容许值/m	$f_{h容}=\pm 12\sqrt{n}$	12*SQRT(B7)			
10	每站高差改正数/m	$v_i=-\sum h/n$	C8/B7			
11	备注：红色为已知数据，其他为计算数据；公式前需加等号；					

图 2-19　Excel 进行闭合水准路线计算的公式输入

如计算无误，则 D7（改正数之和）的计算结果应等于 C8（闭合差）结果的反号。

如果计算无误，则 E8（改正后高差之和）的计算结果应等于 0。

如果计算无误，则 F7（已知点的高程）的计算结果应等于 F2（已知点的高程）的值。

当改正数出现凑整误差时，可手动修改改正数。

计算结果同表 2-5。

【例 2-2】　图 2-20 为按图根水准测量要求施测某附合水准路线观测成果略图。A 和 B 为已知高程的水准点，路线上的数字为测得两点间的高差，路线下方为该段路线的长度，试计算待定点 1、2、3 点的高程。

2-15

闭合水准路线成果计算

图 2-20　附合水准测量成果略图

(1) 高差闭合差的计算与检核。

$$f_h = \sum h_{测} - (H_B - H_A) = 4.330 - (49.579 - 45.286) = 0.037(\text{m}) = 37(\text{mm})$$

$$f_{h容} = \pm 40\sqrt{L} = \pm 40\sqrt{7.4} = \pm 109(\text{mm})$$

$f_h < f_{h容}$，符合图根水准测量的要求，可以分配闭合差。

(2) 高差改正数和改正后的高差计算。

由于已知每一测段的长度，因此利用式 (2-13) 计算高差改正数，计算结果见表 2-14。$\sum v_i = -f_h = -0.037$，说明改正数计算正确。然后利用式 (2-15) 计算改正后的高差，计算结果见表 2-6。

表 2-6　　　　　　　　　　　　水准路线的高程计算

点号	距离/km	高差/m	改正数/mm	改正后高差/m	高程/m
A					45.286
	1.6	+2.331	-8	+2.323	
1					47.609
	2.1	+2.813	-11	+2.802	
2					50.411
	1.7	-2.244	-8	-2.252	
3					48.159
	2.0	+1.430	-10	+1.420	
B					49.579
Σ	7.4	+4.330	-37	+4.293	

$\sum h_{i改} = H_B - H_A = 49.579 - 45.286 = +4.293(\text{m})$，说明计算正确。

(3) 高程的计算。

1 点高程的计算过程：$H_1 = H_A + h_1 = 45.286 + 2.323 = 47.609(\text{m})$。其余点的高程计算过程依次类推，作为检核，最后推算出 B 点的高程应该等于其已知高程。

(4) 利用 Excel 进行附合水准路线成果计算。

输入已知数据：点名（A 列）、路线长（B 列）、观测高差（C 列）、A 点和 B 点的高程。然后输入公式，计算闭合差、改正数及各点高程。公式输入如图 2-21 所示。

如计算无误，则 D7（改正数之和）的计算结果应等于 D8（闭合差）结果的反号。

如果计算无误，则 E7（改正后高差之和）的计算结果应等于 F8（终点与起始点

2-16 ▶

普通水准测量内业计算

	A	B	C	D	E	F
1	点名	路线长/m	观测高差/m	改正数/m	改正后高差/m	高程/m
2	A					45.286
3	1	1.6	2.331	B3/B7*B8	C3+D3	F2+E3
4	2	2.1	2.813	B4/B7*B8	C4+D4	F3+F5
5	3	1.7	-2.244	B5/B7*B8	C5+D5	F4+E5
6	B	2.0	1.430	B6/B7*B8	C6+D6	F5+E6
7	总和	SUM(B3:B6)	SUM(C3:C6)	SUM(D3:D6)	SUM(E3:E6)	49.579
8	闭合差/m		C7-F8		H终-H始=	F6-F2
9	闭合差容许值/m	±40 √Lmm=	40*SQRT(B7)/1000			
10	1km高差改正数/m	=A1·F1-fh/∑L	D7/B7			
11	备注：红色为已知数据，其他为计算数据；公式前需加等号。					

图 2-21　Excel 进行附合水准路线计算的公式输入

的高差）。

如果计算无误，则 F7（已知点的高程）的计算结果应等于 F8（已知点的高程）的值。

当改正数出现凑整误差时，可手动修改改正数。

计算结果同表 2-6。

【例 2-3】　图 2-22 为一支水准路线。支水准路线应进行往返观测。已知水准点

$A \otimes \!\!\!\!\!\!\longrightarrow\!\!\!\!\!\! \otimes B$

图 2-22　支水准路线

A 的高程为 78.475mm，图中箭头表示水准测量往测方向，$\sum h_{往} = +0.208\text{m}$，$\sum h_{返} = -0.018\text{m}$，$A$、$B$ 间线路长 $L = 3\text{km}$，求 B 点高程。

解：实际高程闭合差：

$$f_h = \sum h_{往} + \sum h_{返} = 0.028 + 0.018 = +0.046(\text{m})$$

容许高程闭合差：

$$F_h = \pm 30\sqrt{L} = \pm 30\sqrt{3} = 52(\text{mm})$$

$f_h < F_h$，故精度符合要求。

改正后往测高差：

$$\sum h'_{往} = \sum h_{往} + \frac{-f_h}{2} + 0.028 - \frac{0.046}{2} = +0.005(\text{m})$$

改正后返测高差：

$$\sum h'_{返} = \sum h_{返} + \frac{-f_h}{2} + 0.018 - \frac{0.046}{2} = +0.005(\text{m})$$

故 B 点高程：

$$H_B = H_A + \sum h'_{往} = 78.475 + 0005 = 78.480(\text{m})$$

六、水准仪的检验与校正

这里只讲述自动安平水准仪的检验与校正。

1. 水准仪的轴线及其应满足的条件

如图 2-23 所示，水准仪的轴线有 4 条，分别是圆水准器轴 $L'L'$、仪器竖轴 VV、水准管轴 LL 和视准轴 CC。各轴线应满足的几何条件如下：

（1）圆水准器轴 $L'L'$ 应平行于仪器的竖轴 VV。

2-17 ▶
利用 Excel 进行附合水准路线成果计算

2-18 ⊗
附合水准路线成果计算

2-19 ◉
普通水准测量方法

2-20 ▶
普通水准测量方法

（2）十字丝横丝应垂直于竖轴 VV。

（3）水准管轴 LL 平行于视准轴 CC。

2. 水准仪检验与校正

仪器在出厂前，虽然水准仪各轴线的
几何关系都经过严格检验是满足标准的，
但仪器长时间的使用或受到震动、碰撞等
原因，使得仪器轴线不能满足条件，这将
直接影响测量成果的质量。因此，在使用
水准仪之前，应对仪器进行检验和校正。

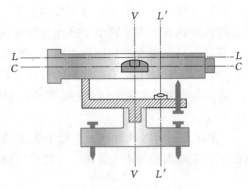

图 2-23　水准仪轴线

（1）圆水准器轴平行于仪器的竖轴的
检验与校正。

目的：使圆水准器轴平行于仪器竖轴，圆水准器气泡居中时，竖轴便位于铅垂
位置。

检验方法：旋转脚螺旋使圆水准器气泡居中，然后将仪器上部在水平方向绕竖轴
旋转 $180°$，若气泡仍居中，则表示圆水准器轴已平行于竖轴，若气泡偏离中央则需进
行校正。

校正方法：用脚螺旋使气泡向中央方向移动偏离量的一半，然后拨圆水准器的校
正螺旋使气泡居中。由于一次拨动不易使圆水准器校正得很完善，所以须重复上述的
检验和校正，使仪器上部旋转到任何位置气泡都能居中为止。

（2）十字丝横丝的检验与校正。

目的：使十字丝的横丝垂直于竖轴，这样，当仪器粗略整平后，横丝基本水平，
横丝上任意位置所得读数均相同。

检验方法：先用横丝的一端照准一个固定的目标或在水准尺上读一读数，然后用
微动螺旋转动望远镜，用横丝的另一端观测同一个目标或读数。如果目标仍在横丝上
或水准尺上读数不变［图 2-24（a）］，说明横丝已与竖轴垂直。若目标偏离了横丝或
水准尺读数有变化［图 2-24（b）］，则说明横丝与竖轴没有垂直，应予校正。

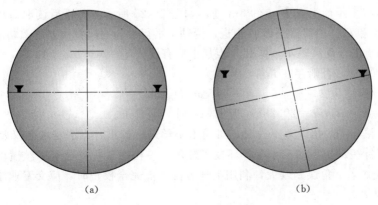

（a）　　　　　　　　　　　　　　（b）

图 2-24　十字丝横丝的检验

校正方法：打开十字丝分划板的护罩，可见到 3 个或 4 个分划板的固定螺丝。松开这些固定螺丝，用手转动十字丝分划板座，反复试验使横丝的两端都能与目标重合或使横丝两端所得水准尺读数相同，则校正完成。最后旋紧所有固定螺丝。

（3）水准管轴平行于视准轴的检验与校正。

目的：使水准管轴平行于视准轴，当水准管气泡符合时，视准轴就处于水平位置。

i 角误差：若水准管轴不平行于视准轴，会出现一个交角 i（图 2-25），由 i 角的影响产生的误差称为 i 角误差。此项检验也称为 i 角检验。

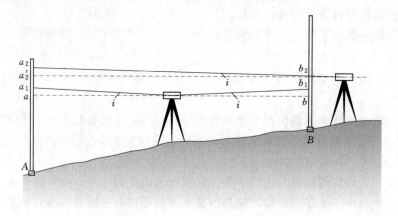

图 2-25　水准管轴平行于视准轴的检验

检验方法：在一平坦的地面上选择相距 $40\sim60\mathrm{m}$ 的两点 A、B，分别在 A、B 两点打入木桩，在木桩上竖立水准尺。将水准仪安置在 A、B 两点的中间，使前、后视距相等，如图 2-25 所示，精确整平仪器后，依次照准 A、B 两点的水准尺并读数，设读数分别为 a_1 和 b_1，因前、后视距相等，所以 i 角对前、后视读数的影响相等，即两点的高差为 $h_{AB}=a_1-b_1$。

为了进行测站检核，可采用变仪器高法或双面尺法测出 A、B 两点的高差，若两次高差之差不超过 3mm，则取其平均值作为最后结果 h_{AB}。

将仪器移至距前视点 B 点约 3m 处，如图 2-25 所示。整平后读取后尺和前尺读数分别为 a_2 和 b_2。因仪器距 B 点很近，两轴不平行引起的读数误差可忽略不计，故根据 A、B 两点的正确高差 h_{AB} 算出 A 点尺上应有读数 $a_2'=b_2+h_{AB}$。如果 a_2 与 a_2' 相等，则说明两轴平行；否则存在 i 角，其值为

$$i''=(\Delta h/D_{AB})\rho''\qquad\qquad(2-16)$$

式中：$\Delta h=a_2-a_2'$；$\rho=206265$。当 $i>20''$ 时，须校正。

校正方法：当 i 角误差不大时，可用十字丝进行校正。方法是水准仪照准 A 尺不动，用校正针拨动上下两个十字丝环校正螺丝，一松一紧，直至十字丝横丝照准正确读数 a_2' 为止。若 i 角误差较大，利用上述方法不能完全校正时，应交专业维修人员处理。

七、水准测量的误差及消减方法

测量工作中由于仪器、人、环境等各种因素的影响，使测量成果中都带有误差。

2-21

i 角检验

2-22

水准仪的检验与校正

2-23

水准仪的检验与校正

为了保证测量成果的精度，须分析产生误差的原因，并采取措施消除和减小误差的影响。

1. 仪器误差

仪器误差：指仪器自身因为制造、使用过程中几何条件不满足等引起的误差。

仪器误差的主要来源是望远镜的视准轴与水准管轴不平行而产生的 i 角误差。水准仪虽经检验校正，但不可能彻底消除 i 角。要消除 i 角对高差的影响，必须在观测时使仪器至前、后视水准尺的距离相等。

2. 水准尺误差

(1) 水准尺零点差。

水准尺零点差：也称标尺零点差，是指由于使用、磨损等原因，使得水准尺的底面与其分划零点不一致。标尺零点差的影响对于一个测段的测站数为偶数站的水准路线，可自行抵消；若为奇数站，所测高差中将含有该误差的影响。因此，一个测段内应使测站数为偶数。

(2) 水准尺倾斜误差。

水准测量中，若水准尺没有扶直（图 2 - 26），无论向哪一侧倾斜都会使读数偏大。这种误差随尺的倾斜角和读数的增大而增大。例如尺有 3° 的倾斜，读数为 1.5m 时，可产生 2mm 的误差。为使尺能扶直，水准尺上最好装有水准器，并注意在测量过程中认真扶尺，使标尺竖直。

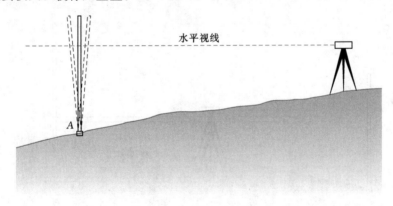

图 2 - 26　水准尺倾斜误差

3. 整平误差

水准测量是利用水平视线测定高差的，如果仪器没有整平，则倾斜的视线将使标尺读数产生误差，如图 2 - 27 所示。

4. 读数误差

读数误差产生的原因有两个：一是存在视差；二是毫米估读不准确。视差可通过调节目镜和物镜调焦螺旋加以消除；估读误差与视距长度有关，因此在普通水准测量中，要求视线距离不超过 150m。

5. 仪器和标尺升降误差

水准测量中由于仪器、水准尺的自重和土壤的弹性会使仪器及水准尺下沉或上

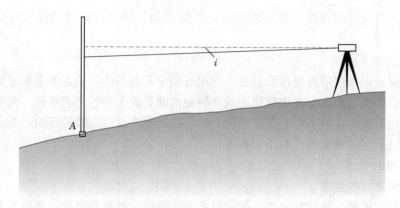

图 2-27　整平误差

升，将使读数减小或增大引起观测误差。

（1）仪器下沉（或上升）引起的误差。

仪器下沉的误差：在读取后视读数和前视读数之间若仪器下沉了 Δ，由于前视读数减少了 Δ 从而使高差增大 Δ（图 2-28）。在松软的土地上，每一测站都可能产生这种误差。当采用双面尺或两次仪器高时，第二次观测可先读前视点 B，然后读后视点 A，则可使所得高差偏小，两次高差的平均值可消除一部分仪器下沉的误差。用往测、返测时，因同样的原因也可消除部分的误差。

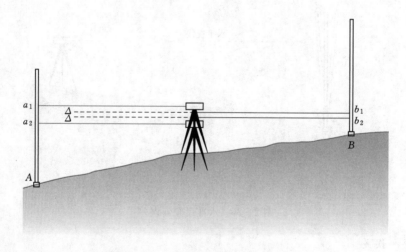

图 2-28　仪器下沉或上升引起的误差

（2）尺子下沉（或上升）引起的误差。

在仪器从一个测站迁到下一个测站的过程中，若转点下沉了 Δ，则使下一测站的后视读数偏大，使高差也增大 Δ（图 2-29）；在同样情况下返测，则使高差的绝对值减小。所以取往测、返测的平均高差，可以削弱水准尺下沉或上升的影响。

当然，在进行水准测量时，必须选择坚实的地点安置仪器和转点，避免仪器和尺的下沉。

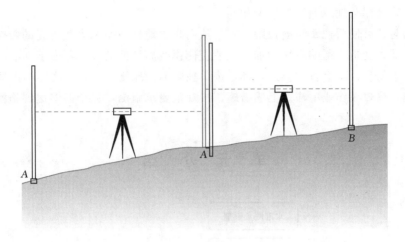

图 2 - 29 尺子下沉或上升引起的误差

6. 地球曲率和大气折光的影响

（1）地球曲率的影响。

理论上水准测量应根据水准面来求出两点的高差（图 2-30），但视准轴是一条直线，因此使读数中含有由地球曲率引起的误差 p，p 的计算公式为

$$p = \frac{s^2}{2R} \tag{2-17}$$

式中：s 为视线长；R 为地球的半径。可见地球曲率对测量高差的影响与距离成正比。

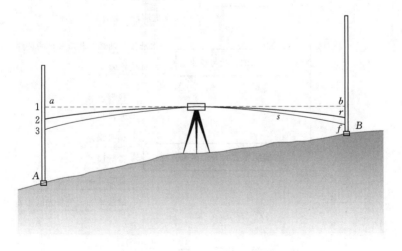

图 2 - 30 地球曲率和大气折光对高差的影响
1—水平视线；2—折光后视线；3—与大地水准面平行的线

2-24
水准测量的误差及消减方法

2-25
水准测量的误差及消减方法

2-26
高程测量易错事例

（2）大气折光的影响。

大气折光的作用使得水准仪本应水平的视线成为一条曲线（图 2-30），它对测量

高差的影响规律与地球曲率的影响相同。

观测时,可使后视距与前视距相等,从而减少地球曲率和大气折光的影响;视线离地面过低,受折光影响有所增加,一般应使视线离地面的高度不少于0.3m。

须注意的是,以上各项误差,都是按单独影响的原则分析,而实际情况则是综合性的影响。只要在作业中注意上述措施,按规范要求施测,完全能够达到施测精度的要求。

单 元 小 结

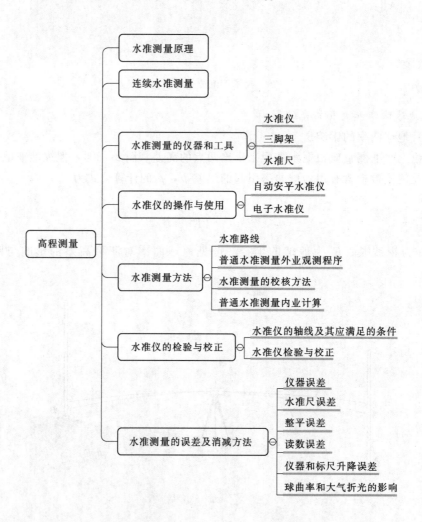

单 元 自 测

1. 视差产生的原因是(   )。

A. 观测时眼睛位置不正   B. 目标成像与十字丝分划板平面不重合

C. 前后视距不相等   D. 影像没有调清楚

2. 水准测量中设 A 为后视点，B 为前视点。A 尺读数为 1.032m，B 尺读数为 0.729m，则 A、B 的两点高差为（　　　）。

　　A. -29.761m　　　　B. -0.303m　　　　C. 0.303m　　　　D. 29.76m

3. 水准测量中，设 A 为后视点，B 为前视点。A 尺读数为 1.213m，B 尺读数为 1.401m，A 点高程为 21.000m，则视线高程为（　　　）m。

　　A. 22.401　　　　　　B. 22.213　　　　　　C. 21.812　　　　　　D. 20.812

4. 在水准测量中，自动安平水准仪的操作步骤为（　　　）。

　　A. 仪器安置、精平、读数

　　B. 仪器安置、粗平、瞄准、精平、读数

　　C. 粗平、瞄准、精平后读上丝读数

　　D. 仪器安置、粗平、瞄准、读数

5. 水准仪粗平时，圆水准器中气泡运动方向与（　　　）。

　　A. 左手大拇指运动方向一致　　　　　　　　B. 右手大拇指运动方向一致

　　C. 都不对

6. 有关水准测量注意事项中，下列说法错误的是（　　　）。

　　A. 仪器应尽可能安置在前后两水准尺的中间部位

　　B. 每次读数前后均应观察水准气泡

　　C. 记录错误时，应擦去重写

　　D. 测量数据不允许记录在草稿纸上

7. 水准测量时，由于扶尺者向前、后倾斜，使得读数（　　　）。

　　A. 变大　　　　　　　B. 变小　　　　　　　C. 都有可能

8. 地面点到高程基准面的垂直距离称为该点的（　　　）。

　　A. 相对高程　　　　　B. 绝对高程　　　　　C. 高差　　　　　　　D. 坡度

9. 在水准测量中转点的作用是传递（　　　）。

　　A. 方向　　　　　　　B. 高程　　　　　　　C. 距离　　　　　　　D. 角度

10. 水准测量时，为了消除 i 角误差对测站高差值的影响，可将水准仪置在（　　　）处。

　　A. 靠近前尺　　　　　B. 任意位置　　　　　C. 靠近后尺　　　　　D. 中间位置

11. 高差闭合差的分配原则为（　　　）成正比例进行分配。

　　A. 与测站数　　　　　　　　　　　　　　　　B. 与高差的大小

　　C. 与距离或测站数　　　　　　　　　　　　　D. 与距离公里数

12. 水准测量中，下列不属于观测误差的是（　　　）。

　　A. 精平　　　　　　　B. 读数　　　　　　　C. i 角　　　　　　　D. 照准

13. 我国目前采用的高程基准是（　　　）。

　　A. 高斯平面直角坐标　　　　　　　　　　　　B. 1980 国家大地坐标系

　　C. 黄海高程系统　　　　　　　　　　　　　　D. 1985 国家高程基准

14. 地面上有一点 A，任意取一个水准面则点 A 到该水准面的铅垂距离为（　　　）。

A. 绝对高程　　　　B. 海拔　　　　C. 高差　　　　D. 相对高程

15. 在水准测量中，若后视点 A 的读数大，前视点 B 的读数小，则有（　　）。

A. A 点比 B 点低　　　　　　　　B. A 点比 B 点高

C. A 点与 B 点可能同高　　　　　D. A 点与 B 点的高低取决于仪器高度

技 能 训 练

1. 根据表 2-7 的水准测量记录，计算高差、高程并进行检核。

表 2-7　　　　　　　　　　水 准 测 量 记 录　　　　　　　　单位：m

测站	测　　点		中丝读数	每测站高差 （后－前）	高程	备注
1	后视	A	1.442		74.946	已知
	前视	TP_1	1.002			
2	后视	TP_1	0.857			
	前视	TP_2	1.412			
3	后视	TP_2	2.456			
	前视	TP_3	0.685			
校核 计算	后视	$\sum a$				
	前视	$\sum b$				

2. 调整图 2-31 所示闭合水准路线的观测成果，已知 A 点高程为 75.638m。在表 2-8 中完成水准测量成果计算，并求出高程。

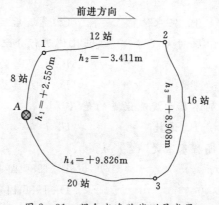

图 2-31　闭合水准路线测量成果

表 2 - 8   闭合水准路线计算表

点号	测站数	高差/m	改正数/mm	改正后高差/m	高程/m
总和					

单元二 角 度 测 量

一、角度测量原理

1. 角度

角度：量度角的单位，是指两条相交直线中的任何一条与另一条相叠合时必须转动的量的量度（图 2 - 32）。常用度（°）、分（′）、秒（″）来表示测量角的大小，其中 $1° = 60′$，$1′ = 60″$。

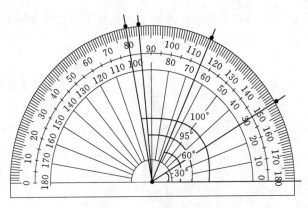

图 2 - 32 角度的概念

（1）角度的换算：72°48′36″换算成度（°）表示，见表 2 - 9；反之，72.81°换算成度、分、秒表示，见表 2 - 10。

表 2 - 9   度、分、秒换算成度

度分秒（°′″）	度（°）
72°48′36″	72° = 72， 48′ = 48/60 = 0.8， 36″ = 36/3600 = 0.01 72°48′36″ = 72.81°

表 2－10　　　　　　　　　　　　度换算成度、分、秒

度（°）	度分秒（°′″）
72.81°	72°=72， 0.81°=0.81×60=48.6，取整数为 48， 取余数 0.6×60=36， 72.81=72°48′36″

（2）角度的运算法则：两个角相加时，度（°）与度（°）相加，分（′）与分（′）相加，秒（″）与秒（″）相加，其中如果满 60 则进 1；两个角相减时，度（°）与度（°）相减，分（′）与分（′）相减，秒（″）与秒（″）相减，其中如果不够则从上一个单位退 1 当作 60，计算过程见表 2－11。

表 2－11　　　　　　　　　　　　两 角 相 加 与 相 减

两 角 相 加	两 角 相 减
22°36′56″+45°24′39″ =(22+45)°+(36+24)′(56+39)″ =67°60′95″=67°61′35″=68°01′35″	79°45′03″−61°48′49″ =79°44′63″−61°48′49″=78°104′63″−61°48′49″ =(78−61)°(104−48)′(63−49)″=17°56′14″

2. 角度测量

角度测量：指测定水平角和竖直角的工作。要确定地面点的平面位置一般需要观测水平角；要确定地面点的高程或将测得的斜距换算为平距时，一般需要观测竖直角。

（1）水平角。

水平角：指空间两条相交直线在水平面上投影所形成的水平夹角（图 2－33）。

表示方法：一般用 β 表示。

取值范围：0°～360°。

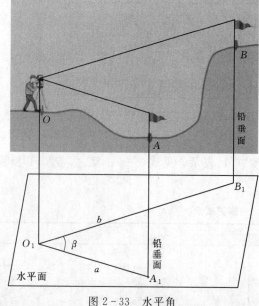

2-28 ▶
水平角测量
原理

图 2－33　水平角

测量原理：通过在角顶 B 点架设一台装有水平度盘的仪器（图 2－33），通过望远镜瞄准地面上的目标 A，在水平度盘上读出读数 a，再瞄准地面上的目标 C，读出水平度盘的读数 c。

水平角 β＝右目标读数 c－左目标读数 a

（2）竖直角。

竖直角：指在同一竖直面内，某目标方向的视线与水平线所夹的锐角，也称垂直角（图 2－47）。倾斜视线在水平线上，竖直角为正，称为仰角；倾斜视线在水平线下，竖直角为负，称为俯角。

表示方法：一般用 α 表示。

取值范围：$0° \sim \pm 90°$。

测量原理：为了测量竖直角（天顶距），在照准设备（望远镜）旁安置一个带有刻度的竖直度盘，简称竖盘。当望远镜照准目标时，竖盘随着转动，则望远镜照准目标的方向线读数与水平线的固定读数之差为竖直角。

（3）天顶距。

天顶距：视线与测站点天顶方向之间的夹角（图 2-34）。常用 Z 表示，数值范围为 $0° \sim 180°$。

竖直角与天顶距的关系：$\alpha = 90° - Z$。

2-29 ▶

竖直角测量
原理

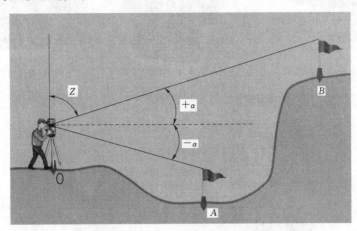

图 2-34　竖直角与天顶距

二、角度测量仪器设备

角度测量仪器设备：测角仪器有为全站仪、经纬仪等，照准设备为棱镜、测钎、觇牌、标杆等。下文仅介绍全站仪。

1. 全站仪

全站仪：由电子测角、电子测距、电子计算和数据存储等单元组成的三维坐标测量系统，是能自动显示测量结果，能与外围设备交换信息的多功能测量仪器。由于较完善地实现了测量和处理过程的电子一体化，所以通常称之为全站型电子速测仪（Electronic Total Station），简称全站仪。

2-30 ◉

角度测量原理

全站仪常见的有日本的索佳（SOKKIA）SET 系列、拓普康（TOPOCON）GTS 系列、尼康（NIKON）DTM 系列，瑞士的徕卡（LEICA）TPS 系列，中国的南方 NTS 和 ETD 系列，如图 2-35 所示。

全站仪的精度：全站仪作为一种光电测距与电子测角和微处理器综合的外业测量仪器，其主要的精度指标为测距标准差 m_D 和测角标准差 m_β。仪器根据测距标准差（即测距精度），按国家标准分为 3 个等级：标准差小于 5mm 为 Ⅰ 级仪器，大于 5mm 小于 10mm 为 Ⅱ 级仪器，大于 10mm 小于 20mm 为 Ⅲ 级仪器。仪器根据测角标准差分为 0.5″、1″、2″、5″等多个等级。

全站仪的构造：全站仪由测角、测距、计算和存储系统等组成。图 2-36 为中国南方 NTS-332R 型全站仪。

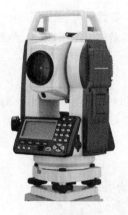  

（a）日本索佳 SET 系列　　（b）日本拓普康 GTS 系列　　（c）日本尼康 DTM 系列

（d）瑞士徕卡 TPS 系列　　（e）中国南方 NTS 系列

图 2-35　常见全站仪

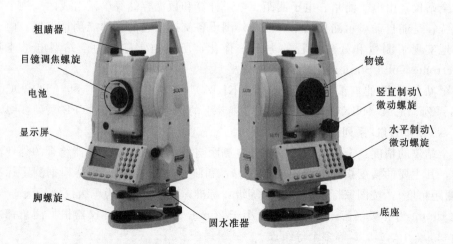

图 2-36　中国南方 NTS-332R 型全站仪的构造及各部件名称

2．照准设备

照准设备：角度测量时的照准标志，一般是竖立于测点的测钎、微型棱镜、单棱镜组或三棱镜组（图 2-37）。

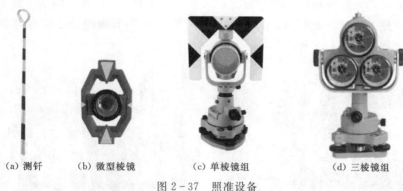

（a）测钎　　　（b）微型棱镜　　　（c）单棱镜组　　　（d）三棱镜组

图 2-37　照准设备

2-31

全站仪的构造及应用

2-32

角度测量仪器设备

2-33

角度测量仪器设备

三、全站仪的操作与使用

全站仪的操作与使用：全站仪的操作与使用主要包括仪器的安置、目标瞄准和读数 3 项工作，可归纳为 8 个字，即对中—整平—照准—读数。

1．对中

对中：指将全站仪安置在设置有地面标志的测站上。所谓测站，即是所测角度的顶点。对中的目的是通过对中使仪器水平度盘中心与测站点位于同一铅垂线上。常用的对中方法有光学对中、激光对中和垂球对中，无论哪种方式，操作步骤基本一致，具体如图 2-38 所示。

（a）调整三脚架的高度

（b）目估对中并使三脚架架头大致水平

（c）将全站仪固定在三脚架上

（d）调节对中器目镜及物镜焦距，移动两条架腿，使测站点成像于对中器标志的中心

图 2-38　全站仪对中

49

技术要求：一般规定垂球对中误差应小于3mm；光学对中、激光对中的误差应小于1mm。

2. 整平

整平：目的是使竖轴居于铅垂位置，水平度盘处于水平位置。整平时要先调节三脚架的高度使圆水准气泡居中，以粗略整平，再通过调节脚螺旋使管水准器精确整平，具体步骤如图2-39所示。

（a）调节身边一条架腿的高度使圆水准气泡
与另一条架腿在一条直线

（b）调节身边另一条架腿的高度
使圆水准气泡居中

（c）旋转照准部，使水准管平行于任一对脚
螺旋，转动这两个脚螺旋使水准管气泡居中

（d）将照准部旋转90°，转动第三个脚螺旋
使水准管气泡居中

图2-39　全站仪整平

如果水准管轴与竖轴满足垂直关系，如此反复数次即可达到精确整平的目的，即水准管转到任何位置，水准管气泡都居中，或偏移不超过1格。

精确整平后须再次观察对中器中心与测站点是否重合，一般会有微小的偏差，这时稍微松开中心连接螺旋，在架头上平移（不能转动）全站仪使对中器中心与测站点标志重合。由于平移仪器对整平会有影响，所以须重新进行精确整平，如此反复多次，直至对中、整平都满足要求。如果对中器中心与测站点偏差较大，须重新进行对中、整平操作。

3. 照准

照准：用望远镜十字丝交点精确对准测量目标。照准时将望远镜对向明亮背景，转动目镜调焦螺旋，使十字丝清晰。松开照准部与望远镜的制动螺旋，转动照准部，利用望远镜上的粗瞄准器对准目标，然后旋紧制动螺旋。旋转物镜对光螺旋，进行物镜对光，使目标成像清晰，并清除视差。最后转动望远镜微动螺旋，使十字丝精确照准目标（图2-40）。

图 2-40　全站仪照准

视差：观测者的眼睛靠近目镜端上下微微移动就会发现目标与十字丝之间产生相对位移的现象。视差的存在将影响观测结果的准确性，应予消除。

消除视差的方法：反复仔细进行目镜和物镜调焦，使目标和十字丝均处于清晰状态。

4．读数

读数：读出照准方向的度盘数字（图 2-41）并记录。

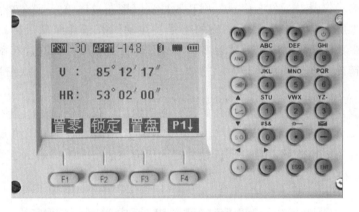

图 2-41　GTS200N 测角界面

2-36　全站仪照准

2-37　全站仪的操作与使用

2-38　全站仪的操作与使用

四、全站仪水平角、竖直角测量

1．水平角测量

水平角测量：通过测角设备测量水平角的过程。常用的方法有测回法和方向观测法，可根据目标的多少和等级要求而定。

测回法测水平角：是观测水平角最基本的方法，适用于观测两个目标之间的单个角值。

如图 2-42 所示，设 O 为测站点，A、B 为观测目标，测水平角。

（1）观测方法和步骤。

1）在测站点 O 上安置全站仪，对中、整平。在 A、B 点设置观测标志。

2）观测方法按照准目标可归纳为 A（盘左）→B（盘左）→B（盘右）→A（盘右）。

盘左：观测者对着望远镜的目镜时，竖盘在望远镜的左边，又称正镜。

51

图 2-42　水平角观测

盘右：观测者对着望远镜的目镜时，竖盘在望远镜的右边，又称倒镜。

盘左观测：仪器处于盘左位置，旋转照准部瞄准左目标 A，拧紧水平制动螺旋和望远镜制动螺旋，转动水平微动螺旋和望远镜微动螺旋精确照准目标。配置度盘为 $0°$，读取水平度盘读数，记入手簿表 2-12；松开制动螺旋，顺时针转动照准部照准右目标 B，精确照准后读数并记录手簿表 2-12，称为上半测回（盘左半测回）（图 2-43）。

盘右观测：松开水平制动螺旋和望远镜制动螺旋，仪器倒镜处于盘右位置，照准右目标 B 点，精确照准目标读数并记入手簿（表 2-12）；松开制动螺旋，逆时针转动照准左目标 A，精确照准目标，读数并记入手簿（表 2-12），称为下半测回（盘右半测回）（图 2-43）。

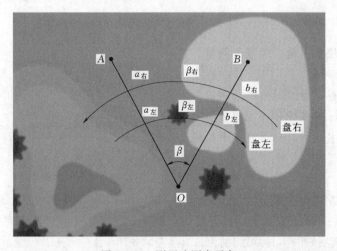

图 2-43　测回法测水平角

表 2-12 水平角（测回法）观测手簿

测站	测回数	竖盘位置	目标	水平度盘读数	半测回角值	一测回角值	各测回平均角值	备注
测站	测回数	盘左		（1）	（5）	（7）	（8）	
				（2）				
		盘右		（4）	（6）			
				（3）				
O	1	盘左	A	00°02′24″	81°12′12″	81°12′06″	81°12′08″	
			B	81°14′36″				
		盘右	A	180°02′36″	81°12′00″			
			B	261°14′36″				
	2	盘左	A	90°03′06″	81°12′06″	81°12′09″		
			B	171°15′12″				
		盘右	A	270°03′00″	81°12′12″			
			B	351°15′12″				

2-39 ▶

测回法测
水平角

一测回：上、下两个半测回称为一测回。

当测量精度要求较高时，须观测多个测回。为消除度盘刻画不均匀的误差，每个测回应按 $180°/n$（n 为测回数）的值变换度盘起始位置。

（2）记录与计算方法。

测回法的记录与计算示例见表 2-12，表中序号为观测记录和计算记录的顺序，其中（1）～（4）为记录数据，其余为计算所得。

测站上的计算如下：

1）半测回角值：

$$（5）=（2）-（1） \tag{2-18}$$

$$（6）=（3）-（4） \tag{2-19}$$

若式（2-17）和式（2-18）的计算值为负，其数值应加上 360° 作为上、下半测回的角值。

2）一测回角值：

$$（7）=[（5）+（6）]/2 \tag{2-20}$$

3）多测回平均角值：

$$（8）=（所有测回的一测回角值的和）/测回数 n \tag{2-21}$$

（3）技术要求及注意事项。

在观测中，应注意两项限差：一是两个半测回角值之差；二是各测回间的角值之差。这两项限差，对于不同精度的仪器，有不同的规范要求。一般 6″ 全站仪要求半测回角值互差不得超过 36″；各测回间的角值互差不得超过 24″。若半测回角值超限应重测该测回，若各测回角值互差超限，则应重测某一测回角值偏离各测回平均值较大的那一测回。

2. 方向法测水平角

方向法测水平角：指从起始方向顺次观测各个方向后，最后要回测起始方向。盘

2-40 ▶

测回法测水
平角的数
据处理

左顺时针观测为上半测回，盘右逆时针观测为下半测回。最后一步称为归零，这种半测回归零的方法称为"方向法"。相邻方向的方向值之差，就是它的水平角值。该方法适用于在一个测站上须观测3个以上方向的水平角。

如图2-44所示，设O点为测站点，要观测OA、OB、OC、OD 4个方向间的水平角。

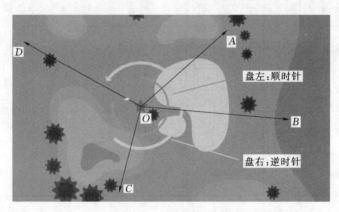

图2-44　方向法测水平角

（1）观测方法、步骤。

1）在测站点O上安置测角仪器（经纬仪、全站仪），对中、整平。在A、B、C、D设置观测标志。

2）观测方法按照准目标可归纳为A（盘左）→B（盘左）→C（盘左）→D（盘左）→A（盘左）→A（盘右）→D（盘右）→C（盘右）→B（盘右）→A（盘右）。

盘左观测：仪器处于盘左位置，旋转照准部瞄准目标A，配置度盘为0°，读取水平度盘，记入手簿表2-13。松开水平制动螺旋，顺时针转动照准部依次照准目标B、C、D各个方向，并分别读取水平度盘读数，记入手簿表2-13。最后还要回到起始方向A进行归零，读数并记录。

盘右观测：仪器处于盘右位置，旋转照准部瞄准目标A，读取水平度盘，记入手簿表2-13。松开水平制动螺旋，逆时针转动照准部依次照准目标D、C、B、A，读数并记入手簿表2-13。

当测量精度要求较高时，须观测多个测回。为消除度盘刻画不均匀的误差，每个测回应按$180°/n$（n为测回数）的值变换度盘起始位置。

（2）记录与计算方法。

方向法的记录与计算示例见表2-13，表中序号为观测记录和计算记录的顺序，其中（1）～（5）、（7）～（11）为记录数据，其余为计算所得。

测站上的计算如下：

1）半测回归零差。

半测回归零差：指盘左或盘右的零方向两次读数之差。如表2-13中的第一测回零方向（A）的盘左或盘右的半测回归零差为

上半测回归零差　　　　　　　（6）＝（5）－（1）　　　　　　　　　　（2-22）

表 2-13　　　　　　　　　　水平角（方向法）观测手簿

测站	测回数	目标	读数 盘左（L）	读数 盘右（R）	2C	平均读数	归零方向值	各测回归零方向平均值
测站			(1)	(11)	(23) (13)	(18)	(24)	(28)
			(2)	(10)	(14)	(19)	(25)	(29)
			(3)	(9)	(15)	(20)	(26)	(30)
			(4)	(8)	(16)	(21)	(27)	(31)
			(5)	(7)	(17)	(22)		
	归零差		(6)	(12)				
O	1	A	0°02′12″	180°02′00″	+12″	(0°02′09″) 0°02′06″	0°00′00″	0°00′00″
		B	37°44′18″	217°44′12″	+6″	37°44′15″	37°42′06″	37°42′15″
		C	110°29′06″	290°28′54″	+12″	110°29′00″	110°26′51″	110°26′58″
		D	150°14′54″	330°14′36″	+18″	150°14′45″	150°12′36″	150°12′38″
		A	0°02′18″	180°02′06″	+12″	0°02′12″		
	归零差		0°0′+6″	0°0′+6″				
O	2	A	90°03′12″	270°03′06″	+6″	(90°03′12″) 90°03′09″	0°00′00″	
		B	127°45′36″	307°45′36″	+0″	127°45′36″	37°42′24″	
		C	200°30′24″	20°30′12″	+12″	200°30′18″	110°27′06″	
		D	240°15′54″	60°15′48″	+6″	240°15′51″	150°12′39″	
		A	90°03′24″	270°03′06″	+18″	90°03′15″		
	归零差		0°0′+12″	0°0′-6″				

下半测回归零差　　　　　　　(12)＝(7)－(11)　　　　　　　　　　(2-23)

2）两倍照准误差 2C 值。

两倍照准误差：指同一台仪器观测同一方向盘左、盘右读数之差，简称 2C 值。

$$2C＝L－(R±180°) \qquad (2-24)$$

3）平均读数。

平均读数：指一测回内各方向平均读数。

同一方向的平均读数＝$[L＋(R±180°)]/2$。如(18)＝$[(1)＋(11±180°)]/2$。

起始方向有两个平均读数，应再取平均值，将计算的结果填入同一栏的括号内，如第一测回（0°02′09″）。

4）归零方向值。

归零方向值：将各个方向的平均读数减去起始方向的平均读数，即为各个方向的归零方向值，如表 2-13 中 37°42′06″＝（37°44′15″－0°02′09″）。显然，起始方向归零

后的值为 $0°0'0''$。

5）各测回归零方向平均值。

各测回归零方向平均值：指每一测回各个方向都有一个归零方向值，当各测回同一方向的归零方向值不超限，则取其平均值作为该方向的最后结果。如表 2 - 13 中 $150°12'38'' = 1/2(150°12'36'' + 150°12'39'')$。注意此处结果本来为 $150°12'38.5''$，采用"四舍六入、奇进偶不进"的舍位原则后结果为 $150°12'38''$。

6）水平角值的计算。

水平角值的计算：将右目标方向值减去左目标方向值即为这两个目标方向间的水平角。如 $\angle AOB = 37°42'15'' - 0°00'00'' = 37°42'15''$。

（3）技术要求及注意事项。

方向观测法测水平角的技术要求见表 2 - 14。

方向法测水平角的数据处理

表 2 - 14　　　　　　　　　水平角方向观测法的技术要求

等级	仪器精度	半测回归零差	一测回内 2C 互差	同一方向值各测回较差
四等及以上	DJ1	6''	9''	6''
	DJ2	8''	13''	9''
一等及以下	DJ2	12''	18''	12''
	DJ6	18''		24''

注　据《工程测量规范》（GB 50026—2007）。

在观测中应随时注意检查各项限差。上半测回测完后，立即计算半测回归零差，若超限须重测，下半测回测完后，也应立即计算归零差，若超限须重测整个测回；所有测回测完后，计算测回差，若超限须具体进行分析。一般情况下，某一测回的几个方向值与其他测回中该方向的方向值偏离较大，须重测该测回中这几个方向，但如果超限的方向数大于所有方向总和的 1/3，则必须重测整个测回。

3. 竖直角测量

水平角测量

竖直角测量：通过测角设备测量竖直角的过程。由竖直角的定义已知，它是倾斜视线与在同一铅垂面内的水平视线所夹的角度。测角设备水平视线的读数是固定的，所以只要读出倾斜视线的竖盘读数，即可求算出竖直角。

如图 2 - 42 所示，设 O 为测站点，A、B 为观测目标，测竖直角。

（1）观测方法和步骤。

与水平角相比，每一个方向就有一个竖直角。

1）在测站点 O 上安置全站仪，对中、整平。在 A、B 点设置观测标志。

2）以盘左照准目标，读取竖盘读数 L，并记录，称为上半测回。

3）将望远镜倒转，以盘右用同样方法照准同一目标，读取竖盘读数 R 并记录，称为下半测回。根据需要可测多个测回。

（2）记录与计算方法。

竖直角的记录与计算示例见表 2 - 15，表中序号为观测记录和计算记录的顺序，其中（1）、（2）为记录数据，其余为计算所得。

表 2 - 15　　　　　　　　　　　竖 直 角 观 测 手 簿

测站	目标	竖盘位置	竖盘读数	半测回竖直角	指标差（x）	一测回竖直角	备注
		左	（1）	（3）	（5）	（6）	
		右	（2）	（4）			
O	A	左	$90°10'36''$	$-0°10'36''$	$+9''$	$-0°10'27''$	$\alpha_左=90°-L$ $\alpha_右=R-270°$
		右	$269°49'42''$	$-0°10'18''$			
	B	左	$85°13'48''$	$4°46'12''$	$+3''$	$4°46'15''$	
		右	$274°46'18''$	$4°46'18''$			

测站上的计算如下：

1）半测回竖直角。盘左时的竖直角：$\alpha_左=90°-L$。当在盘右位置时的竖直角应为

$$\alpha_右=R-270° \tag{2-25}$$

即表 2 - 15 中

$$（3）=90°-（1） \tag{2-26}$$

$$（4）=（2）-270° \tag{2-27}$$

2）指标差（x）。如果指标不位于过竖盘刻划中心的铅垂线上，视线水平时的读数不是90°或270°，而相差x，这样用一个盘位测得的竖直角，即含有误差x，这个误差称为竖盘指标差

$$x=\frac{R+L-360°}{2} \tag{2-28}$$

即表 2 - 15 中

$$（5）=[（1）+（2）-360°]/2 \tag{2-29}$$

3）一测回角。取盘左、盘右的平均值（消除竖盘指标差x），即为一个测回的竖直角

$$\alpha=\frac{\alpha_左+\alpha_右}{2}=\frac{R-L-180°}{2} \tag{2-30}$$

即表 2 - 15 中

$$（6）=[（2）-（1）-180°]/2 \tag{2-31}$$

如果测多个测回，则取各个测回的平均值作为最后成果。

技术要求及注意事项：在竖直角测量中，常常用指标差来检验观测的质量。竖盘指标差属于仪器误差。各个方向的指标差理论上应该相等。若不相等则是由于照准、

2-44 ▶
竖直角测量的数据处理

2-45 ◉
竖直角测量

整平和读数等误差所致。其中同一目标不同测回间指标差之差称为指标差互差，对于2″级全站仪一般指标差要求不超过15″，指标差互差亦不应超过15″。

五、全站仪的检验与校正

为了测得正确可靠的水平角和竖直角，使之达到规定的精度标准，作业开始之前必须对全站仪进行检验和校正。下面仅介绍易于操作的常规检验与校正。

1. 照准部水准管轴垂直于仪器竖轴的检验与校正

（1）检查。

1）将仪器安放于较稳定的装置上（如三脚架、仪器校正台），并固定仪器。

2）将仪器粗整平，并使仪器长水准器与基座三个脚螺丝中的两个的连线平行，调整该两个脚螺丝使长水准器水泡居中。

3）转动仪器180°观察长水准器的水泡移动情况，如果水泡处于长水准器的中心，则无须校正；如果水泡移出允许范围，则须进行调整。

（2）校正。

1）将仪器在一稳定的装置上安放并固定好。

2）粗整平仪器。

3）转动仪器，使仪器长水准器与基座三个脚螺丝中的两个的连线平行，并转动该两个脚螺丝，使长水准器水泡居中。

4）仪器转动180°，待气泡稳定，用校针微调正螺钉，使水泡向长水准器中心移动一半的距离（图2-45）。

5）重复3）、4）步骤，直至仪器用长水准器精确整平后转动到任何位置，水泡都能处于长水准器的中心。

2. 圆水准器的检验与校正

（1）检查。

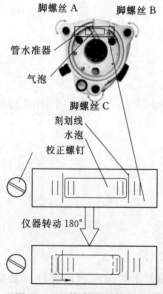

图2-45　管水准器的校正

1）将仪器在一稳定的装置上安放并固定好。

2）用长水准器将仪器精确整平。

3）观察仪器圆水准器气泡是否居中，如果气泡居中，则无须校正；如果气泡移出范围，则须进行调整。

（2）校正。

1）将仪器在一稳定的装置上安放并固定好。

2）用长水准器将仪器精确整平。

3）用校针微调两个校正螺钉，使气泡居于圆水准器的中心（图2-46）。

须注意的是：用校针调整两个校正螺钉时，用力不能过大，两螺钉的松紧程度相当。

3. 光学下对点器的检查和校正

（1）检查。

1）将仪器安置在三脚架上并固定好。

2）在仪器正下方放置一十字标志。

3）转动仪器基座的三个脚螺丝，使对点器分划板中心与地面十字标志重合。

4）使仪器转动180°，观察对点器分划反中心与地面十字标志是否重合；如果重合，则无须校正；如果有偏移，则须进行调整。

（2）校正。

1）将仪器安置在三脚架上并固定好。

2）在仪器正下方放置一"十"字标志。

3）转动仪器基座的三个脚螺线，使对点器分划板中心与地面十字标志重合。

4）使仪器转动180°，并拧下对点目镜护盖，用校针调整4个调整螺钉，使地面十字标志在分划板上的像向分划板中心移动一半（图2-47）。

5）重复3）、4）步骤，直至转动仪器，地面十字标志与分划板中心始终重合为止。

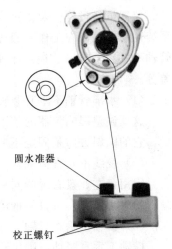

图2-46 圆水准器的校正

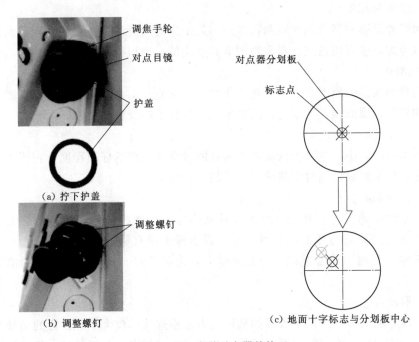

（a）拧下护盖

（b）调整螺钉

（c）地面十字标志与分划板中心

图2-47 光学对点器的校正

2-46
全站仪的检验与校正

2-47
全站仪的检验与校正

六、角度测量误差及消减方法

在角度测量中，多种原因会使测量的结果有误差。了解这些误差产生的原因、性质和大小，以便设法减少其对成果的影响，同时也有助于预估影响的大小，从而判断成果的可靠性。影响测角误差的因素有三类：仪器误差、观测误差和外界条件的影响。

1. 仪器误差

仪器虽经过检验及校正，但总会有残余的误差存在。仪器误差的影响，一般都是系统性的，可以在工作中通过一定的方法予以消除或减小。主要的仪器误差有：水准管轴不垂直于竖轴、视线不垂直横轴、横轴不垂直竖轴、照准部偏心及竖盘的指标差等。

（1）水准管轴不垂直竖轴。

这项误差影响仪器的整平，即竖轴不能严格铅垂，横轴也不水平。但安置好仪器后，它的倾斜方向是固定不变的，不能用盘左、盘右消除，必须进行仪器校正。

（2）视线不垂直横轴。

因用盘左、盘右观测同一点时，其影响的大小相同而符号相反，所以在取盘左、盘右的平均值时，可自然抵消。

（3）横轴不垂直竖轴。

横轴不垂直竖轴，则仪器整平后竖轴居于铅垂位置，横轴必发生倾斜。视线绕横轴旋转所形成的不是铅垂面，而是一个倾斜平面。但对同一目标观测时，盘左、盘右的影响大小相同而符号相反，取平均值可以得到抵消。

（4）竖盘指标差。

这项误差是影响竖直角的观测精度。如果工作时预先测出，在用半测回测角的计算时予以考虑，或者用盘左、盘右观测取其平均值，则可得到抵消。

2. 观测误差

造成观测误差的原因有二：一是工作时不够细心；二是受人器官的鉴别能力及仪器性能的限制。观测误差主要有：测站偏心、目标偏心及照准误差。

（1）测站偏心。

测站偏心的大小，取决于仪器对中装置的状况及操作的仔细程度。在测角精度要求一定时，边长越短，则对中精度要求越高。

（2）目标偏心。

在测角时，通常都要在地面点上设置观测标志，如花杆、垂球等。造成目标偏心的原因可能是标志与地面点对得不准，或者标志没有铅垂，而照准标志的上部时视线会偏移。与测站偏心类似，偏心距越大，边长越短，则目标偏心对测角的影响越大。

（3）照准误差。

照准误差的大小，决定于人眼的分辨能力、望远镜的放大率、目标的形状及大小和操作的仔细程度。照准时应仔细操作，对于粗的目标宜用双丝照准，细的目标则用单丝照准。

3. 外界条件影响

外界条件的因素十分复杂，如天气的变化、植被的不同、地面土质松紧的差异、地形的起伏以及周围建筑物的状况等，都会影响测角的精度。风会使仪器不稳，地面土松软可使仪器下沉，强烈的阳光照射会使水准管变形，视线靠近反光物体则有折光影响。这些在测角时，应注意尽量予以避免。

2-48 ⊙
角度测量的误差及消减方法

2-49 ▶
角度测量的误差及消减方法

单 元 小 结

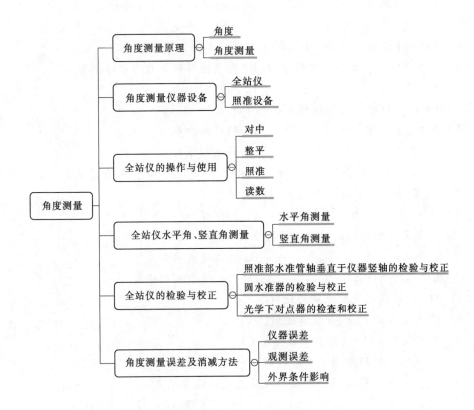

单 元 自 测

1. 2″全站仪的测量精度通常要（   ）6″全站仪的测量精度。

A. 等于　　　　　　　B. 高于　　　　　　　C. 接近于　　　　　　D. 低于

2. 全站仪操作的步骤为（   ）。

A. 对中→整平→照准→读数　　　　　　B. 整平→对中→照准→读数

C. 对中→照准→整平→读数　　　　　　D. 整平→照准→对中→读数

3. 全站仪整平，要求其水准管气泡居中误差一般不得大于（   ）格。

A. 1　　　　　　B. 1.5　　　　　　C. 2　　　　　　D. 2.5

4. 安置全站仪时下列说法错误的是（   ）。

A. 三条腿的高度适中　　　　　　B. 三条腿张开面积不宜过小

C. 三条腿张开面积越大越好

5. 水平角是测站至两目标间的（   ）。

A. 夹角　　　　　　　　　　　B. 夹角投影到水平面的角值

C. 夹角投影到椭圆面上的角值　　　D. 夹角投影到大地水准面上的角值

6. 水平角（   ）。

A. 不能为负　　　　　　　　B. 只能为负

C. 可为正，也可为负　　　　D. 不能为 0

7. 用全站仪瞄准同一竖直面内不同高度的两点，水平度盘读数（　　）。

A. 不相同　　　　B. 相同　　　　C. 相差一个夹角　　　D. 相差 2C

8. 观测水平角时，照准不同方向的目标，旋转照准部时应（　　）。

A. 盘左顺时针，盘右逆时针方向　B. 盘左逆时针，盘右顺时针方向

C. 顺时针方向　　　　　　　　　D. 逆时针方向

9. 观测水平角时，消除指标差的办法是（　　）。

A. 盘左、盘右取平均值　　　　B. 精确对中整平

C. 消除视差　　　　　　　　　D. 精确瞄准目标

10. 在 B 点上安置全站仪测水平角 ∠ABC，盘左时测得 A 点读数为 $120°01'12''$，测得 C 点读数为 $28°15'48''$，则上半测回角值为（　　）。

A. $91°45'24''$　B. $268°14'36''$　　C. $148°17'00''$　　D. $91°14'36''$

11. 水平角观测时各测回起始读数应按 $180°/n$ 递增的目的是（　　）。

A. 便于计算　　　　　　　　B. 消减度盘偏心差

C. 减少读数系统差　　　　　D. 消减度盘刻划误差

12. 对 2C 的描述完全正确的是（　　）。

A. 2C＝盘左读数－（盘右读数＋180°）

B. 2C＝盘左读数－（盘右读数－180°）

C. 2C 是正倒镜照准同一目标时的水平度盘读数之差±180°

D. 2C 是正倒镜照准同一目标时的竖直度盘读数之差

13. 观测竖直角时，采用盘左、盘右观测可消除（　　）的影响。

A. i 角误差　　　B. 指标差　　　C. 视差　　　　D. 目标倾斜

14. 在测量学科中，竖直角的角值范围是（　　）。

A. 0°～360°　　　B. 0°～±180°　C. 0°～±90°　　D. 0°～90°

15. 天顶距角值范围为（　　）。

A. 0°～360°　　　B. 0°～180°　　C. 0°～90°　　　　D. 0°～±90°

16. 竖直角（　　）。

A. 只能为正　　　　　　　　B. 只能为负

C. 可能为正，也可能为负　　D. 不能为 0

17. 测站点 O 与观测目标 A、B 位置不变，如仪器高度发生变化，则观测结果（　　）。

A. 竖直角改变、水平角不变　B. 水平角改变、竖直角不变

C. 水平角和竖直角都改变　　D. 水平角和竖直角都不变

2-50 ▶

角度测量单
元自测

技　能　训　练

1. 对中、整平的目的是什么？如何利用光学对点器进行对中、整平？

2.简述测回法测水平角的方法、步骤。

3.请整理表 2-16 和表 2-17 的观测记录。

表 2-16 　　　　　　　　　　水平角（测回法）观测手簿

测站	测回数	竖盘位置	目标	水平度盘读数	半测回角值 /(°′″)	一测回角值 /(°′″)	各测回平均角值 /(°′″)	备注
O	1	盘左	A	0°01′11″				
			B	105°11′27″				
		盘右	A	180°01′57″				
			B	285°11′57″				
	2	盘左	A	90°01′35″				
			B	195°11′38″				
		盘右	A	270°01′45″				
			B	15°11′50″				

表 2-17 　　　　　　　　　　竖直角观测手簿

测站	目标	竖盘位置	竖盘读数	半测回竖直角 /(°′″)	指标差（x） /(°′″)	一测回竖直角 /(°′″)	备注
O	A	左	82°37′12″				
		右	277°22′54″				
	B.	左	99°42′12″				
		右	260°18′00″				

单元三　距　离　测　量

距离测量是测量的基本工作之一。距离测量是测定两点间的水平距离。常用的方法有钢尺量距、视距量矩和光电测距。

一、钢尺量距

钢尺量距是距离测量的最基本方法，采用宽度为 10～20mm，厚度为 0.1～0.4mm 的薄钢制成带状尺测量距离。

1.钢尺量距的工具

（1）钢尺。钢尺的长度有 20m、30m 和 50m 等几种，其基本分划为厘米（cm），最小分划为毫米（mm）。在分米和米的分划线处，有相应的注记，因而可根据注记数字及分划线读数读出量测的距离。钢尺根据零点的位置不同分为端点尺和刻线尺两种，如图 2-48 所示。

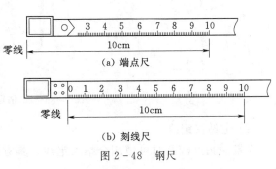

（a）端点尺

（b）刻线尺

图 2-48　钢尺

（2）辅助工具。辅助工具主要有测钎、花杆、垂球等。测钎用粗钢丝制成，如图 2-49（a）所示，主要用于标志尺端点位置和计算整尺段数；花杆是红白色相间（每段 20cm）的木质、铝合金或玻璃钢圆杆，长 1～3m，如图 2-49（b）所示，主要用于标志点位与直线定线。垂球，如图 2-49（c）所示，是在倾斜地面量距的投点工具。

在精密量距时，还需要温度计和弹簧秤，如图 2-49（d）、（e）所示。

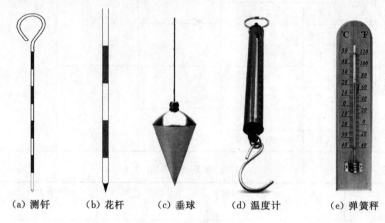

(a) 测钎　　(b) 花杆　　(c) 垂球　　(d) 温度计　　(e) 弹簧秤

图 2-49　辅助工具

2. 直线定线

当地面上两点间的距离超过钢尺的全长时，在通过两点的竖直面内，定出若干个中间点的位置，以便分段量测各段的距离，这种工作称为直线定线。直线定线的方法常用的有目估定线和全站仪定线。

（1）目估定线。

如图 2-50 所示，要在通视良好的 A、B 两点间定出 1、2 两点。可由两人进行，先在 A、B 两点竖立标杆，甲站在 A 点标杆后 1～2m 处，乙持另一标杆沿 BA 方向走到离 B 点一定距离的 1 点，甲用手势指挥乙沿与 AB 垂直的方向移动标杆，直到标杆位于 AB 直线上，然后在 1 点处插上标杆或测钎，定出 1 点。同样的方法定出 2 点。

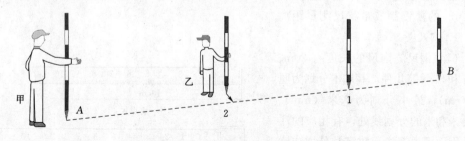

图 2-50　目估定线

（2）全站仪定线。

当量距精度较高时可使用全站仪定线，其方法与目估法基本相同，只是将全站仪

安置在 A 点，用望远镜瞄准 B 点进行定线。

3. 钢尺量距的一般方法

（1）平坦地面的量距。

一般方法量距至少由两人进行，通常是边定线边量距。如图 2-51 所示，从 A 至 B 依次量出 n 个整尺段 l 最后量测不足整尺段长度 q，则 AB 之间的水平距离 D 可按式（2-32）计算。

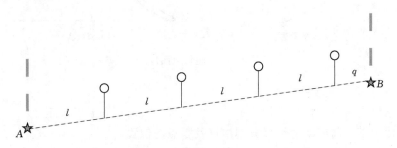

图 2-51　平坦地面的量距

$$D = nl + q \tag{2-32}$$

为保证量测精度，提高测距结果的可靠性，通常需要采用往返量测。返测时要重新定线和测量。钢尺量距的精度常用相对误差 K 衡量，其表达式为

$$K = \frac{|D_{往} - D_{返}|}{D_{平}} = \frac{1}{\dfrac{D_{平}}{|D_{往} - D_{返}|}} \tag{2-33}$$

$$D_{平} = \frac{1}{2}(D_{往} + D_{返})$$

式中：$D_{平}$ 为往、返测量距离的平均值，m。

平坦地区，钢尺量距的相对误差不应大于 1/3000；量距困难地区，相对误差不应大于 1/1000。若相对误差 K 不超过限差要求，则取 $D_{平}$ 为量测结果，否则应重新量测。

（2）倾斜地面的量距。

1）平量法。如图 2-52（a）所示，仍采用边定线边量测，依次用垂球在地面上定出各中间点并记录读数 l_i，则 AB 两点间的水平距离为

$$D = \sum_{i=1}^{n} l_i \tag{2-34}$$

需要注意的是：平量法适用于坡面起伏不大，坡度较缓的情况。此外，为了得到校核，须进行两次同方向测量，不采用往返测量。

2）斜量法。如图 2-52（b）所示，如果地面上两点 AB 间的坡度较大，但坡度比较均匀，可先用钢尺量出两点间的倾斜距离 L，再测量出 AB 两点的高差 h，则 AB 两点间的水平距离为

$$D = \sqrt{L^2 - h^2} \tag{2-35}$$

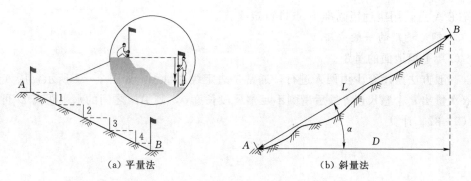

（a）平量法　　　　　　　　　　　（b）斜量法

图 2-52　倾斜地面量距

4. 钢尺量距的注意事项

（1）钢尺应送检定机构进行检定，以便进行尺长改正和温度改正。

（2）使用钢尺前应认清钢尺分划注记及零点的位置。

（3）丈量时应将尺子拉紧拉直，拉力要均匀，前后尺手要配合好。

（4）钢尺前后端要同时对点、插测钎和读数。

（5）需加温度改正时，最好使用点温度计测定钢尺的温度。

（6）读数应准确无误，记录应清晰工整，记录者应回报所记数据，以便当场检核。

二、视距量距

视距量距是用测量仪器望远镜内视距丝（十字丝分划板上刻制的上、下对称的两条短线）装置，利用几何光学原理，同时测定测站点与待测点间的距离和高差的一种方法。这种方法操作方便，虽精度较低，一般相对误差仅能达到 1/300～1/200，但能满足碎部测量的精度要求。

1. 视线水平时的视距法测量

如图 2-53 所示，将全站仪（或水准仪）安置于 A 点，视距尺（或水准尺）立于待测点 B 处，用望远镜照准视距尺，当望远镜水平时，视线与尺子垂直。上、下视距丝之差称为视距间隔或尺间隔，用 l 表示。

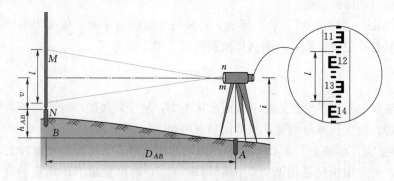

图 2-53　视线水平时的视距测量

（1）水平距离。根据仪器成像原理，对于内光望远镜，可得 A、B 两点间的水平

距离为

$$D_{AB}=Kl \qquad (2-36)$$

式中：K 为视距乘常数，一般取 100。

（2）高差。A、B 两点间的高差为

$$h_{AB}=i-v \qquad (2-37)$$

式中：i 为仪器高；v 为中丝读数。

2-51

水准仪视距
测量

2. 视线倾斜时的视距法测量

在地形起伏较大时，必须使望远镜视线处于倾斜方向才能瞄准视距尺。如图 2-54 所示，通过视距丝测得尺间隔 l 和竖直角 α 来计算 A、B 两点间的水平距离和高程。

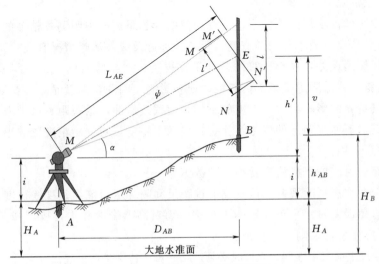

图 2-54　视线倾斜时的视距测量

（1）水平距离。由几何关系可得，A、B 两点的水平距离为

$$D_{AB}=L_{AE}\cos\alpha=Kl\cos^2\alpha \qquad (2-38)$$

（2）高差。A、B 两点间的高差为

$$h_{AB}=L_{AE}\sin\alpha+i-v=\frac{1}{2}Kl\sin2\alpha+i-v \qquad (2-39)$$

当竖直角 α 为 0 时，式（2-38）与式（2-36）相同，式（2-39）与式（2-37）相同，也就是说视线水平是视线倾斜的一种特殊情况。

【例 2-4】　如图 2-54 所示，已知 A 点高程 $H_A=75.320$m，在 A 点架设一台全站仪，对中整平后，量得仪器高 $i=1.47$m。在 B 点竖立视距尺，读取中丝度数 $v=1.251$m，测算出的上下丝尺间隔 $l=0.562$m。观察竖盘盘左度数 $L=42°37'40''$。求 A、B 两点的水平距离及 B 点的高程 H_B。

解：竖直角 $\alpha_{左}=90°-L=47°22'20''$

A、B 两点的水平距离为

$$D_{AB}=Kl\cos^2\alpha=100\times0.562\times(\cos47°22'20'')^2=25.776(\text{m})$$

A、B 两点的高差为

$$h_{AB} = \frac{1}{2}Kl\sin2\alpha + i - v = \frac{1}{2} \times 100 \times 0.562 \times \sin(2 \times 47°22'20'') + 1.47 - 1.251$$
$$= 28.223 \text{(m)}$$

B 点的高程为

$$H_B = H_A + h_{AB} = 75.320 + 28.223 = 103.543 \text{(m)}$$

3. 视距法测量的误差及注意事项

（1）主要误差。

1）视距乘常数 K 的误差：仪器出厂时视距乘常数 $K = 100$，但由于各种因素的影响，使 K 值不一定等于 100。K 值的误差对视距测量的影响较大，不能用相应的观测方法予以消除。

2）用视距丝读取尺间隔的误差：视距丝的读数是影响视距测量精度的重要因素，视距丝的读数与尺子最小分划的宽度、距离的远近及成像清晰情况有关。

3）标尺倾斜误差：视距计算的公式是在视距尺严格垂直的条件下得到的。若视距尺发生倾斜，将给测量带来不可忽视的误差影响。因此，测量时立尺要尽量竖直。

4）大气折光的影响：大气密度的不均，使视线弯曲，给视距测量带来误差。

5）空气对流使视距尺的成像不稳定：成像不稳定，对视距精度影响很大。

（2）注意事项。

1）视距测量前应严格检验视距乘常数 K。

2）读数时注意消除视差，认真读取视距尺间隔并尽可能缩短视线长度。

3）竖直角误差对水平距离影响不显著，而对高差影响较大，故用视距测量方法测定高差时应注意精确测定竖直角。

4）视距尺上应有水准器，立尺时必须严格竖直，特别是地形起伏较大时更应注意。

5）选择合适的观测时间，在观测时视线离地面越近大气折光影响越大，因此观测时应使视线离开地面至少 1m 以上。

三、光电测距

光电测距：指用电磁波（激光或红外）作为载波，传输测距信号来测量距离。光电测距属于中、短程测距，一般用于小区域控制测量、地形测量等。

光电测距的分类：见表 2 - 18。

表 2 - 18　　　　　　　　　　　　　光 电 测 距 的 分 类

类　别	按照测程/km		按照精度（$D = 1$km）/mm	
光电测距	短程	$D \leqslant 3$	Ⅰ级	$m_D \leqslant 5$
	中程	$3 < D \leqslant 15$	Ⅱ级	$5 < m_D \leqslant 10$
	远程	$D > 15$	Ⅲ级	$10 < m_D \leqslant 20$

注　m_D 为标称精度，按 $m_D = \pm(a + bD)$ 计算。a 为固定误差，mm；b 为比例误差，mm/km 又可写为 ppm；D 为水平距离，km。

1. 光电测距的原理

光电测距是通过测量光波在待测距离上往返一次所经历的时间，计量两点之间的距离。如图 2 - 55 所示，在 A 点安置测距仪器，在 B 点安置反光镜，测距仪发射的调制光波到达反光镜后又返回到测距仪，已知光速 c，若调制光波在待测距离 D 上的往返传播时间为 t，则距离 D 为

$$D = \frac{1}{2}ct \qquad\qquad (2-40)$$

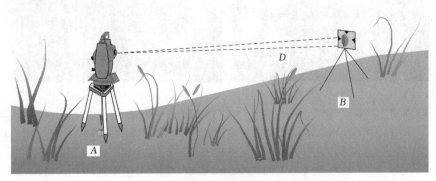

图 2-55　光电测距工作原理

2. 全站仪测距

以南方 NTS-332R 型全站仪为例，测距操作的步骤如下：

（1）安置仪器。如图 2-55 所示，将全站仪安置于测站点 A，反射棱镜安置于目标点 B，并将全站仪与反射棱镜对中整平。

（2）参数设置。棱镜常数设置：光在反射棱镜中传播所用的超量时间会使所测距离增大某一数值，也就是说光在玻璃中的传播速度要比空气中慢，这个增大的数值通常称为棱镜常数。棱镜常数用 PSM 表示，可分为两种：-30mm 和 0mm。根据所用棱镜常数值按照图 2-56 设置。

大气改正设置：光在大气中的传播速度．随大气的温度和气压而变化，需用大气改正数消除或减弱这种影响。大气改正数用 PPM 表示，通过输入测量时的温度和气压进行改正 [图 2-56（b）]。

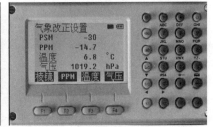

（a）点击 S/A 进入常数改正页面　　　　（b）点击棱镜、PPM 设置棱镜和大气改正

图 2-56　参数设置

（3）距离测量。全站仪可测两点间斜距与平距，点击屏幕上的 键可进行斜距测量 [图 2-57（a）]，再次点击实现平距测量 [图 2-57（b）]。使用者可根据需要进行切换。此外，距离测量有三种模式，即精测模式、粗测模式和跟踪模式。一般用精测模式观测。

2-52

全站仪光电测距

2-53

距离测量

2-54

高程测量易错事例

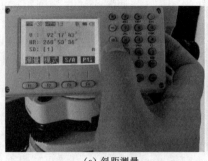
（a）斜距测量

（b）平距测量

图 2-57　距离测量

单　元　小　结

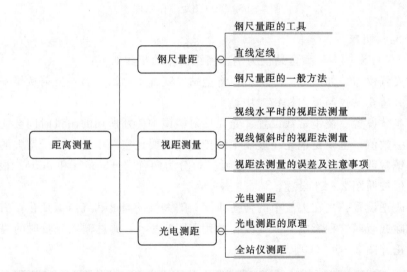

单　元　自　测

1. 距离测量的结果是测得两点间（　　）。

A. 斜线距离　　　　B. 折线距离　　　　C. 水平距离　　　　D. 坐标差值

2. 在测量学中，距离测量的常用方法有钢尺量距、（　　）和光电测距。

A. 普通视距法　　　B. 全站仪法　　　　C. 水准仪法　　　　D. 罗盘仪法

3. 在距离测量中衡量精度的方法是（　　）。

A. 往返较差　　　　B. 相对误差　　　　C. 闭合差　　　　　D. 中误差

4. 视距测量中，当视线水平时，在测站上测得尺间隔为 1.741m，它的视距为
（　　）。

A. 0.1741m　　　　B. 2.482m　　　　C. 174.1m　　　　D. 248.2m

5. 一把钢尺名义长度为 30m，实际长度为 30.015m，用其量得两点间的距离为

70

64.780m，则该距离的实际长度为（　　　）。

　A. 64.748m　　　　B. 64.812m　　　　C. 64.821m　　　　D. 64.784m

技 能 训 练

2-55 ▶

距离测量
单元自测

1. 当钢尺的实际长度小于钢尺的名义长度时，使用这把尺量距是会把距离量长了还是量短了？若实际长度大于名义长度时，又会怎么样？

2. 表 2-19 为 O 上进行视距测量时，所得的观测值，O 点处的仪器高为 1.300m，将计算所得测站点至各观测点的水平距离和高差填入表 2-19。

表 2-19　　　　　　　　　　　计 算 结 果

测站点	观测点	上丝读数 /m	下丝读数 /m	中丝读数 /m	竖直角	水平距离 /m	高差 /m
O	A	1.865	0.889	1.377	23°20′36″		
	B	2.305	0.977	1.641	−8°32′30″		

单元四 直 线 定 向

要确定地面点间的相对位置，除需测量两点间水平距离外，还需确定两点间的方位关系，即确定两点连线与标准方向的关系，称为直线定向。

1. 标准方向

（1）真子午线方向。

通过地面上一点，指向地球南北极的方向线，即真子午线方向［图 2-58（a）］，用 N 表示。真子午线方向需用天文观测的方法确定。

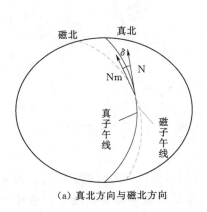

（a）真北方向与磁北方向

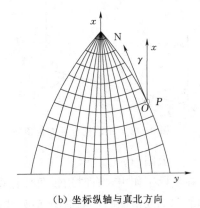

（b）坐标纵轴与真北方向

图 2-58　标准方向

（2）磁子午线方向。

磁针在地面点上自由静止时所指的方向，即为该点的磁子午线方向［图 2-58

（a）]，用 Nm 表示。磁子午线方向可用罗盘仪测定。

由于地球的两磁极与地球的南北极不重合，所以磁子午线方向与真子午线方向存在一个 δ 角，称为磁偏角。

（3）坐标纵轴方向。

测区内通过任一点与坐标纵轴平行的方向称为该点的坐标纵轴方向［图 2-58（b）]，是水利工程测量中最常用的一条标准方向。

2. 直线方向的表示方法

（1）方位角。

由标准方向的北端起，顺时针方向量到某直线的夹角，称为该直线的方位角。方位角的取值范围为 $0° \sim 360°$。

既然标准方向有真子午线方向、磁子午线方向和坐标纵轴方向，其方位角相应地也有真方位角（$A_{真}$）、磁方位角（$A_{磁}$）和坐标方位角（α）。

直线 AB 的坐标方位角用 α_{AB} 表示，直线 BA 的方位角用 α_{BA} 表示，又称为直线 AB 的反坐标方位角。从图 2-59 中可以看出，正、反坐标方位角有如下关系：

$$\alpha_{AB} = \alpha_{BA} \pm 180° \tag{2-41}$$

其中，当 $\alpha_{BA} < 180°$ 时取"＋"，当 $\alpha_{BA} > 180°$ 时取"－"。

（2）真方位角、磁方位角和坐标方位角之间的关系。

由图 2-60 可知，真方位角和磁方位角之间的关系为

$$A_{真} = A_{磁} + \delta \tag{2-42}$$

真方位用和坐标方位角的关系为

$$A_{真} = \alpha_{AB} + \gamma \tag{2-43}$$

2-56
坐标方位角

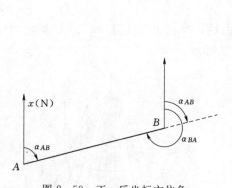

图 2-59　正、反坐标方位角

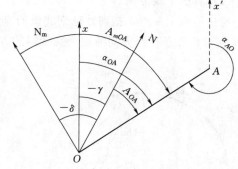

图 2-60　三北方向关系图

（3）象限角。

在实际工作中，有时用锐角计算直线的方位比较方便，因此引进象限角。由坐标纵轴的北端或南端起，顺时针或逆时针至某直线所成的锐角称为象限角，通常用 R 表示。象限角的取值范围为 $0° \sim 90°$。

表示象限角时必须注意前面加上方向。如图 2-61 所示，直线 $o1$、$o2$、$o3$、$o4$ 的象限角分别为：北东 R_{o1}、南东 R_{o2}、南西 R_{o3}、北西 R_{o4}。

（4）坐标方位角与象限角的换算。

2-57
象限角

坐标方位角和象限角都能描述直线的方向，两者有一一对应的关系。图 2-61 和表 2-20 说明了坐标方位角和象限角的换算关系。

3. 坐标方位角的推算

为了整个测区内坐标系统的统一，实际工作中每条直线的坐标方位角不是直接测定，而是由已知边的方位角和相邻边的水平夹角进行推算。

在推算线路左侧的夹角称为左角，可用 $\beta_左$ 表示；在推算线路右侧的夹角称为右角，可用 $\beta_右$ 表示。如图 2-62 所示，已知 α_{AB}、β_B、β_C，推算 α_{BC}、α_{CD}；其中 β_C 在推算线路的左侧为左角，β_B 为右角；α_{BC}、α_{CD} 分别为 α_{AB}、α_{BC} 的前角。

2-58 ▶

坐标方位角与
象限角关系

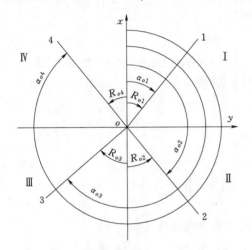

图 2-61 象限角与坐标方位角   图 2-62 坐标方位角的推算

表 2-20   坐标方位角与象限角的换算关系

直线所在象限	坐标方位角换算象限角	直线所在象限	坐标方位角换算象限角
I	$R=\alpha$	III	$R=\alpha-180°$
II	$R=180°-\alpha$	IV	$R=360°-\alpha$

由图 2-62 可以看出前后相邻直线有如下关系：

$$\alpha_{BC}=\alpha_{AB}-\beta_B+180°$$

$$\alpha_{CD}=\alpha_{BC}+\beta_C-180°$$

综上，可以用一般公式表示为

$$\alpha_前=\alpha_后-180°+\beta_左 \tag{2-44}$$

或

$$\alpha_前=\alpha_后+180°-\beta_右 \tag{2-45}$$

需要注意的是，运用式（2-44）或式（2-45）时，前后方位角的方向必须一致：计算出的方位角大于 360° 时，应减去 360°；如果计算出的方位角小于 0°，应加上 360°。最后的计算结果即为该直线的方位角。

【例 2-5】 如图 2-62 所示，已知 AB 边的方位角 $\alpha_{AB}=46°$，在 B 点测得夹角 $\beta_B=125°10'$，在 C 点测得夹角 $\beta_C=136°30'$。试计算 α_{BC}、α_{CD}。

解：由题意知，α_{AB}、α_{BC} 和 α_{CD} 是同一方向的方位角，所以可以直接运用推算公式计算，再由图 2-62 可知，按 A、B、C、D 的推算方向，β_B 为右角，β_C 为左角。

（1）根据式（2-45），$\alpha_{BC}=\alpha_{AB}+180-\beta_B=46°+180°-125°10'=100°50'$。

（2）根据式（2-44），$\alpha_{CD}=\alpha_{BC}-180+\beta_C=100°50'-180°+136°30'=57°20'$。

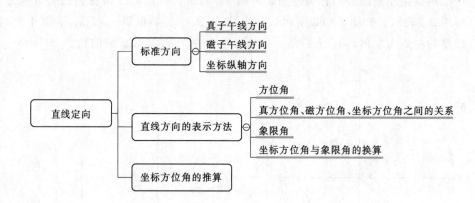

单 元 小 结

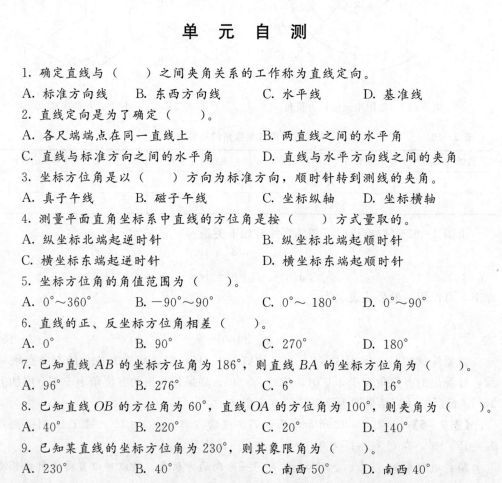

单 元 自 测

1. 确定直线与（　　）之间夹角关系的工作称为直线定向。

A. 标准方向线　　　B. 东西方向线　　　C. 水平线　　　D. 基准线

2. 直线定向是为了确定（　　）。

A. 各尺端端点在同一直线上　　　　B. 两直线之间的水平角

C. 直线与标准方向之间的水平角　　　D. 直线与水平方向线之间的夹角

3. 坐标方位角是以（　　）方向为标准方向，顺时针转到测线的夹角。

A. 真子午线　　　B. 磁子午线　　　C. 坐标纵轴　　　D. 坐标横轴

4. 测量平面直角坐标系中直线的方位角是按（　　）方式量取的。

A. 纵坐标北端起逆时针　　　　B. 纵坐标北端起顺时针

C. 横坐标东端起逆时针　　　　D. 横坐标东端起顺时针

5. 坐标方位角的角值范围为（　　）。

A. $0°\sim360°$　　　B. $-90°\sim90°$　　　C. $0°\sim180°$　　　D. $0°\sim90°$

6. 直线的正、反坐标方位角相差（　　）。

A. $0°$　　　B. $90°$　　　C. $270°$　　　D. $180°$

7. 已知直线 AB 的坐标方位角为 $186°$，则直线 BA 的坐标方位角为（　　）。

A. $96°$　　　B. $276°$　　　C. $6°$　　　D. $16°$

8. 已知直线 OB 的方位角为 $60°$，直线 OA 的方位角为 $100°$，则夹角为（　　）。

A. $40°$　　　B. $220°$　　　C. $20°$　　　D. $140°$

9. 已知某直线的坐标方位角为 $230°$，则其象限角为（　　）。

A. $230°$　　　B. $40°$　　　C. 南西 $50°$　　　D. 南西 $40°$

10. 直线 AB 的象限角 R_{AB} = 南西 $1°30'$，则其坐标方位角 AB =（　　）。

A. $1°30'$ B. $178°30'$ C. $181°30'$ D. $358°30'$

11. 直线 AB 的象限角为北偏西 $45°$，则直线 BA 的方位角为（　　）。

A. $15°$ B. $115°$ C. $215°$ D. $135°$

12. 地面上有 A、B、C 三点，已知 AB 边的坐标方位角 $\alpha_{AB} = 35°23'$，测得左夹角 $\angle ABC = 89°34'$，则 CB 边的坐标方位角 α_{CB} =（　　）。

A. $124°57'$ B. $304°57'$ C. $-54°11'$ D. $305°49'$

2-61 ▶

直线定向
单元自测

技 能 训 练

1. 什么是直线的方位角和象限角？两者有什么关系？

2. 已知 AB 边的坐标方位角为 $136°10'$，$\beta_1 = 100°57'26''$，$\beta_2 = 107°03'06''$，$\beta_3 = 152°03'18''$ 试计算：BC、CD、DE 各边的坐标方位角。

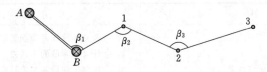

项目三　测量误差基本知识

【主要内容】

本项目主要讲述测量误差的概念、分类、特性，衡量精度的指标，误差传播定律，等精度或不等精度观测的最或是值计算及精度评定。

重点：误差的概念、分类、特性，衡量精度的指标（中误差、相对误差和允许误差的概念和计算），误差传播定律，等精度观测的最或是值计算及精度评定。

难点：误差传播定律，中误差的计算，权的确定。

【学习目标】

知识目标	能力目标
1. 误差、粗差	1. 会区分系统误差和偶然误差
2. 系统误差、偶然误差	2. 会计算观测值的中误差
3. 中误差、相对误差、允许误差	3. 会观测值的最或是值计算及精度评定

单元一　测量误差的来源及分类

一、测量误差的概念

1. 测量误差

测量误差：指观测值与观测对象真实值的差值，记作 $\Delta_i(i=1, 2, 3, \cdots, n)$。通常观测值用 l_i 表示，观测对象的真值用 X 表示，则有 $\Delta_i = l_i - X$。

测量误差在实际的测量工作中是客观存在的。在测量观测中，由于仪器本身不尽完善，观测者感官上的局限性以及外界自然条件瞬间变化的影响，观测值不可避免地带有误差。

例如，重复观测两点的高差，或者是多次观测一个角或若干次测量一段距离，其结果都互有差异；角度测量三角形的内角和往往不等于180°，水准闭合路线测量的高差总和往往不等于0。

2. 观测条件

观测条件：通常把测量仪器、观测者和观测时的外界条件统称为观测条件。

（1）等精度观测：测量中，一般把观测条件相同的各次观测称为等精度观测。

（2）非等精度观测：测量中，一般把观测条件不同的各次观测称为非等精度观测。

二、测量误差的分类

测量误差按其性质，可分为系统误差、偶然误差和粗差。

1. 系统误差

系统误差：由仪器制造或校正不完善、观测者生理习性、测量时的外界条件、仪器检定不一致等原因引起的。在同一条件下获得的观测值中，其数据、符号或保持不变，或按一定的规律变化。在观测成果中具有累计性，对成果质量影响显著，应在观测中采取相应措施予以消除。

例如，某钢尺的名义长为30.000m，经检定实际长为30.003m，每量一尺段就有将距离量短3mm的误差，若丈量300m的距离就会量短30mm。

系统误差清除的方法：①测前对仪器进行检校，以减少仪器校正不完善的影响，如水准仪的 i 角检校；②测定仪器误差，对观测结果加以改正，如钢尺量距前，进行钢尺检定，求出尺长改正数；③对称观测，使系统误差对观测成果的影响互为相反数，进而自行消除或削弱，例如高差测量中采取的中间法，测角中采用的盘左、盘右观测等。

2. 偶然误差

偶然误差：在相同观测条件下，对某一未知量进行一系列观测，获得的观测值中，其大小、符号不定，表面上看没有规律性，实际上服从一定的统计规律的误差。如图3-1所示是偶然误差直方图，其中横轴表示误差的大小，纵轴表示各区间误差出现的相对个数除以区间的间隔值。

在测量过程中，通常偶然误差和系统误差是同时出现的，与系统误差相比，偶然误差属于小误差。偶然误差具有以下特征：①误差的大小不超过一定的界限；②小误差出现的机会比大误差多；③互为反数的误差出现的机会相同；④误差的平均值随观测次数的增多趋于0。

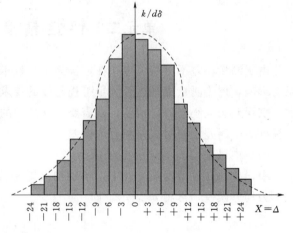

图3-1　偶然误差直方图

观测值的精（密）度：观测值之间的离散程度，主要取决于偶然误差的影响（图3-1）。例如，观测值的精度越高，表示偶然误差的取值范围越小，观测值之间的差异或离散程度越小；反之，表示观测值离散程度越大，观测值的精度越低。

为了提高观测值的精度，通常对偶然误差采用一定的处理方法，以减小其影响，具体为：①提高仪器等级；②进行多余观测；③求平差值，计算观测值的平均值或按闭合差求改正数，计算改正后的观测值，即平差值。

需要注意的是，观测值的精度高，并不意味着准确度也高（图3-2），只有消除或降低系统误差的影响，使偶然误差处于主导地位时，精度才具有精确度的意义，即精度高表达准确度高。

3-1

测量误差的
来源与分类

3-2

测量误差的
来源与分类

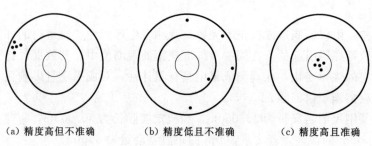

（a）精度高但不准确　　　　　（b）精度低且不准确　　　　　（c）精度高且准确

图3-2　观测值的精密度

3. 粗差

粗差：又称错误，是指由于观测者使用仪器不正确或疏忽大意，如测错、读错、听错、记错、算错等造成的错误。粗差的数值往往偏大，会严重破坏观测值的准确度。因此，一旦发现，应将其从观测成果中剔除。

在实际测量中，误差总是不可避免的，错误是不允许存在的。因此，在工作中应严格遵守各项操作规程和严格检查制度，仔细严谨，以便及时发现和纠正错误。

单元二　评定精度的标准

由于测量误差不可避免地存在，作为工程技术人员就必须了解这些误差对测量成果的影响，评价测量成果是否满足工程建设的要求。由于误差表现为偶然性，不能根据个别误差的大小来评定精度，就需要建立统一的评定精度的标准。常用的评定精度的标准有中误差、相对误差和容许误差。

一、中误差

中误差：在等精度观测列中，各观测误差平方的平均数的平方根，称为中误差，也称为均方误差，常用 m 表示，即

$$m = \pm\sqrt{\frac{[\Delta\Delta]}{n}}$$

(3-1)

式中：m 为中误差；$[\Delta\Delta]$ 为一组同精度观测误差的平方和；n 为观测次数。

【例3-1】 设有两组同学等精度观测同一个三角形，每组三角形内角和观测成果见表3-1，各观测10次。试问哪一组观测成果精度高？

解：
$$m_1 = \pm\sqrt{\frac{9+4+4+16+1+0+16+9+4+9}{10}} = 2.7''$$

$$m_2 = \pm\sqrt{\frac{0+1+49+4+1+1+64+0+9+1}{10}} = 3.6''$$

比较 m_1 和 m_2 可知，第一组观测值的精度要比第二组高。

必须指出，在相同的观测条件下所进行的一组观测，由于它们对应着同一种误差分布，因此，对于这一组中的每一个观测值，虽然各观测误差彼此并不相等，有的甚至相差很大，但它们的精度均相同，即都为同精度观测值。

某个观测值真误差小，并不能说明它的精度高，因为精度高低是由中误差来衡量的。

表 3 - 1   按观测值误差计算中误差

序号	第 一 组 观 测			第 二 组 观 测		
	观测值 l	Δ	$[\Delta\Delta]$	观测值 l	Δ	$[\Delta\Delta]$
1	180°00′03″	3	9	180°00′00″	0	0
2	180°00′02″	2	4	180°00′01″	+1	1
3	179°59′58″	−2	4	179°59′53″	−7	49
4	179°59′56″	−4	16	179°59′58″	−2	4
5	180°00′01″	+1	1	179°59′59″	−1	1
6	180°00′00″	0	0	180°00′01″	+1	1
7	179°59′56″	−4	16	180°00′08″	+8	64
8	180°00′03″	+3	9	180°00′00″	0	0
9	180°00′02″	+2	4	180°00′03″	+3	9
10	179°59′57″	−3	9	179°59′59″	−1	1

二、相对误差

相对误差：观测值中误差 m 的绝对值与相应观测值 S 的比值称为相对误差，常用 K 表示。它是一个无量纲数，常用分子为 1 的分数表示，即

$$K = \frac{|m|}{S} = \frac{1}{\dfrac{S}{|m|}} \tag{3-2}$$

3-3

中误差

对于某些观测结果，有时用中误差还不能完全反映观测精度的高低。例如，用钢卷尺测量了 100m 和 200m 两段距离，中误差均为 ±0.02m。虽然两者的中误差相同，但就单位长度而言，两者精度并不相同。为了客观反映实际精度，常采用相对误差。上述例中前者的相对中误差为 1/5000，后者为 1/10000，表明后者精度高于前者。

3-4

相对误差

三、容许误差

容许误差：由偶然误差的特性可知，在一定的观测条件下，偶然误差的绝对值不会超过一定的限值。这个限值就是容许误差或称极限误差。此限值有多大呢？根据误差理论和大量的实践证明，在一系列的同精度观测误差中，真误差绝对值大于中误差的概率约为 32%；大于 2 倍中误差的概率约为 5%；大于 3 倍中误差的概率约为 0.3%。也就是说，大于 3 倍中误差的真误差实际上是不可能出现的。因此，通常以 3 倍中误差作为偶然误差的极限值。在测量工作中一般取 2 倍中误差作为观测值的容许误差，即

3-5

容许误差

$$\Delta_{容} = 2m \tag{3-3}$$

当某观测值的误差超过了容许的 2 倍中误差时，将认为该观测值含有粗差，而应舍去不用或重测。

3-6

评定精度的标准

单元三 误差传播定律

误差传播定律：指观测值中误差与观测值函数中误差之间关系的定律。

当对某量进行了一系列的观测后，观测值的精度可用中误差来衡量。但在实际工作中，往往会遇到某些量的大小并不是直接测定的，而是由观测值通过一定的函数关系间接计算出来的。例如，水准测量中，在一测站上测得后视、前视读数分别为 a、b，则高差 $h=a-b$，这时高差 h 就是直接观测值 a、b 的函数。当 a、b 存在误差时，h 也受其影响而产生误差，这就是所谓的误差传播。现仅就线性函数形式讨论误差传播情况。

线性函数：两个变量之间的关系是一次函数关系的，图形显示为直线，这样的两个变量之间的关系就是"线性关系"。

设有线性函数：

$$Z = k_1 x_1 \pm k_2 x_2 \pm \cdots \pm k_n x_n \tag{3-4}$$

式中：x_1，x_2，$\cdots$，x_n 为独立观测值，其中误差分别为 m_1，m_2，$\cdots$，m_n；k_1，k_2，$\cdots$，k_n 为常数。

设函数 Z 的中误差为 m_Z，则

$$m_Z^2 = (k_1 m_1)^2 + (k_2 m_2)^2 + \cdots + (k_n m_n)^2 \tag{3-5}$$

【例 3-2】从水准点 A 向水准点 B 进行水准测量（图 3-3），设各段所测高差分别为其中 $h_1 = +3.264 \pm 3 \text{(mm)}$、$h_2 = +6.603 \pm 2 \text{(mm)}$、$h_3 = -1.867 \pm 6 \text{(mm)}$，其中后缀 $\pm 3\text{mm}$、$\pm 2\text{mm}$、$\pm 6\text{mm}$ 为各段观测高差的中误差。求 A、B 两点间高差及中误差。

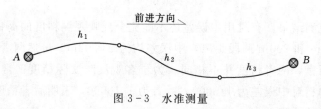

图 3-3 水准测量

解：（1）列函数式：A、B 两点间高差 $h = h_1 + h_2 + h_3 = 8 \text{(m)}$。

（2）写出函数的真误差与观测值真误差的关系式：$\Delta_h = \Delta_{h1} + \Delta_{h2} + \Delta_{h3}$，可见各系数 k_1，k_2，k_3 均为 1。

（3）高差中误差 $m_h = \pm \sqrt{3^2 + 2^2 + 6^2} = \pm 7.0(")$

单元四 等精度观测的最或是值计算及精度评定

一、最或是值

最或是值：指近似于真值的可靠值，也称似真值。如测量一个角度、一段距离、两点的高差等，它们的真值是无法知道的，只有经过多次重复测量，才能得到近似于

真值的可靠值。

设在相同的观测条件下对某量进行了 n 次等精度观测，观测值为 L_1，L_2，…，L_n，其真值为 X，真误差为 Δ_1，Δ_2，…，Δ_n。可写出观测值的真误差公式为

$$\Delta_i = L_i - X \quad (i = 1, 2, \cdots, n)$$

将上式求和后除以 n，得

$$X = \frac{[L]}{n} - \frac{[\Delta]}{n} \tag{3-6}$$

若以 x 表示上式中右边第一项的观测值的算术平均值，即 $x = \dfrac{[L]}{n}$。

当观测次数 n 无限增多时，$\dfrac{[\Delta]}{n} \to 0$，则 $x \to X$，即算术平均值就是观测量的真值。

在实际测量中，观测次数总是有限的，所以算术平均值不可视为所求量的真值；但随着观测次数的增加，算术平均值是趋于真值的，故认为是该值的最或是值。

二、用改正数计算观测值中误差

改正数：由于观测值的真值 X 一般无法知道，故真误差 Δ 也无法求得。所以不能直接求观测值的中误差，而是利用观测值的最或是值 x 与各观测值 L 之差 V 来计算中误差，V 被称为改正数，即

$$V = x - L \tag{3-7}$$

实际工作中利用改正数计算观测值中误差的实用公式称为贝塞尔公式，即

$$m = \pm \sqrt{\frac{[VV]}{n-1}} \tag{3-8}$$

三、等精度观测的最或是值（算术平均值）中误差

在求出观测值的中误差 m 后，就可应用误差传播定律求观测值算术平均值的中误差 M 应用误差传播定律有

$$M_x^2 = \left(\frac{1}{n}\right)^2 m^2 + \left(\frac{1}{n}\right)^2 m^2 + \cdots + \left(\frac{1}{n}\right)^2 m^2 = \frac{1}{n} m^2$$

$$M_x = \pm \frac{m}{\sqrt{n}} \tag{3-9}$$

由式（3-9）可知，增加观测次数能削弱偶然误差对算术平均值的影响，提高其精度。但因观测次数与算术平均值中误差并不是线性比例关系，所以，当观测次数达到一定数目后，即使再增加观测次数，精度却提高得很少。因此，除适当增加观测次数外，还应选用适当的观测仪器和观测方法，选择良好的外界环境，才能有效地提高精度。

【例 3-3】 对某段距离进行了 5 次等精度观测，观测结果列于表 3-2，试求该段距离的最或是值、观测值中误差及最或是值中误差。计算见表 3-2。

3－9 ▶
等精度观测
的最或是值
计算及精度
评定

3－10 ▶
等精度观测
的最或是值
计算及精度
评定

表 3－2　　　　　　　　　　　等精度观测计算表

序号	观测值 L /m	改正数 V /cm	VV /cm²	精度评定
1	251.52	－3	9	
2	251.46	＋3	9	
3	251.49	0	0	$m=\pm\sqrt{\dfrac{20}{4}}=2.2\text{(mm)}$
4	251.48	－1	1	
5	251.50	＋1	1	$M=\pm\dfrac{m}{\sqrt{n}}=\sqrt{\dfrac{[VV]}{n(n-1)}}=\sqrt{\dfrac{20}{5\times4}}=1\text{(cm)}$
	$x=\dfrac{[L]}{n}=251.49$	$[V]=0$	$[VV]=20$	

最后结果可写成 $x=251.49\pm0.01\text{(m)}$。

单元五　不等精度观测的最或是值计算及精度评定

一、权的概念

前面讨论的都是等精度观测，但在实际工作中，还会遇到不等精度的情况。所谓不等精度观测是指在不同条件下进行的观测。这时观测值的可靠程度不同，即精度不同。因此不能采用算术平均值作为最终结果，须引入"权"的概念。

权：是用来比较观测值可靠程度的一个相对性数值，常用 P 表示，权越大表示精度越高。

在测量计算中，给出了用中误差求权的定义公式

$$P_i=\frac{\mu^2}{m_i^2}\quad(i=1,2,\cdots,n) \tag{3-10}$$

式中：P 为观测值的权；μ 为任意常数；m 为各观测值对应的中误差。

当已知一组非等精度观测值的中误差时，可以先设定 μ 值，然后按式（3－10）计算各观测值的权。

例如：已知三个角度观测值的中误差分别为 $m_1=\pm3''$、$m_2=\pm4''$、$m_3=\pm5''$，它们的权分别为

$$P_1=\mu^2/m_1^2\quad P_2=\mu^2/m_2^2\quad P_3=\mu^2/m_3^2$$

若设 $\mu=\pm3''$，则 $P_1=1$，$P_2=9/16$，$P_3=9/25$；若设 $\mu=\pm1''$，则 $P_1'=1/9$，$P_2'=1/16$，$P_3'=1/25$。

上例中 $P_1:P_2:P_3=P_1':P_2':P_3'=1:0.56:0.36$。可见，$\mu$ 值不同，权值也不同，但不影响各权之间的比例关系。

需注意的是，中误差是用来反映观测值的绝对精度，而权是用来比较各观测值相互之间的精度高低。因此，权的意义在于它们之间所存在的比例关系，而不在于它本身数值的大小。

在水准测量中，由于水准路线越长，误差越大，故观测值的权与水准路线的长度成反比。

例如：设每千米水准路线的观测中误差为 m，若观测 L 千米，其中误差为 $m\sqrt{L}$，设 $\mu = m^2$，则其权为 $1/L$。

二、不等精度观测的平均值

对某量进行了 n 次非等精度观测，观测值分别为 L_1，L_2，$\cdots$，L_n，相应的权为 P_1，P_2，$\cdots$，P_n，则加权平均值 x 就是非等精度观测值的最或是值，计算公式为

$$x = \frac{P_1 L_1 + P_2 L_2 + \cdots + P_n L_n}{P_1 + P_2 + \cdots + P_n} = \frac{[PL]}{[P]} \tag{3-11}$$

显然，当各观测值为等精度时，其权为 P_1，P_2，$\cdots$，$P_n = 1$，上式就与求算术平均值的一致。

三、加权平均值中误差

设 L_1，L_2，$\cdots$，L_n 的中误差为 m_1，m_2，$\cdots$，m_n，根据误差传播定律，可导出加权平均值的中误差为

$$M^2 = \frac{P_1^2}{[P]^2} m_1^2 + \frac{P_2^2}{[P]^2} m_2^2 + \cdots + \frac{P_n^2}{[P]^2} m_n^2 \tag{3-12}$$

则加权平均值的中误差为

$$M_x = \pm \frac{\mu}{\sqrt{[P]}} \tag{3-13}$$

实际计算时，式（3-13）中的单位权中误差 μ 一般用观测值的改正数来计算，其公式为

$$\mu = \pm \sqrt{\frac{[P_{VV}]}{n-1}} \tag{3-14}$$

【例3-4】　某角度采用不同测回数进行三组观测，每组的观测值列于表3-3，试求该角度的加权平均值及中误差。

表3-3　　　　　　　　　非等精度观测计算中误差

组别	观测值	测回数	权 P	V	P_V	P_{VV}
1	57°34'14"	6	6	+2.17	+13.02	28.25
2	57°34'20"	4	4	−3.83	−15.32	58.68
3	57°34'15"	2	2	+1.17	+2.34	2.74
		Σ	12			89.67

3-11

非等精度观测的最或是值计算及精度评定

解： 加权平均值为

$$X = 57°34'14" + [(6 \times 0") + (4 \times 6") + (2 \times 1")]/(6+4+2) = 57°34'16.17"$$

$$\mu = \sqrt{\frac{P_{VV}}{n-1}} \pm \sqrt{\frac{89.67}{3-1}} = \pm 6.70(")$$

$$M_X = \frac{\mu}{\sqrt{[P]}} \pm \frac{6.70}{\sqrt{12}} = \pm 1.93(")$$

3-12

非等精度观测的最或是值计算及精度评定

项 目 小 结

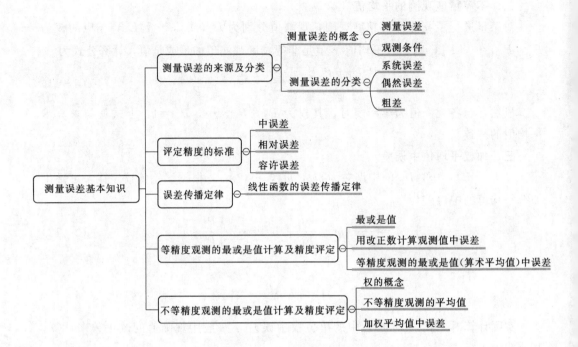

单 元 自 测

1. 测量误差产生的原因很多，概括起来有仪器误差、观测误差和（　　）。

A. 对中误差　　　　B. 照准误差　　　　C. 外界条件影响　　　D. 温度误差

2. 在测量上将使用的测量仪器精度的高低、观测者操作技能的熟练程度和外界环境的优劣三方面的因素综合起来称为（　　）。

A. 必要条件　　　　B. 首要条件　　　　C. 观测条件　　　　　D. 主要条件

3. 下列误差中（　　）不是系统误差。

A. 照准误差和读数误差　　　　　　　B. 水准尺零点误差

C. 竖盘指标差　　　　　　　　　　　D. 钢尺长度误差

4. 下列误差中（　　）为偶然误差。

A. 视准轴误差　　　　　　　　　　　B. 横轴误差和指标差

C. 度盘偏心误差　　　　　　　　　　D. 照准误差和对中误差

5. 普通水准尺的最小分划为 1cm，估读水准尺毫米位的误差属于（　　）。

A. 偶然误差　　　　B. 系统误差　　　　C. 错误　　　　　　　D. 中误差

6. 系统误差可以采用观测的手段和计算改正数的方法减弱或消除系统误差的影响。（　　）

A. 正确　　　　　　B. 错误

84

7. 有的测量结果是没有误差的。（　　　）

A. 正确　　　　　　　B. 错误

8. 系统误差具有累积的特性。（　　　）

A. 正确　　　　　　　B. 错误

9. 只要认真观测、严格遵守测量规范，测量误差是可以避免的。（　　　）

A. 正确　　　　　　　B. 错误

10. 随着观测次数的无限增多，偶然误差的算术平均值趋近于（　　　）。

A. 0　　　　　　　　　B. 无穷大

C. 无穷小　　　　　　　D. 大于 0 的固定值

11. 衡量一组观测值的精度指标是（　　　）。

A. 中误差　　　　B. 真误差　　　　C. 系统误差　　　　D. 偶然误差

12. 在一定的观测条件下，对同一量进行 N 次观测，对应有 N 个观测值和 N 个独立的真误差，各个真误差平方和的平均值的平方根，称为该组观测值的（　　　）。

A. 误差　　　　B. 允许误差　　　　C. 中误差　　　　D. 真误差

13. 中误差越大，观测精度越（　　　）。

A. 低　　　　　　B. 高　　　　　　C. 不变　　　　　　D. 不确定

14. 在距离丈量中，衡量其丈量精度的标准是（　　　）。

A. 相对误差　　　　B. 中误差　　　　C. 往返误差

15. 一般取（　　　）中误差为极限误差。

A. 1 倍　　　　　　B. 2 倍　　　　　　C. 2 倍或 3 倍

16. 对一距离进行 4 次观测，求得其平均值为 126.876m，观测值中误差为 $\pm$ 12mm，则平均值中误差是（　　　）mm。

A. ±6　　　　　　B. ±4　　　　　　C. ±7　　　　　　D. ±3

17. 水准测量时，设每站高差观测中误差为 ±3mm，若 1km 观测了 16 个测站，则 1km 的高差观测中误差为（　　　）mm，每公里的高差中误差为（　　　）mm。

A. 11.6，11.6　　　　　　　　B. 12，12

C. 16，16　　　　　　　　　　D. 8，8

3-13 ▶

测量误差
单元自测

18. 观测三角形三个内角后，将它们求和并减去 180° 所得的三角形闭合差为（　　　）。

A. 中误差　　　　B. 真误差　　　　C. 相对误差　　　　D. 系统误差

项目四 小区域控制测量

【主要内容】

本项目主要介绍导线测量、交会测量，二等、三等、四等水准测量和三角高程测量以及 GNSS 在控制测量中的应用。

重点：图根导线的布设形式及外业工作；坐标正算与坐标反算，导线坐标计算；三等、四等水准测量，三角高程测量；GPS 测量的原理、方法和作业过程。

难点：坐标方位角的计算和推算，导线的平差计算，三等、四等水准测量观测及路线内业计算。

【学习目标】

知 识 目 标	能 力 目 标
1. 理解控制测量的概念、作用和等级 2. 掌握图根导线布设的形式和选点要求 3. 掌握坐标正和反算的计算方法 4. 掌握方位角的推算和导线的平差计算 5. 理解交会测量的原理和适用条件 6. 掌握三等、四等水准测量的外业观测和内业计算程序及各项限差要求 7. 理解三角高程测量的原理 8. 掌握应用 GNSS 进行小区域控制测量的方法	1. 能正确进行导线的踏勘和选点 2. 会进行坐标的正算和反算 3. 会进行方位角的推算 4. 会进行各种导线的内业计算 5. 会进行四等水准测量和相关内业计算 6. 会利用 GPS－RTK 进行小区域图根控制测量

单元一 控制测量基础知识

通过前面的学习，大家了解到任何测量过程均不可避免地存在误差。随着测量范围的扩大，误差在测量数据的传递过程中不断累积，将越来越影响测量成果的准确性。那么，如何使测量误差的累积得到有效控制，以保证所测绘的地形图的准确性和可靠性，以及施工放样点位的精度满足施工的要求呢？要满足上述要求，就必须在测绘地形图或施工放样之前进行控制测量。

一、控制测量的概念

控制测量：指为使整个测区的测量误差不超出一定范围，先在测区范围选择若干具有控制意义的点，以较高精度测定其平面位置和高程的工作。

控制点：指控制测量中选择的具有控制意义的点，具有较高精度的平面位置和高程，作为后续测量工作的依据。

控制网：指由相关控制点联系起来，按一定的规律和要求构成网状几何图形，在测量上称为控制网。控制网分为平面控制网和高程控制网。

控制测量的作业内容：平面控制测量和高程控制测量。

二、国家基本控制网

国家大地控制网：指在全国范围内建立精密的平面控制网和高程控制网。

平面控制网：指用以控制平面位置的控制网。

高程控制网：指用以控制高程的控制网。

国家平面控制网按其精度的高低，分为一等、二等、三等、四等共 4 个等级（其中 GPS 网一般划分为 A、B、C、D 4 个等级），其中一等（A 级）精度最高，四等（D 级）精度最低，采用逐级控制，低一等级控制网是在高一等级控制网的基础上建立的。

国家一等平面控制网：主要采用纵横三角锁 [图 4-1（a）] 的形式布设。如图 4-2 所示，三角形边长约为 20～25km。主要用于统一全国坐标系统，控制以下各等级控制测量和为研究地球形状及大小提供精确资料。

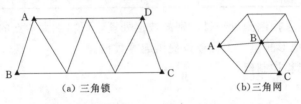

(a) 三角锁　　　　　(b) 三角网

图 4-1　三角锁和三角网

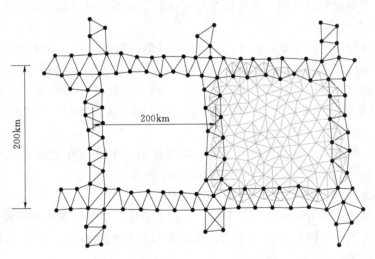

200km

图 4-2　国家一等、二等平面控制网

国家二等平面控制网：主要采用三角网 [图 4-1（b）] 布设。以连续三角网的形式布设在一等锁环内的地区，平面网边长为 13km，如图 4-2 所示。国家二等平面网是国家平面控制网的全面基础。

国家三等、四等平面控制网：是在二等三角网基础上，采用插网方法布设。三等三角网平均边长为 8km，四等网边长一般为 2～6km。三等、四等控制测量主要为测图提供首级控制。

建立国家平面控制网的方法：传统上主要采用三角测量方法，目前主要采用GNSS控制测量，再用导线网加密的方法。

国家高程控制测量：主要采用水准测量方法进行。按照精度分为一等、二等、三等、四等水准测量，其同样也是遵循"由高级到低级，逐级控制"的原则来布设的。另外用三角高程测量作为高程控制的补充。各等级水准测量的技术指标见表4-1。

表 4-1 水 准 测 量 技 术 指 标

等级	水准线路周长 /km	闭合线路长度 /km	每公里高差中数		线路闭合差 /km
			偶然中误差/mm	全中误差/mm	
一等	1000~2000		±0.5	±1.0	±2$\sqrt{L}$
二等	500~750		±1.0	±2.0	±4$\sqrt{L}$
三等	200	150	±3.0	±6.0	±12$\sqrt{L}$
四等	100	80	±5.0	±10.0	±20$\sqrt{L}$

总之，各级国家控制测量经过严密的数据处理，可得到大地点的精确位置（平面坐标和高程），为地形测量、工程建设提供起算数据。

三、城市与工程控制网

1. 城市控制网

城市控制网：指为满足相对较小范围的城市规划和建设的需要，在国家基本控制网基础上分级布设的控制网。建立城市控制网的技术要求见《城市测量规范》（CJJ/T 8—2011）。

城市平面控制网的布设及精度：中小城市一般以国家三等、四等网作为首级控制网，面积较小的城市（小于10km²）可用四等或四等以下的小三角网或一级导线作为首级控制。城市平面控制网可布设成三角网、精密导线网、GPS网。三角网、边角网和GPS网的精度等级依次为二等、三等、四等和一级、二级；导线网的精度等级依次为三等、四等和一级、二级、三级。

城市高程控制网的布设及精度：城市高程控制网主要是水准网，等级依次是二等、三等、四等。城市首级高程控制网不应低于三等水准。

2. 工程控制网

工程控制网：指为满足各类工程建设、施工放样、安全监测等而布设的控制网。按用途分为测图控制网和专用控制网。建立工程控制网的技术要求见《工程测量规范》（GB 50026—2007）。

测图控制网：指在各项工程建设的规划设计阶段，为测绘大比例尺地形图而建立的控制网。

专用控制网：指为工程建筑物的施工放样或变形观测等专门用途而建立的控制网。

3. 图根控制网

首级控制网：指测区范围内建立统一的精度最高的控制网。

图根控制网：指由于国家控制点和首级控制点的密度不能完全满足测图的需要，

而建立的直接为测图服务的控制网。

图根控制点：指组成图根控制网的点，满足了直接测图的需要，简称图根点。

图根点的作用：①直接作为测站点，进行碎部测量；②作为临时增设测站点的依据。

图根点的密度：图根点的密度是由测图比例尺和地形条件的复杂程度决定的。平坦开阔地区的密度不应低于表4-2的规定。对于地形复杂以及城市建筑区，可适当加大图根点的密度。

表4-2　　　　　　　　　　　　图根点的密度指标

比例尺	每平方千米控制点数	每幅图的控制点数	比例尺	每平方千米控制点数	每幅图的控制点数
1:500	4	20	1:1000	40	10
1:2000	15	15	1:5000	120	8

四、小区域控制网建立的方法

小区域控制网：指在面积小于$15km^2$范围内建立的控制网。

小区域平面控制网建立的方法：主要有导线测量和GPS测量等方法。

导线测量：指将地面已知控制点与未知点构成一系列的折线，观测其相邻折线所夹的水平角和折线边的水平距离，由已知数据和观测数据推算未知点的坐标。导线测量因选点灵活，工作效率高，在光电技术普及使用的今天，仍然是小区域控制测量常用的方法，尤其是在地物、地形复杂的山区和建筑区。

GPS测量：指利用GPS-RTK（实时动态差分技术）的现代控制测量方法，比导线测量更灵活、更快捷，是目前普遍使用的方法。

小区域高程控制网建立的方法：通常采用水准测量和三角高程测量。

本任务所讲述的平面控制测量以图根导线测量为对象，有关具体的测量方法和精度均按图根级的要求阐述。高程控制测量仅介绍三等、四等水准测量和三角高程测量。

4-1 控制测量的基础知识

4-2 控制测量的基础知识

单元二　图根导线测量

图根导线测量：指利用导线测量的方法测定图根控制点平面位置的工作。

全站仪导线测量：指用全站仪进行的导线测量。

导线测量的外业工作：主要包括踏勘与设计、选点与埋设标志、角度测量和距离测量等工作。

一、导线布设的形式

根据测区的条件和需要，在实际测量生产中，导线通常有以下几种布设形式。

1. 闭合导线

闭合导线：指由一个已知控制点出发，最后仍旧回到这一点的封闭导线。如图4-3所示，导线由一个已知控制点出发，经过若干导线点，最后仍旧回到这一点，形成一个闭合多边形。

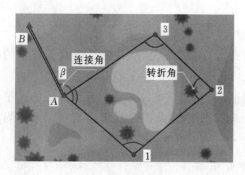

图 4-3 闭合导线

连接角：指导线中已知方向与导线边的夹角（图 4-3 中，β 即为连接角）。在角度观测中，除观测各转折角外，还应观测其连接角，否则无法进行方位角的推算。

2. 附合导线

附合导线：指起始于一个已知控制点，而终止于另一个已知控制点的单一导线。如图 4-4 所示，导线从已知点出发，经过若干导线点，最后附合到另外一个已知点上。

两端都有已知方向的称为双定向附合导线，简称附合导线（图 4-4 中 β_1、β_2 即为连接角）。

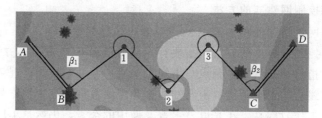

图 4-4 附合导线

若只有一端有已知方向，则称为单定向附合导线。若两端均无已知方向，则称为无定向附合导线。

3. 支导线

支导线：指从一个已知控制点出发，既不附合到另一个控制点，也不回到原来的已知控制点上的导线，如图 4-5 所示（β 为连接角）。由于支导线没有检核条件，不易发现错误，因此其点数不超过 2 个，故仅限于地形测量的图根导线中采用。

二、图根导线测量外业工作

导线测量的外业包括踏勘、选点、埋设标志、导线边测量和角度测量等工作。

1. 踏勘、选点及埋设标志

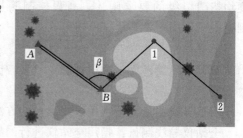

图 4-5 支导线

在选点之前，应先收集测区有关资料，如地形图、高一级控制点成果等资料。然后到现场踏勘，了解测区现状和寻找已知控制点，再拟定导线的布设方案。最后到野外踏勘选点。选点的原则如下：

（1）土质坚实，便于保存和安置仪器。

（2）相邻点间应相互通视，便于测角和测距。

（3）视野开阔，便于碎步点测量。

（4）导线边应大致相等，其边长应符合表 4-3 的要求。

表 4 - 3 图根导线测量技术指标表

测图比例尺	附合导线长度 /m	平均边长 /m	往返丈量相对误差	测角中误差 /(″)	导线全长相对闭合差	测回数 (DJ6)	方位角闭合差 /(″)
1∶500	500	75	1/3000	±20	1/2000	1	±60√n̄
1∶1000	1000	110					
1∶2000	2000	180					

(5) 导线点应有足够的密度，分布均匀，便于控制整个测区。

选好点后应直接在地上打入木桩。桩顶钉一小铁钉或划"＋"作点的标志。必要时在木桩周围灌上混凝土［图 4 - 6（a）］。如导线点需要长期保存，则应埋设混凝土桩或标石［图 4 - 6（b）］。埋桩后应统一进行编号。为了今后便于查找，应量出导线点至附近明显地物的距离。绘出草图，注明尺寸，称为点之记［图 4 - 6（c）］。

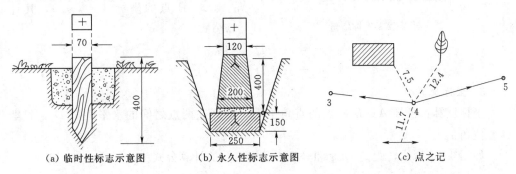

（a）临时性标志示意图　　（b）永久性标志示意图　　（c）点之记

图 4 - 6　标志示意图及点之记（单位：mm）

2. 导线边测量

导线边长一般用光电测距法直接测量，图根导线边长的测量为往返测，其测量的相对误差应小于 1/3000。

3. 角度测量

导线的角度测量一般采用测回法观测。在导线测量中，附合导线一般测量左角，闭合导线测量内角，支导线测量左、右角。

三、图根导线测量内业计算

当导线测量外业工作完成以后，就要进行导线内业计算。在内业计算之前，要全面检查外业观测数据有无遗漏，记录、计算是否有误，成果是否符合限差要求。只有在保证外业数据完全正确的前提下，才能进行内业计算工作，以免造成不必要的返工。为防止计算过程中出现错误，在导线计算前，还要根据外业成果绘制计算略图，将观测值标注在略图上。

（一）坐标的正算和反算

1. 坐标增量

坐标增量：指地面上两点的直角坐标的差值，用 Δx_{AB} 表示 A 点到 B 点的纵坐标增量，用 Δy_{AB} 代表 A 点到 B 点的横坐标增量。

坐标增量具有方向性和正负，Δx_{BA}、Δy_{BA} 表示 B 点到 A 点的纵坐标和横坐标增

4-3 ▶

闭合导线的
外业测量

量，其符号与 Δx_{AB}、Δy_{AB} 相反。

如图 4-7 所示，已知 A、B 两点的坐标分别为 $A(x_A,y_A)$、$B(x_B,y_B)$，则 A 至 B 的坐标增量为

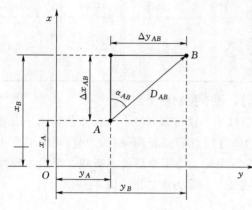

图 4-7 坐标增量

$$\left.\begin{array}{l}x_B=x_A+\Delta x_{AB}\\y_B=y_A+\Delta y_{AB}\end{array}\right\} \qquad (4-1)$$

2. 坐标正算

坐标正算：由一个已知点的坐标及该点至未知点的距离和坐标方位角，计算未知点坐标。

在图 4-7 中，已知 A 的坐标 (x_A,y_A)、边长 D_{AB} 和坐标方位角 α_{AB}，求 B 点的坐标 (x_B,y_B)，其计算公式为

$$\left.\begin{array}{l}x_B=x_A+D_{AB}\cos\alpha_{AB}\\y_B=y_A+D_{AB}\sin\alpha_{AB}\end{array}\right\} \qquad (4-2)$$

3. 坐标反算

坐标反算：已知 A、B 两点的直角坐标，推算这两点之间的水平距离 D_{AB} 和坐标方位角 α_{AB}。

如图 4-7 所示，距离 D_{AB} 和坐标方位角 α_{AB} 的计算公式为

4-4

坐标正、反算

$$\alpha_{AB}=\tan^{-1}\frac{\Delta y_{AB}}{\Delta x_{AB}} \qquad (4-3)$$

$$D_{AB}=\sqrt{\Delta x_{AB}^2+\Delta y_{AB}^2} \qquad (4-4)$$

其中，α_{AB} 可在 4 个象限之内，它由 Δy 和 Δx 的正负符号确定，可参见表 4-4。

表 4-4　　　　　　　　象限角、方位角、坐标增量的关系

象限	象限角 R 与方位角 α 的关系	Δx	Δy
I	$\alpha=R$	+	+
II	$\alpha=180°-R$	−	+
III	$\alpha=180°+R$	−	−
IV	$\alpha=360°-R$	+	−

【例 4-1】 已知 $x_A=1874.43\text{m}$，$y_A=43579.64$，$x_B=1666.52\text{m}$，$y_B=43667.85\text{m}$，求 α_{AB}。

解：由已知坐标得

$$\Delta y_{AB}=43667.85-43579.64=88.21(\text{m})$$

$$\Delta x_{AB}=1666.52-1874.43=-207.91(\text{m})$$

由坐标增量的正负号可知：α 在第 II 象限，则

$$\alpha_{AB}=180°-\tan^{-1}\frac{88.21}{207.91}=180°-22°59'24''=157°00'36''$$

（二）闭合导线的计算

闭合导线是由折线组成的多边形，因而闭合导线必须满足两个几何条件：①多边形内角和条件；②坐标条件，即从起算点开始，逐点推算导线点的坐标，最后推算到起点，由于是同一点，因此推算出的坐标应该等于已知坐标。

闭合导线计算的方法与步骤如下。

1. 角度闭合差的计算与调整

（1）角度闭合差的计算。由平面几何的知识可知，n 边形内角和的理论值 $\sum\beta_{理}=(n-2)\times180°$。由于角度观测过程中存在误差，使得实测内角和 $\sum\beta_{测}$ 与理论值不符，其差称为角度闭合差，以 f_β 表示，即

$$f_\beta=\sum\beta_{测}-(n-2)\times180° \tag{4-5}$$

角度闭合差的大小一定程度上标志着测角的精度。对于图根导线，角度闭合差的容许值

$$f_{\beta容}=\pm60''\sqrt{n} \tag{4-6}$$

式中：n 为闭合导线内角的个数。

（2）角度闭合差的调整。当 $f_\beta\leqslant f_{\beta容}$ 时，可进行闭合差调整，将 f_β 以相反的符号平均分配到各观测角。其角度改正数为

$$v_\beta=-\frac{f_\beta}{n} \tag{4-7}$$

式中：f_β 为角度闭合差，（"）。

需要注意的是：当 f_β 不能整除时，则将余数凑整到测角的最小位分配到短边大角上。

（3）调整后的观测值。设导线的角度观测值为 β_i'，改正后的角值为 β_i，则

$$\beta_i=\beta_i'+v_\beta \tag{4-8}$$

调整后的角值应进行检核，必须满足 $\sum\beta=(n-2)\times180°$，否则表示计算有误。

2. 导线方位角推算

由起算边方位角，再结合改正后的角度值，按照坐标方位角的推算公式，推算各边方位角。

【例 4-2】 如图 4-8 所示，已知 $\alpha_{12}=125°30'00''$，测得图根导线各转折角、边长的值均标注于图上，求角度闭合差和各边的方位角。

解：（1）求角度闭合差 f_β。

$f_\beta=\sum\beta_{测}-(n-2)\times180°$

$\quad=(107°48'30''+73°00'20''+89°33'50''+$

$\qquad 89°36'30'')-360°$

$\quad=359°59'10''-360°=-50''$

$\qquad f_{\beta容}=\pm60''\sqrt{n}=\pm120''$

因为 $|f_\beta|\leqslant|f_{\beta容}|$，所以角度观测精度

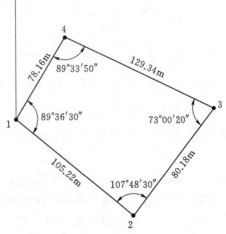

图 4-8 图根闭合导线坐标计算略图

符合要求。

（2）计算角度改正数，$v_\beta = -\dfrac{f_\beta}{n} = \left(\dfrac{50}{4}\right) = 12$（余 2），余数分配到短边大角上，则各角改正后的角度分别为

$$\beta_2 = \beta_2' + v_\beta = 107°48'30'' + 13'' = 107°48'43''$$
$$\beta_3 = \beta_3' + v_\beta = 73°00'20'' + 12'' = 73°00'32''$$
$$\beta_4 = \beta_4' + v_\beta = 89°33'50'' + 12'' = 107°34'02''$$
$$\beta_1 = \beta_1' + v_\beta = 89°36'30'' + 13'' = 89°36'43''$$

（3）方位角的推算。

由于观测角是左角，因此，采用以下公式推算方位角：

$$\alpha_{前} = \alpha_{后} + \beta_{左} \pm 180°$$
$$\alpha_{23} = \alpha_{12} + \beta_2 - 180 = 125°30'00'' + 107°48'43'' - 180° = 53°18'43''$$
$$\alpha_{34} = \alpha_{23} + \beta_3 + 180 = 306°19'15''$$
$$\alpha_{41} = \alpha_{34} + \beta_4 - 180 = 215°53'17''$$
$$\alpha_{12} = \alpha_{41} + \beta_1 - 180 = 125°30'00''$$

3. 坐标增量计算及其闭合差调整

（1）坐标增量及坐标增量闭合差的计算。根据各边长及其方位角，即可按坐标正算公式计算出相邻导线点的坐标增量。如图 4-9 所示，闭合导线纵、横坐标增量的总和的理论值应等于 0，即

$$\left. \begin{array}{l} \sum \Delta x_{理} = 0 \\ \sum \Delta y_{理} = 0 \end{array} \right\} \tag{4-9}$$

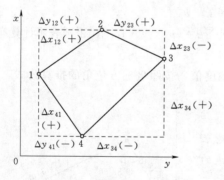
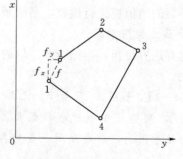

图 4-9 坐标增量闭合差示意图 　　图 4-10 导线全长闭合差计算示意图

由于量边误差和改正角值的残余误差，其计算的观测值 $\sum \Delta x_{测}$、$\sum \Delta y_{测}$ 不等于 0，与理论值之差，称为坐标增量闭合差，即

$$\left. \begin{array}{l} f_x = \sum \Delta x_{测} - \sum \Delta x_{理} = \sum \Delta x_{测} \\ f_y = \sum \Delta y_{测} - \sum \Delta y_{理} = \sum \Delta y_{测} \end{array} \right\} \tag{4-10}$$

（2）导线全长闭合差和相对误差的计算。导线全长闭合差：是指从起点出发，根据各边坐标计算值算出各点的坐标后，不能闭合于起点，造成错开的长度，用 f 表示。如图 4-10 所示，由于 f_x、f_y 的存在，使得导线不闭合而产生 f，则有

$$f=\sqrt{f_x^2+f_y^2} \tag{4-11}$$

f 值与导线长短有关。通常以导线全长相对闭合差 k 来衡量导线的精度。即

$$k=\frac{f}{\sum D}=\frac{1}{\dfrac{\sum D}{f}} \tag{4-12}$$

式中：$\sum D$ 为导线全长。对于图根导线，导线全长相对闭合差的容许值 $k_容=1/2000$。当 $k<k_容$ 时，导线测量的精度符合要求，可以进行闭合差的调整；否则成果不符合要求，不得进行内业计算，须进行外业检查，必要时重新测量。

（3）坐标增量闭合差的调整。坐标增量闭合差主要由于边长误差而产生，而边长误差的大小与边长的长短有关，因此，坐标增量闭合差的调整方法是将增量闭合差 f_x、f_y 反号，按与边长成正比分配于各个坐标增量之中，使改正后的 $\sum \Delta x$、$\sum \Delta y$ 均等于 0。设第 i 边边长为 D_i，其纵、横坐标增量改正数分别用 v_{xi}、v_{yi} 表示，则

$$\left. \begin{aligned} v_{xi}&=\left(-\frac{f_x}{\sum D}\right)D_i \\ v_{yi}&=\left(-\frac{f_y}{\sum D}\right)D_i \end{aligned} \right\} \tag{4-13}$$

式中：$\sum D$ 为导线全长，m；D_i 为第 i 边的边长，m。

改正后的坐标增量计算公式为

$$\left. \begin{aligned} \Delta x_{i改}&=\Delta x_i+v_{xi} \\ \Delta y_{i改}&=\Delta y_i+v_{yi} \end{aligned} \right\} \tag{4-14}$$

需要注意的是，改正数一般取至 mm，坐标增量改正数的总和应等于坐标增量闭合差的相反数，用此进行检核。如有余数，可将余数调整到长边的坐标增量的改正数上。

4. 导线点坐标的计算

坐标增量调整后，可根据起算点的坐标和调整后的坐标增量，按照坐标正算公式逐点计算各导线点的坐标，其计算公式为

$$\left. \begin{aligned} x_i&=x_{i-1}+\Delta x_{i改} \\ y_i&=y_{i-1}+\Delta y_{i改} \end{aligned} \right\} \tag{4-15}$$

【例 4-3】　已知 1 点的坐标为（500，500），$\alpha_{12}=125°30'00''$。求图 4-8 中闭合导线点的坐标。计算过程见表 4-5。

利用 Excel 进行闭合导线成果计算。

首先，输入已知数据：点号（A 列）、水平角观测值（B 列、C 列、D 列）、观测水平距离（I 列）、已知起始边 AB 的方位角（H2）和 1 点的坐标（N2，O2），然后输入公式进行计算。公式输入如图 4-11 所示，计算结果见表 4-5。

表 4-5 　　　　　　　　　　　　　闭 合 导 线 计 算 表

点号	观测角 /(° ′ ″)	改正角 /(° ′ ″)	坐标方位角 /(° ′ ″)	距离 D /m	坐标增量/m		改正后增量/m		坐标值/m	
					Δx	Δy	Δx	Δy	x	y
1					−0.02	+0.02			500.00	500.00
			125 30 00	105.22			−61.12	+85.68		
2	+13	107 48 43			−61.10	+85.66			438.88	585.68
	107 48 30									
			53 18 43	80.18	−0.02	+0.02				
3	+12	73 00 32			+47.90	+64.30	+47.88	+64.32	486.76	650.00
	73 00 20									
			306 19 15	129.34	−0.03	+0.02				
4	+12	89 34 02			+76.61	−104.21	+76.58	−104.19	563.34	545.81
	89 33 50									
			215 53 17	78.16	−0.02	+0.01				
1	+13	89 36 43			−63.32	−45.82	−63.34	−45.81	500.00	500.00
	89 36 30									
2			125 30 00							
Σ	359 59 10	50	360 00 00	392.9	+0.09	−0.07	0.00	0.00		

辅助计算	$f_{\beta}=\sum\beta-(4-2)\times180=-50''$，$f_{\beta\text{限}}=\pm60''\sqrt{n}=120''$， $f_x=\sum\Delta x_{测}=+0.09$，$f_y=\sum\Delta y_{测}=-0.07$，$f_D=\sqrt{f_x^2+f_y^2}=0.11\,(\mathrm{m})$ $K=\dfrac{f_D}{\sum D}=\dfrac{1}{3500}$，容许相对闭合差：$\dfrac{1}{2000}$

	A	B	C	D	E	F	G	H	I	J	K	L	M	N	O
1	点号	°	′	″	观测角/(″)	角度改正数	改正后的角/(″)	坐标方位角/(″)	距离/m	△x/m	△y/m	改正后△x/m	改正后△y/m	x/m	y/m
2	1								38.25000						
														500.00	500.00
3	2	102	48	9	B3+C3/60+D3/3600	F7/4	E3+F3	H2+180-G3	112.01	I3*COS(RADIANS(H2))	I3*SIN(RADIANS(H2))	J3+0.03	K3+0	N2+L3	O2+M3
4	3	78	51	51	B4+C4/60+D4/3600	F7/4	E4+F4	H3+180-G4	87.58	I4*COS(RADIANS(H3))	I4*SIN(RADIANS(H3))	J4+0.02	K4-0.01	N3+L4	O3+M4
5	4	84	23	27	B5+C5/60+D5/3600	F7/4	E5+F5	H4+180-G5	137.71	I5*COS(RADIANS(H4))	I5*SIN(RADIANS(H4))	J5+0.03	K5-0.01	N4+L5	O4+M5
6	5	93	57	45	B6+C6/60+D6/3600	F7/4	E6+F6	H5-G6-180	89.5	I6*COS(RADIANS(H5))	I6*SIN(RADIANS(H5))	J6+0.02	K6-0.01	N5+L6	O5+M6
7	Σ				E3+E4+E5+E6	(E7-360)			426.8	J3+J4+J5+J6	K3+K4+K5+K6	L3+L4+L5+L6	M3+M4+M5+M6		
8	辅助计算	f_β=			E7-360		度	E8*3600	秒	f=	SQRT(J7*J7+K7*K7)				
9		f_β限=			60*SQRT(4)		秒								
10	备注：红色为输入数据，角度观测为右角，坐标增量闭合差的调整为手动分配。									K=	1/	I7/J8	<	1/2000	

图 4-11　Excel 计算闭合导线

4-5
闭合导线的
内业计算

（三）附合导线的坐标计算

附合导线的计算与闭合导线的计算基本相同，只是在角度闭合差的计算和坐标增量闭合差的计算方面存在不同。

1. 附合导线角度闭合差的计算与调整

由于附合导线不是闭合多边形，因此其角度闭合差只能用推算方位角的方法来计算。如图 4-12 所示，根据起始边 AB 的坐标方位角及各转折角（右角），计算 CD 边的方位角。

根据方位角推算公式，导线各转折角（右角）β 的理论值应满足下列关系式：

$$\alpha_{B1}=\alpha_{AB}+180°-\beta_B$$

$$\alpha_{12}=\alpha_{B1}+180°-\beta_1$$

$$\alpha_{23}=\alpha_{12}+180°-\beta_2$$

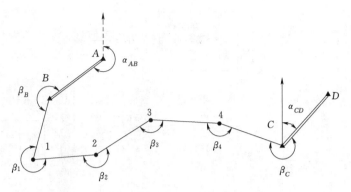

图 4-12 闭合导线示意图

$$\alpha_{34} = \alpha_{23} + 180° - \beta_3$$

$$\alpha_{4C} = \alpha_{34} + 180° - \beta_4$$

$$\alpha_{CD} = \alpha_{4C} + 180° - \beta_C$$

将上列式取和，终边方位角推算值为 $\alpha_{CD} = \alpha_{AB} + 6 \times 180° - \sum\beta_测$。写成一般式为

$$\alpha'_终 = \alpha_始 + n \times 180° - \sum\beta_测 \tag{4-16}$$

式中：n 为附合导线转折角的个数；$\alpha_始$ 为附合导线起始边方位角。

如果导线转折角为左角，则按下式计算：

$$\alpha'_终 = \alpha_始 \pm n \times 180° + \sum\beta_测 \tag{4-17}$$

附合导线角度闭合差：

$$f = \alpha'_终 - \alpha_终 \tag{4-18}$$

若闭合差在容许范围内，则将闭合差按相反符号平均分配给各右角；若观测的为左角，则闭合差按相反符号平均分配给各左角。

2. 坐标增量闭合差的计算

附合导线是从一已知点出发，附合到另外一个已知点，因此纵坐标和横坐标增量的理论值应等于终点和始点坐标之差。如不相等，则其差值即为附合导线坐标增量闭合差，计算公式为

$$\left.\begin{array}{l} f_x = \sum\Delta x_测 - \sum\Delta x_理 = \sum\Delta x_测 - (x_终 - x_始) \\ f_y = \sum\Delta y_测 - \sum\Delta y_理 = \sum\Delta y_测 - (y_终 - y_始) \end{array}\right\} \tag{4-19}$$

式中：$x_始$、$y_始$ 为附合导线起始点的纵坐标和横坐标；$x_终$、$y_终$ 为附合导线终点的纵坐标和横坐标。

当计算出 f_x、f_y 后，其余计算与闭合导线相同，这里不再重复讲述。

【例 4-4】 图 4-13 为某附合线的计算略图，A、B、C、D 点为已知的控制点，α_{AB}、α_{CD} 及 (x_B, y_B)、(x_C, y_C) 为起算数据，角度和边长的观测值已在图中标注，计算附合导线中 1~4 点的坐标。

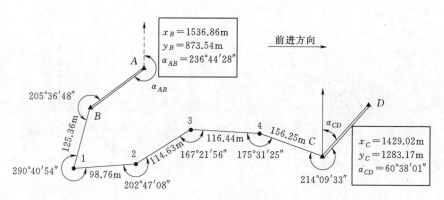

图 4-13 附合导线计算略图

解： 计算过程见表 4-6。

表 4-6 　　　　　　　　　**附 合 导 线 记 录 表**

点号	观测角 /(° ′ ″)	改正角 /(° ′ ″)	坐标方位角 /(° ′ ″)	距离 D /m	坐标增量/m Δx	坐标增量/m Δy	改正后增量/m Δx	改正后增量/m Δy	坐标值/m x	坐标值/m y
A			<u>236 44 28</u>							
B	−13 205 36 48	205 36 35							<u>1536.86</u>	<u>837.54</u>
			211 07 53	125.36	+0.04 −107.31	−0.02 −64.81	−107.27	−64.83		
1	−12 290 40 54	290 40 42							1429.59	772.71
			100 27 11	98.71	+0.03 −17.92	−0.02 +97.12	−17.89	+97.10		
2	−13 89 33 50	202 46 55							1411.70	869.81
			77 40 16	114.63	+0.04 +30.88	−0.02 +141.29	+30.92	+141.27		
3	+13 89 36 30	167 21 43							1442.62	1011.08
			90 18 33	116.44	+0.03 −0.63	−0.02 +116.44	−0.60	+116.42		
4	−13 175 31 23	175 31 12							1442.02	1127.50
			94 47 21	156.25	+0.05 −13.05	−0.03 +155.70	−13.00	+155.67		
C	−13 214 09 33	214 09 20							<u>1429.02</u>	<u>1283.17</u>
D			<u>60 38 01</u>							
Σ	1256 07 44	1256 06 27		641.44	−108.03	+445.74	−107.84	+445.63		
辅助 计算	$f_\beta = \sum\beta_测 - \alpha_始 + \alpha_终 - n \cdot 180° = +1'17''$,　$f_{\beta容} = \pm 60''\sqrt{6} = \pm 147''$, $f_x = -0.19$, $f_y = +0.11$,　$K = \dfrac{0.22}{641.44} = \dfrac{1}{2900}$,　$K_容 = \dfrac{1}{2000}$, $f = \sqrt{f_x^2 + f_y^2} = \pm 0.22$									

利用 Excel 进行成果计算：

输入已知数据：点号（A 列）、水平角观测值（B 列、C 列、D 列）、观测水平距离（I 列）、已知起始边 AB 的方位角（H2）和 CD 边的方位角（H8），已知 B 和 C 的坐标，然后输入公式进行计算。公式输入如图 4-14 所示，计算结果见表 4-6。

附合导线的
内业计算

闭合导线的
内业计算

	A	B	C	D	E	F	G	H	I	J	K	L	M	N	O
1	点号	°	′	″	观测角/(″)	角度改正值	改正后的角/(″)	坐标方位角/(″)	距离/m	△x/m	△y/m	改正后△x/m	改正后△y/m	x/m	y/m
2	A							43.28670							
3	B	180	13	36	B2+C3/60+D3/3600	G12/6/3600	E3+F3	H2-G3+180+IF(H2-G3+180<360,360,0)	124.08	I3*COS(RADIANS(H3))	I3*SIN(RADIANS(H3))	J3-I3/I10*J12	K3-I3/I10*L12	1230.880	673.450
4	1	178	22	30	B4+C4/60+D4/3600	G12/6/3600	E4+F4	H3-G4+180+IF(H3-G4+180<360,360,0)	164.1	I4*COS(RADIANS(H4))	I4*SIN(RADIANS(H4))	J4-I4/I10*J12	K4-I4/I10*L12	N3+L3	O3+M3
5	2	193	44	0	B5+C5/60+D5/3600	G12/6/3600	E5+F5	H4-G5+180+IF(H4-G5+180<360,360,0)	208.53	I5*COS(RADIANS(H5))	I5*SIN(RADIANS(H5))	J5-I5/I10*J12	K5-I5/I10*L12	N4+L4	O4+M4
6	3	181	13	0	B6+C6/60+D6/3600	G12/6/3600	E6+F6	H5-G6+180+IF(H5-G6+180<360,360,0)	94.18	I6*COS(RADIANS(H6))	I6*SIN(RADIANS(H6))	J6-I6/I10*J12	K6-I6/I10*L12	N5+L5	O5+M5
7	4	204	54	30	B7+C7/60+D7/3600	G12/6/3600	E7+F7	H6-G7+180+IF(H6-G7+180<360,360,0)	147.44	I7*COS(RADIANS(H7))	I7*SIN(RADIANS(H7))	J7-I7/I10*J12	K7-I7/I10*L12	N6+L6	O6+M6
8	C	180	32	48	B8+C8/60+D8/3600	G12/6/3600	E8+F8	4.26667							
9	D						检核α CD	H7-G8+180+IF(H7-G8+180<360,360,0)						检核C点坐标	
10	Σ				SUM(E3:E8)	SUM(F3:F8)	SUM(G3:G8)		738.33	SUM(J3:J7)	SUM(K3:K7)	SUM(J3:J7)	SUM(M3:M7)	N7+L7	O7+M7
11	辅助计算	α'CD=			H2-E10+6*180		检核α CD=	H2-G10+6*180	xc-xb=	614.810	yc-yb=	366.530			
12		fβ=			E11-H8	度=	E12*3600		fx=	J10-J11	fy=	K10-L11			
13		fβ允=			146.9694	秒=	147	秒	f=	QRT(J12*J12+L12*L12)					
14					f<β 符合精度要求				K=	1/		110/J13	<	1/2000满足精度要求		
15	备注：红色为输入数据，角度观测为右角，角度闭合差、坐标增量闭合差的调整为手动分配。														

图 4-14 Excel计算闭合导线

4-8
图根导线测量

（四）支导线的坐标计算

由于支导线没有检核条件，其坐标计算不必进行角度闭合差和坐标闭合差的计算与调整，直接由各边的边长和方位角计算坐标增量，最后依次求出各点坐标即可。

单元三　交会法测量

交会法测量：指导线控制点在密度不能满足测图和施工要求的情况下，一种加密控制点的方法。

交会法测量的类型：根据观测元素的不同，可分为测角前方交会、测角侧方交会、测角后方交会及测边交会等方法。

由于交会法计算烦琐，工程中应用不太广泛。因此，本节仅介绍测角前方交会和测角侧方交会。

一、测角前方交会法

测角前方交会法测量：指在两个已知控制点上，分别对待定点（交会法）观测水平角，以计算待定点坐标的过程。

如图 4-15 所示，为测角前方交会基本图形。已知 A 点的坐标为 X_A、Y_A，B 点坐标为 X_B、Y_B，分别在 A、B 上设站测定 α、β，则 P 点的坐标可由两已知直线 AP 和 BP 交会求得（推导过程省略），推导计算公式为

$$\left.\begin{array}{l} x_P = \dfrac{x_A \cot\beta + x_B \cot\alpha + (y_B - y_A)}{\cot\alpha + \cot\beta} \\[3mm] y_P = \dfrac{y_A \cot\beta + y_B \cot\alpha + (x_A - x_B)}{\cot\alpha + \cot\beta} \end{array}\right\} \quad (4-20)$$

需要注意的是，应用上式计算坐标时，实测图形的编号与推导公式的编号必须一致，应按图 4-15 所示，A、B、P 三点按逆时针编排。

交会角：是指待定点至两相邻已知方向的夹角。交会法测量时，交会角过大或过小，都会影响 P 点位置测定精度，要求交会角一般应大于 $30°$ 并小于 $150°$。

在实践中，为了校核和提高 P 点坐标精度，

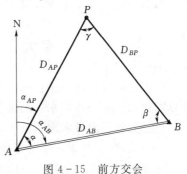

图 4-15　前方交会

通常采用三个已知点进行交会。如图 4-16 所示，从三个已知点 A、B、C 分别向 P 点观测水平角 α_1、β_1、α_2、β_2，构成两组前方交会，然后按式（4-20）分别解算两组坐标。设两组计算 P 点坐标分别为 (x'_P, y'_P)、(x''_P, y''_P)。当两组计算 P 点的坐标较差 e 在容许限差内，即

$$e = \sqrt{(x'_P - x''_P)^2 + (y'_P - y''_P)^2} \leqslant 0.2M \qquad (4-21)$$

式中：M 为测图比例尺分母，e 以 mm 为单位。

取 e 和 M 的平均值作为 P 点的最后坐标。

二、测角侧方交会法

侧方交会法：就是在两个已知控制点和待定点所组成的三角形中，分别在待定点和一个已知控制点上架设仪器观测其水平角，以计算待定点坐标的过程。

如图 4-17 所示，首先在 B 点和 P 点观测角度 β 角和 γ 角，然后根据几何条件解算控制点 A 上的角 α，显然 $\alpha = 180° - (\beta + \gamma)$，其交会点的坐标可根据式（4-20）进行计算，计算方法同前方交会。

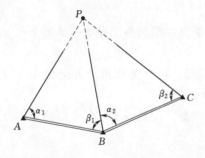 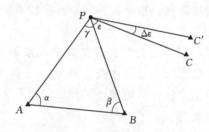

图 4-16　三点前方交会　　　　　　　图 4-17　侧方交会

为了检查侧方交会点的精度，通常在待定点 P 测角时除观测已知点 A、B 外，还应观测另一个已知点 C，得观测角 $\varepsilon_{测}$。根据已知点 A、B 求得 P 点坐标后，即可计算角 $\varepsilon_{计} = \alpha_{PB} - \alpha_{PC}$，与观测值 ε 进行比较作为检核条件。检查角 $\varepsilon_{测}$ 与 $\varepsilon_{计}$ 较差为

$$\Delta\varepsilon = \varepsilon_{计} - \varepsilon_{测}$$

在 1:500~1:2000 比例尺地形图中，检查角误差允许值为

$$\Delta\varepsilon_{允} = \frac{M}{5000 \times D_{PC}} \rho'' \qquad (4-22)$$

式中：M 为测图比例尺。

当 $\Delta\varepsilon \leqslant \Delta\varepsilon_{允}$ 时，计算成果认为是合格的，否则重测。

单元四　高程控制测量

小区域高程控制测量包括三等、四等水准测量，图根水准测量和三角高程测量。现分别介绍三等、四等水准测量和三角高程测量。

一、三等、四等水准测量

（一）三等、四等水准测量的技术要求

三等、四等水准测量一般应与国家一等、二等水准网联测，使整个测区具有统一

的高程系统。若测区附近没有国家一等、二等水准点，则在小区域范围内可假定起算点的高程，采用闭合水准路线的方法，建立独立的首级控制网。

适用：平坦地区的高程控制测量。

精度技术要求：三等、四等水准测量的精度要求见表 4-7。

表 4-7　　　　　　　　　三等、四等水准测量的主要技术要求

等级	路线长度/km	水准仪	水准尺	观测次数		往返较差、附合或环线闭合差/mm	
				与已知点联测	附合或环线	平地	山地
三等	≤50	DS$_1$	钢瓦	往返各一次	往一次	±12$\sqrt{L}$	±4$\sqrt{n}$
		DS$_3$	双面		往返各一次		
四等	≤16	DS$_3$	双面	往返各一次	往一次	±20$\sqrt{L}$	±6$\sqrt{n}$
图根	≤5	DS$_3$	单面	往返各一次	往一次	±40$\sqrt{L}$	±12$\sqrt{n}$

三等、四等水准测量一般采用双面尺法观测，其在一个测站上的技术要求见表 4-8。

表 4-8　　　　　　　　　三等、四等水准测量测站技术要求

等级	水准仪	视线长度/m	前后视距较差/m	前后视距累积差/m	视线离地面最低高度/m	黑红面读数较差/mm	黑红面高差较差/mm
三等	DS$_1$	100	3	6	0.3	1.0	1.5
	DS$_3$	75				2.0	3.0
四等	DS$_3$	100	5	10	0.2	3.0	5.0
图根	DS$_3$	150	大致相等	—	—	—	—

（二）三等、四等水准测量的观测程序和记录方法

三等、四等水准测量的观测应在通视良好、成像清晰稳定的情况下进行。下面以一个测段为例，介绍三等、四等水准测量双面尺法观测的程序，其记录与计算见表 4-9。

1. 准备工作

在作业开始的第一个星期内，每天应对水准仪进行 i 角检验，若 i 角保持在 $10''$ 以内时，以后可每隔 15 天测定一次；自动安平水准仪作业的圆水准器应严格进行校正保持在正确位置，观测时要仔细置平。

2. 测站观测程序

（1）三等水准测量每测站照准标尺分划顺序为：

（a）后视尺黑面，精平，读取下、中、上三丝读数，记为（1）、（2）、（3）。

（b）前视尺黑面，精平，读取下、中、上三丝读数，记为（4）、（5）、（6）。

（c）前视尺红面，精平，读取中丝读数，记为（7）。

（d）后视尺红面，精平，读取中丝读数，记为（8）。

三等水准测量测站观测顺序简称为"后—前—前—后"（或黑—黑—红—红），其优点是可消除或减弱仪器和尺垫下沉误差的影响。

表 4-9　　　　　　　　　　三等、四等水准测量手簿示例

测站编号	测点编号	后尺 上丝 下丝	前尺 上丝 下丝	方向及尺号	标尺读数		$K+$黑$-$红/mm	高差中数/m	备注
		后距视 视距差 d	前视距 $\sum d$		黑面	红面			
		（1）	（4）	后	（3）	（8）	（14）		
		（2）	（5）	前	（6）	（7）	（13）		
		（9）	（10）	后－前	（15）	（16）	（17）	（18）	
		（11）	（12）						
1	BM1 \ TP1	1571	0739	后 BM1	1384	6171	0		
		1197	0363	前	0551	5239	−1		
		37.4	37.6	后－前	+0833	+0932	+1	+0.8325	
		−0.2	−0.2						
2	TP1 \ TP2	2121	2196	后	1934	6621	0		
		1747	1821	前	2008	6796	−1		$K_1=4787$ 前视 $K_2=4687$
		37.4	37.5	后－前	−0074	−0175	+1	−0.0745	
		−0.1	−0.3						
3	TP2 \ TP3	1913	2054	后	1726	6513	0		
		1538	1677	前	1866	6554	−1		
		37.5	37.7	后－前	−0140	−0041	+1	−0.1405	
		−0.2	−0.5						
4	TP3 \ BM2	1964	2140	后	1832	6519	0		
		1699	1873	前 BM2	2007	6793	−1		
		26.5	26.7	后－前	−0175	−0274	+1	−0.1745	
		−0.2	−0.7						
每页校核		视距校核：$\sum(9)=138.8$，$\sum(10)=139.5$，$\sum(9)-\sum(10)=-0.7$， 高差校核：$\sum[(3)+(8)]-\sum[(6)+(7)]=\sum[(15)+(16)]=+0.886$ $\sum(18)=+0.443$，$2\sum(18)=+0.886$							

（2）四等水准测量每测站照准标尺分划顺序为：

（a）后视尺黑面，精平，读取下、上、中三丝读数，记为（1）、（2）、（3）。

（b）后视尺红面，精平，读取中丝读数，记为（8）。

（c）前视尺黑面，精平，读取下、中、上三丝读数，记为（4）、（5）、（6）。

（d）前视尺红面，精平，读取中丝读数，记为（7）。

四等水准测量测站观测顺序简称为"后—后—前—前"（或黑—红—黑—红）。

3. 测站计算与检核

（1）视距计算。

后视距离：（9）＝［（1）－（2）］×100。

前视距离：(10)＝[(3)－(4)]×100。

前视、后视距差：(11)＝(9)－(10)。

前视、后视距累积差：本站(12)＝本站(11)＋上站(12)。

(2) 同一水准尺黑面、红面中丝读数校核。

前尺：(13)＝(6)＋(K)－(7)。

后尺：(14)＝(3)＋(K)－(8)。

(3) 高差计算及检核。

黑面高差：(15)＝(3)－(6)。

红面高差：(16)＝(8)－(7)。

校核计算：红面、黑面高差之差(17)＝(15)－[(16)±0.100]

或(17)＝(14)－(13)。

高差中数：(18)＝[(15)＋(16)±0.100]/2。

在测站上，当后尺红面起点为 4.687m，前尺起点为 4.787m 时，取＋0.100；反之，取－0.100。

4. 每页计算检核

(1) 高差部分。

每页上，后视红面、黑面读数总和与前视红面、黑面读数总和之差，应等于红面、黑面高差之和，还应等于该页平均高差总和的 2 倍，即

对于测站数为偶数的页：

$$\sum[(3)+(8)]-\sum[(6)+(7)]=\sum[(15)+(16)]=2\sum(18)$$

对于测站数为奇数的页：

$$\sum[(3)+(8)]-\sum[(6)+(7)]=\sum[(15)+(16)]=2\sum(18)\pm0.100$$

(2) 视距。

末站视距累积差值：

$$本站(12)=\sum(9)-\sum(10)$$
$$总视距=\sum(9)+\sum(10)$$

(三) 成果计算与校核

在每个测站计算无误后，并且各项数值都在相应的限差范围之内时，根据每个测站的平均高差，利用已知点的高程，推算出各水准点的高程，其计算与高差闭合差的调整方法，前面已经讲述，这里不再重复。至此完成了三等、四等水准测量。

二、三角高程测量

三角高程测量：指根据两点间的水平距离和竖直角计算两点的高差，然后求出待定点的高程，是加密图根高程的一种方法。

适用条件：适用于山区或高层建筑物上。因为这些地区，水准测量作高程控制，困难大且速度慢。实践证明，电磁波三角高程的精度可以达到四等水准的要求。

1. 三角高程测量的主要技术要求

三角高程测量的主要技术要求，是针对竖直角测量的计算要求，一般分为两个等

4-11

四等水准
测量

4-12

四等水准
外业测量记录

级，即四等、五等，其可作为测区的首级控制，具体布设要求如下：

（1）三角高程控制，宜在平面控制点的基础上布设三角高程网或高程导线。

（2）四等应起算于不低于三等水准的高程点上，五等应起算于不低于四等的高程点上。其边长均不应超过 1km；边数不应超过 6 条。当边长不超过 0.5km 或单纯作高程控制时，边数可增加 1 倍。

（3）电磁波测距三角高程测量的主要技术要求，应符合表 4-10 的规定。

表 4-10   电磁波测距三角高程测量的主要技术要求

等级	仪器	测距边测回数	竖直角测回数		指标差较差 /(")	竖直角较差 /(")	对向观测高差较差/mm	附合或环线闭合差/mm
			三丝法	中丝法				
四等	DJ$_2$	往返各一次		3	≤7	≤7	$40\sqrt{D}$	$20\sqrt{\sum D}$
五等	DJ$_2$	往一次	1	2	≤10	≤10	$60\sqrt{D}$	$30\sqrt{\sum D}$
图根	DJ$_6$	往一次		2	≤25	≤25	$80\sqrt{D}$	$40\sqrt{\sum D}$

注   D 为电磁波测距边长，km。

2. 三角高程测量原理

如图 4-18 所示，A 为已知高程点，其高程设为 H_A。B 点为待测高程点，设其高程为 H_B。在 A 点安置仪器，用望远镜中丝瞄准 B 点觇标的顶点（或棱镜中心），测得竖直角 α，并量取仪器高 i 和觇标高 v（或棱镜高），若测出 A、B 两点间的水平距离 D，则可求得 A 点对 B 点的高差 h_{AB}，即

$$h_{AB} = D\tan\alpha + i - v \tag{4-23}$$

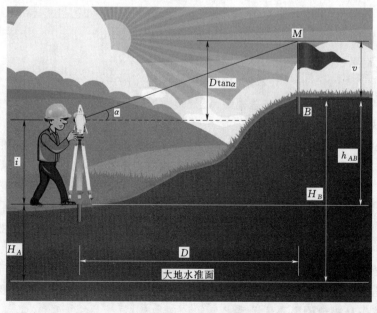

图 4-18 三角高程测量原理

B 点的高程为

$$H_B = H_A + D\tan\alpha + i - v \qquad (4-24)$$

这就是三角高程测量的基本原理，但它是以水平面为基准面和照准光线沿直线行进为前提的。当距离较远时，必须考虑地球弯曲和大气折光的影响。

3. 三角高程测量的观测与计算

三角高程测量的观测与计算应按以下步骤进行：

（1）安置仪器于测站上，量出仪器高 i，棱镜立于测点上，量出棱镜高 v。仪器和棱镜的高度应在观测前后各量测一次，并精确到 mm，取其平均值作为最终高度。

（2）用全站仪采用测回法观测竖直角 α，取其平均值为最后观测结果。

（3）采用对向观测（分别测出 h_{AB}、h_{BA}），方法同前两步。

（4）用式（4-23）和式（4-24）计算高差和高程。

三角高程路线，尽可能组成闭合测量路线或附合测量路线，并尽可能起闭于高一等级水准点上。若闭合差 f_h 在表 4-10 所规定的范围内，则将 f_h 反符号按照与各边边长成正比例的关系分配到各段高差中，最后根据起始点的高程和改正后的高差，计算出待定点的高程。

4-13 ▶
三角高程测量原理

4-14 ⦿
三角高程测量

单元五　GNSS 在控制测量中的应用

一、GNSS 概述

GNSS：全球导航卫星系统（Global Navigation Satellite System）的简称，是泛指所有的卫星导航系统，包括全球的、区域的和增强的，如美国的 GPS、俄罗斯的 Glonass、欧洲的 Galileo、中国的北斗卫星导航系统，以及相关的增强系统。

北斗卫星导航系统：中国北斗卫星导航系统（BeiDou Navigation Satellite System，BDS）是中国自行研制的全球卫星导航系统，是继美国全球定位系统（GPS）、俄罗斯（Glonass）、欧洲（Galileo）之后第 4 个成熟的卫星导航系统。北斗卫星导航系统由空间段、地面段和用户段 3 部分组成，可在全球范围内全天候、全天时为各类用户提供高精度、高可靠定位、导航、授时服务，并具短报文通信能力，已经初步具备区域导航、定位和授时能力，定位精度 10m，测速精度 0.2m/s，授时精度 10ns。

GPS：全球定位系统（Global Positioning System）的简称，是美国军方研制的全球性、全天候、连续的卫星无线电导航系统，可提供实时的三维定位技术。

GPS 的组成：每个导航卫星系统基本上都包括空间卫星部分（GPS 卫星星座）、地面监控部分（地面监控系统）和用户设备部分（GPS 信号接收机），如图 4-19 所示。

GPS 定位原理：是利用空间距离的后方交会进行定位。在 GPS 观测中，根据卫星到接收机的距离，利用三维坐标中的距离公式，观测到 3 颗卫星，就可以组成 3 个方程式，解出观测点的位置（X，Y，Z），如图 4-20（a）所示。考虑到卫星的时钟与接收机时钟之间的误差，实际上有 4 个未知数：X、Y、Z 和钟差，因而需要引入第 4 颗卫星，形成 4 个方程式进行求解，从而得到观测点的经纬度和高程。因此，GPS 定位至少观测到 4 颗定位卫星。

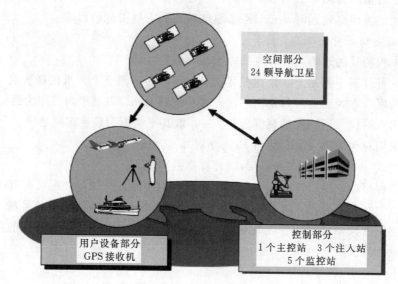

图 4-19 GPS 的组成

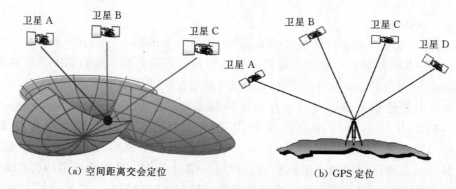

（a）空间距离交会定位　　　　　　　　　　（b）GPS 定位

图 4-20 GPS 定位原理

二、GPS 在控制测量中的应用

（1）利用 GPS 相对定位技术（GPS 静态测量）进行国家基本控制网、城市控制网的测量。

（2）利用 GPS 相对定位技术（GPS 静态测量）进行工程控制网和地形图测绘的首级控制网的测量。

（3）利用 GPS 动态相对定位技术（GPS-RTK）进行图根控制测量。

GPS 静态测量：指利用 GPS 相对定位技术，通过确定同步跟踪相同的 GPS 卫星信号的若干台接收机之间的相对位置的定位方法。

如图 4-21 所示，利用两套及以上的 GPS 接收机，分别安置在每条基线的端点上，同步观测 4 颗以上的卫星 0.5～1h，基线的长度在 20km 以内。各基线构成网状的封闭图形，事后经过整体平差处理，获得待定点的三维坐标，精度可达到 5mm＋1ppm。

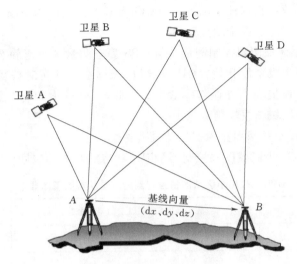

图 4－21　GPS 静态相对定位

本节主要介绍 GPS－RTK 图根控制测量。

三、GPS－RTK 图根控制测量概述

GPS－RTK：RTK（real－time kinematic，实时动态）载波相位差分技术，是指在基准站上安置 GPS 接收机，对所有可见 GPS 卫星进行连续观测，并将其观测数据，通过无线电（或 GPRS/CDMA）传输设备（也称"数据链"），实时地发送给用户观测站（流动站）；在用户观测站上，GPS 接收机在接收 GPS 卫星信号的同时，也接收基准站传输的观测数据，然后根据相对定位原理，实时地解算并显示用户观测站的三维坐标及精度（图 4－22），其定位精度可达 5cm 以内。

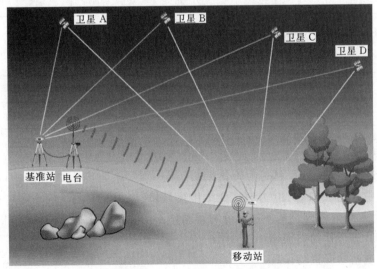

图 4－22　GPS－RTK 定位

GPS-RTK 类型：根据基准站建立的方式不同，RTK 测量技术又可分为传统 RTK 和网络 RTK（如 CORS 技术）。简单地说，传统 RTK 就是可移动的基站作业，基站位置一般由作业组根据任务确定，而 CORS 就是固定的永不断电的基站，其基站一般由政府部门在选定的固定地点建设。

GPS-RTK 小区域图根控制测量：与 GPS 静态测量、快速静态测量等均需要事后解算才能达到厘米级精度相比，GPS-RTK 能够在野外实时获得厘米级定位精度的测量方法，极大地提高了外业作业效率。因此，GPS-RTK 广泛用于低等级的控制测量，尤其是小区域图根控制测量。

1. GPS-RTK 小区域图根控制测量技术要求

（1）GPS-RTK 小区域图根控制测量卫星状态的基本要求见表 4-11。

表 4-11　　　　GPS-RTK 小区域图根控制测量卫星状态的基本要求

观测窗口状态	截止高度角 15° 以上的卫星个数	PDOP 值
良好	≥6	<4
可用	5	≤6
不可用	<5	>6

（2）GPS-RTK 小区域图根平面控制测量的主要技术要求见表 4-12。

表 4-12　　　　GPS-RTK 小区域图根平面控制测量的主要技术要求

等级	相邻点间距离 /m	点位中误差 /cm	边长相对中误差	与参考站的距离 /km	观测次数	起算点等级
一级	≥500	≤±5	≤1/20000	≤5	≥4	四等及以上
二级	≥300	≤±5	≤1/10000	≤5	≥3	一级及以上
三级	≥200	≤±5	≤1/6000	≤5	≥2	二级及以上

（3）GPS-RTK 小区域图根高程控制测量的主要技术要求见表 4-13。

表 4-13　　　　GPS-RTK 小区域图根高程控制测量的主要技术要求

等级	高程中误差	与基准站的距离	观测次数	起算点等级
五等	≤±3cm	≤5km	≥3	四等水准及以上

注　1. 高程中误差指控制点高程相对于起算点的误差。
　　2. 网络 RTK 高程控制测量可不受流动站到参考站距离的限制，但应在网络有效服务范围内。

2. GPS-RTK 图根控制测量的作业流程

下面以中海达 RTK V30 为例，介绍传统 RTK 图根控制测量的作业过程。

RTK 由两部分组成：基准站部分和移动站部分（图 4-23）。其操作步骤是先启动基准站，后进行移动站操作。

（1）基准站的安置与设置。

1）在已知点架好脚架，对中整平（如架在未知点上，则大致整平即可）。

图 4-23　电台模式下 RTK 传统数据采集作业模式

2）接好电源线和发射天线电缆，注意电源的正负极正确（红正黑负）。

3）打开主机和电台，主机自动初始化和搜索卫星，当卫星数和卫星质量达到要求后，主机和电台上的信号指示灯开始闪烁。

4）连接基准站主机。

打开 RTK 手簿，启动手簿桌面上的"Hi-RTK 道路版"软件。在软件主界面点击"GPS"进入 GPS 连接设置界面［图 4-24（a）］，然后点击"连接 GPS"。选择"蓝牙"连接，"GPS 类型"选择"V30"［图 4-24（b）］。点击"搜索"，搜出基准站主机的机身编号，点击"连接"［图 4-24（c）］。

GPS-RTK
基准站的
安置

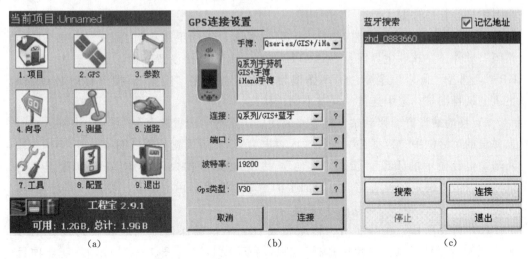

图 4-24　基准站主机连接

109

5）基准站设置。连接好后进入"接收机信息"，点击"基准站设置"。设置基准站点"点名"为"Base"，输入仪器高，点击"平滑"，仪器会自动进行10次平滑采集当前GPS坐标［图4-25（a）］。点击"数据链"，然后选择"外部数据链"［图4-25（b）］。点击"其他"，"差分模式"选择"RTK"，电文格式选择"CMR"，高度截止角选择"15度"，在"启用Glonass"前的小方框打√，确定后设置成功［图4-25（c）］，界面上的"单点"会变成"已知点"。

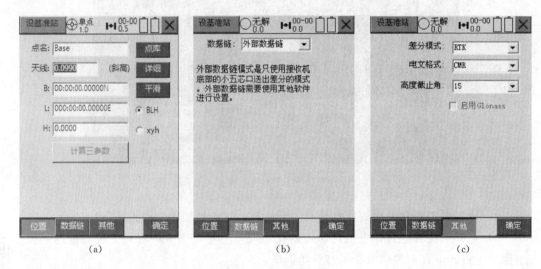

图4-25 基准站设置

基准站设置完毕后，注意观察电台上的第2个灯（TX灯）也每秒闪烁一次，表明基准站部分开始正常工作。然后记下电台面板上的频道和设基准站时的电文格式。

（2）移动站的安置与设置。

1）将移动站主机安装在碳纤对中杆上，并将天线接在主机顶部，同时将手簿夹在对中杆的合适位置。

2）移动站主机连接。打开GNSS RTK手簿，启动手簿桌面上的"Hi-RTK道路版"软件。在软件主界面点击"GPS"进入GPS连接设置界面，然后点击"连接GPS"。选择"蓝牙"连接，GPS类型为"V30"。点击"搜索"，搜出移动站GNSS主机的机身编号，选中连接（同基准站连接）。

3）移动站设置。移动站主机连接成功后，点击"设置移动站"［图4-26（a）］，在弹出的对话框中"数据链"选择"内置电台"，然后设置频道［图4-26（b）］，输入基站电台显示的频道。点击"其他"，差分电文格式为"CMR"，高度截止角为"15"，点击"确定"设置完成。界面上的"单点"逐渐由"浮动"变成"固定"。移动站设置完毕。

（3）新建项目。在基准站、移动站设置完毕，确保蓝牙连通和收到差分信号后，开始新建项目（主菜单中选择"项目/新建项目"）［图4-27（a）］，新建项目后，点击"项目信息"，再选择"坐标系统"［图4-27（b）］，在"椭球"界面里，

4-16

基准站设置

4-17

移动站设置

源椭球设置为"WGS84"，当地椭球根据已知控制点坐标系设置 [图 4 - 27 (c)]；在"投影"界面里，投影方法选择"高斯三度带"，中央子午线设为 108 度（根据当地中央子午线设置）[图 4 - 27 (d)]。四参数设置（未启用可以不填写）、七参数设置（未启用可以不填写）和高程拟合参数（未启用可以不填写），最后确定，项目新建完成。

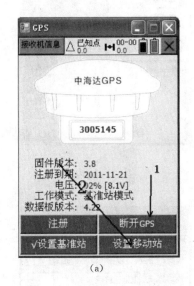
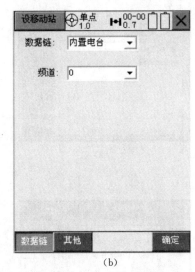

图 4 - 26　移动站站设置

（4）参数计算。利用已知控制点坐标求解参数。在使用 RTK 时，由于没有启用任何参数，测的坐标是不准确的。因此，在数据采集前要求解参数，求解参数有多种，工程上常用的是四参数和高程拟合。求解四参数的必要条件是在测区至少要有 2个以上的已知点。下面介绍四参数求解的具体步骤。

1）在软件主界面点击"参数计算"进入计算界面 [图 4 - 28 (a)]，然后在"计算类型"下拉菜单中选择"四参数＋高程拟合"[图 4 - 28 (b)]。

2）添加源点和已知点。"源点"中需输入用移动站采集到的坐标数据，数据从记录点库文件中调出 [图 4 - 28 (c)]；"目标"中需手工输入已知坐标，点击"保存"后再点击"添加"选择对应的已知点坐标配对 [图 4 - 28 (d)]。需要注意的是源点和目标点要一一对应。

3）第二个已知点坐标配对：操作方法同上 [图 4 - 28 (e)]。

4）解算：点击右下角"解算"进行四参数解算，在四参数结果界面缩放要接近1，一般为（0.9999XXX 或 1.0000XXX），点击"运用"[图 4 - 28 (f)]。在弹出的"坐标系"界面里点开"平面转换"和"高程拟合"界面查看参数是否正确启用，检查无误后保存，坐标转换参数解算完毕。

（5）碎部点数据采集。启动手簿桌面上的"Hi - RTK 道路版"软件。在软件主界面点击"测量"进入"碎部测量"界面，将对中杆放在指定的待测点上，对中整

4 - 18 ▶

新建项目

4 - 19 ▶

参数计算

4 - 20 ▶

GPS - RTK
数据采集

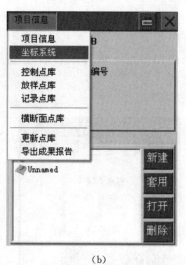

(a)   (b)

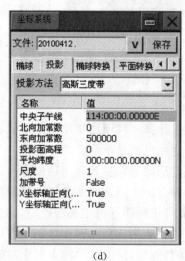

(c)   (d)

图 4-27 新建项目

平，点击手簿界面右下角的小旗子图标按钮（或者按住手簿"Enter"键）采集坐标，输入点名、仪器高，点击"保存"（或再按一次手簿"Enter"键）完成第一个待测点的坐标采集。按照同样操作方法进入下一个待测点的坐标采集。

3. RTK野外数据采集的注意事项

（1）采集过程中，基站不允许移动或关机又重新启动，若重新启动后必须重新采集。

（2）基站要远离微波塔、通信塔等大型电磁发射源200m外，要远离高压输电线路、通信线路50m外；一般应选在周围视野开阔的位置，避免在截止高度角15°以内有大型建筑物；同时应选在地势较高的位置。

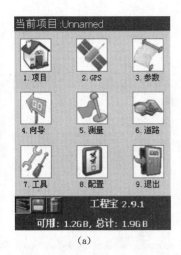
(a)

(b)

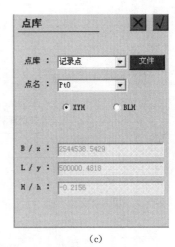
(c)

(d)

(e)

(f)

图 4-28 四参数计算

（3）接收机启动后，观测员应使用专用功能键盘和选择菜单，查看测站信息接收卫星数、卫星号、卫星健康状况、各卫星信噪比、相位测量残差实时定位的结果及收敛值、存储介质记录和电源情况。如发现异常情况，及时作出相应处理。

（4）为了保证 RTK 的高精度，最好对 3 个以上平面坐标已知点进行校正，而且点精度要均等，并要均匀分布于测区周围，要利用坐标转换中误差对转换参数的精度进行评定。如果利用两点校正，一定要注意尺度比是否接近于 1。

（5）移动站在信号受影响的点位，为提高效率，可将仪器移到开阔处或升高天线，待数据链锁定达到固定后，再小心移回到待测点，一般可以初始化成功。

4-21
GNSS 在控制
测量中的应用

项 目 小 结

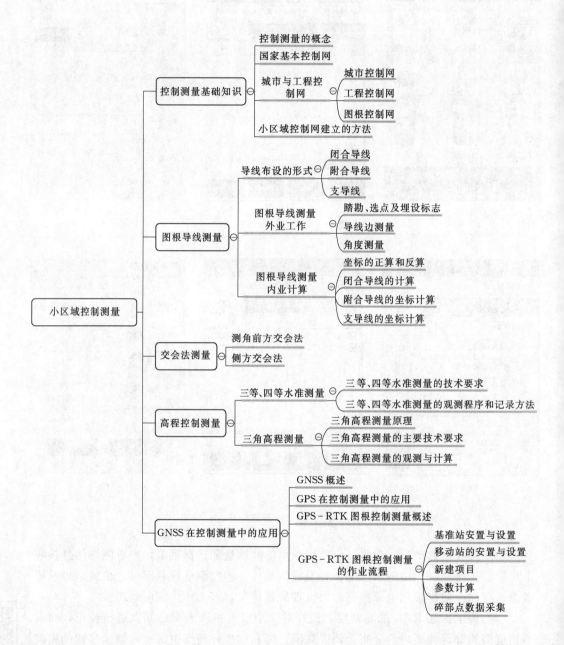

单 元 自 测

1. 坐标反算是根据直线的起点和终点平面坐标，计算直线的（　　　）。

A. 斜距与水平角　　　　　　　　B. 水平距离与方位角

C. 斜距与方位角　　　　　　　　D. 水平距离与水平角

2. 某直线的坐标方位角为 163°50′36″，则其反坐标方位角为（　　）。

　A. 253°50′36″　　　B. 196°09′24″　　　C. −16°09′24″　　　D. 343°50′36″

3. 设 AB 距离为 200.23m，方位角为 121°23′36″，则 AB 的 x 坐标增量为（　　）m。

　A. −170.919　　　B. 170.919　　　C. 104.302　　　　D. −104.302

4. 测定点平面坐标的主要工作是（　　）。

　A. 测量水平距离　　　　　　　　B. 测量水平角

　C. 测量水平距离和水平角　　　　D. 测量竖直角

5. 导线测量角度闭合差的调整方法是（　　）。

　A. 反号按角度个数平均分配　　　B. 反号按角度大小比例分配

　C. 反号按边数平均分配　　　　　D. 反号按边长比例分配

6. 衡量导线测量精度的指标是（　　）。

　A. 坐标增量闭合差　　　　　　　B. 导线全长闭合差

　C. 导线全长相对闭合差　　　　　D. 反号按边长比例分配

7. 附合导线与闭合导线坐标计算的主要差异是（　　）的计算。

　A. 坐标增量与坐标增量闭合差　　B. 坐标方位角与角度闭合差

　C. 坐标方位角与坐标增量　　　　D. 角度闭合差与坐标增量闭合差

8. 用双面尺进行水准测量，在某一测站上，黑面所测高差为 +0.102m，红面所测高差为 +0.203m，则该测站前视标尺的尺常数是（　　）。

　A. 4687　　　　　B. 4787　　　　　C. 3015　　　　D. 3115

9. 在两个已知点上设站观测未知点的交会方法是（　　）。

　A. 前方交会　　　B. 后方交会　　　C. 侧方交会　　　D. 无法确定

10. 据《国家三、四等水准测量规范》规定，在坚硬的地面上，四等水准测量测站的观测程序可以是（　　）。

　A. 后—前—后—前　　　　　　　B. 后—后—前—前

　C. 前—后—前—后　　　　　　　D. 前—前—后—后

11. 闭合导线若按逆时针方向测量，则水平角测量一般观测（　　）角，即（　　）角。

　A. 左，外　　　B. 右，内　　　C. 左，内　　　D. 右，外

12. 双面水准尺红面底端刻度值相差（　　）。

　A. 0.01m　　　　B. 0.1m　　　　C. 0.01cm　　　D. 0.1cm

13. 已知 A、B 的坐标为 A (100，200)、B (200，100)，则 B 到 A 的方位角为（　　）。

　A. 45°　　　　　B. 135°　　　　C. 225°　　　　D. 315°

14. 导线测量外业包括踏勘选点、埋设标志、边长丈量、转折角测量和（　　）测量。

　A. 定向　　　　　　　　　　　　B. 连接边和连接角

　C. 高差　　　　　　　　　　　　D. 定位

4 - 22 ▶

小区域控制
测量单元
自测

15. 三角高程测量中，高差计算公式为 $h = D\tan\alpha + i - v$，式中 v 为（　　）。

A. 仪器高
B. 初算高差
C. 觇标高（中丝读数）
D. 尺间隔 $\sum$

技 能 训 练

1. 见表 4-14 所列数据，试计算闭合导线各点的坐标（导线点号为逆时针编号）。

表 4-14　　　　　　　　　　　闭合导线计算表

点号	观测角	坐标方位角	边长 /m	坐标增量 /m		坐标/m	
				Δx	Δy	x	y
1						500	500
2	83°46′29″	97°58′08″	100.29				
3	91°08′23″		78.96				
4	60°14′02″		137.22				
1	125°52′04″		78.67				
2							
Σ							

116

技 能 训 练

2. 表 4-15 为四等水准测量的记录手簿，试完成表中各种计算和计算检核。

表 4-15　　　　　　　　　　四等水准测量的记录手簿

测站编号	测点编号	后尺 上丝/下丝 后距视 视距差 d	前尺 上丝/下丝 前视距 Σd	方向及尺号	标尺读数 黑面	标尺读数 红面	$K+$黑$-$红/mm	高差中数/m	备注
		(1)	(4)	后	(3)	(8)	(14)		
		(2)	(5)	前	(6)	(7)	(13)		
		(9)	(10)	后—前	(15)	(16)	(17)	(18)	
		(11)	(12)						
1	BM1 \ TP1	1402	1343	后 BM1	1289	6073			
		1173	1100	前	1221	5910			
				后—前					
2	TP1 \ TP2	1460	1950	后	1260	5950			$K_1=4787$ $K_2=4687$
		1050	1560	前	1761	6549			
				后—前					
3	TP2 \ TP3	1660	1795	后	1412	6200			
		1160	1295	前	1540	6225			
				后—前					
每页校核									

117

项目五 大比例尺地形图测绘

【主要内容】

本项目主要介绍地形图的基本知识，全野外数字化测图的方法，并以南方 CASS 测图软件为例，介绍数字化测图软件的使用方法，最后介绍水下地形测量的方法。

重点：地物和地貌特征点的选择，全站仪及 GNSS - RTK 全野外数字化测图、CASS 软件绘制地物和等高线的方法，利用全站仪、GNSS - RTK 测定水下地形。

难点：地貌特征点的选择、CASS 软件的使用。

【学习目标】

知 识 目 标	能 力 目 标
1. 了解地形图的基本知识 2. 理解野外数字化测图的方法 3. 理解水下地形测量	1. 能进行全野外数字化测图 2. 会使用 CASS 南方测图软件 3. 能进行水下地形测量

单元一 地形图的基本知识

一、地形图的基本概念

地形图：是按一定的程序和专门的投影方法，运用测绘成果编制的，用符号、注记、等高线等表示地物、地貌及其他地理要素的平面位置和高程的正射投影图。

地形图测绘：是以测量控制点为依据，按一定的步骤和方法将地物和地貌测定在图纸上，并用规定的比例尺和符号绘制成图，如图 5 - 1 所示。

地形图的比例尺：指地形图上线段的长度与地面上相应线段的实际水平距离之比。常见的比例尺有两种：数字比例尺和图示比例尺。

数字比例尺：指用分子为 1 的分数式来表示的比例尺。例如图中某一线段长度为 d，相应实地的水平距离为 D，则图的比例尺为

$$\frac{d}{D} = \frac{1}{M} = 1 : M \tag{5 - 1}$$

式中：M 为比例尺分母，表示缩小的倍数。

M 越小，比例尺越大，图上表示的地物地貌越详尽。不同比例尺的地形图一般有不同的用途，见表 5 - 1。

图示比例尺：为了用图方便，以及避免由于图纸伸缩而引起的误差，通常在图上绘制图示比例尺。图 5 - 2 为 1 : 1000 的图示比例尺，在两条平行线上分成若干 2cm 长的线段，称为比例尺的基本单位，左端一段基本单位细分成 10 等份，每等份相当于实地 2m，每一基本单位相当于实地 20m。

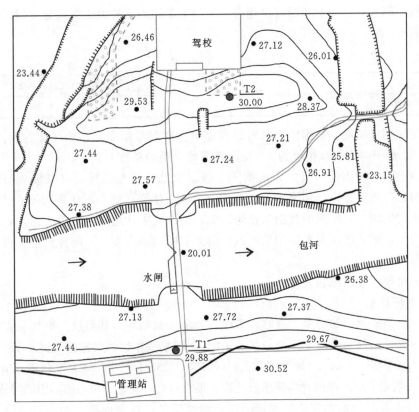

图 5-1 某水闸 1:500 地形图

表 5-1 不同比例尺的地形图及用途

序号	类型	比 例 尺	用 途
1	大比例尺	1:500、1:1000	各种工程建设的技术设计、施工设计和工业企业的详细规划
		1:2000	城市详细规划及工程项目初步设计
		1:5000、1:10000	国民经济建设部门总体规划、设计以及编制更小比例尺地形图
2	中比例尺	1:10万、1:5万、1:2.5万	国家基本比例尺地形图
3	小比例尺	1:100万、1:50万和1:25万	

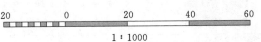

1:1000

图 5-2 图示比例尺（单位：m）

比例尺精度：指图上 0.1mm 所表示的实地水平距离，即 $0.1mm \times M$。通常认为人们用肉眼在图上分辨的最小距离是 0.1mm，因此在图上量度或者实地测图描绘时，就只能达到图上 0.1mm 的精确性。

比例尺越大，其比例尺精度也越高。工程上常用的几种大比例尺地形图的比例尺精度见表 5-2。

表 5-2　　　　　　　　　　　　　　比 例 尺 精 度

比例尺	1：500	1：1000	1：2000	1：5000
比例尺精度/m	0.05	0.1	0.2	0.5

5-3 ⊙
比例尺精度

5-4 ▶
比例尺精度

利用比例尺精度，根据比例尺可以推算出测图时量距应准确到什么程度。例如，1：1000 地形图的比例尺精度为 0.1m，测图时量距的精度只需 0.1m，小于 0.1m 的距离在图上表示不出来；反之，根据图上表示实地的最短长度，可以推算测图比例尺。例如，一项工程设计用图要求能反映 0.5m 的精度，则测图比例尺不得小于 1：5000。比例尺越大，采集的数据信息越详细，精度要求就越高，测图工作量和投资往往成倍增加，因此使用何种比例尺测图，应从实际需要出发，不应盲目追求更大比例尺的地形图。

二、地物符号和地貌符号

1. 地物符号

地面上的地物，如房屋、道路、管线、河流、湖泊等，其类别、形状和大小及其地图上的位置，都是用规定的符号来表示的。《国家基本比例尺地图图式　第 1 部分：1：500，1：1000，1：2000 地形图图式》（GB/T 20257.1—2007）（以下简称《地形图图式》）统一规定了地形图的规格要求、地物、地貌符号和注记，供测图和识图时使用。

表 5-3 是《地形图图式》规定的部分地物符号，根据地物的大小和描绘的方法可分为 4 种类型，即比例符号、非比例符号、半比例符号和地物注记（表 5-4）。

表 5-3　　　　　　　　　　　　地形图图式（摘录）

编号	符号名称	1：500	1：1000	1：2000	编号	符号名称	1：500	1：1000	1：2000
1	单幢房屋	a 混1	b 混3-2 0.5 2.0 1.0	3	2	湖泊		龙湖（咸）	
3	水闸		5—混凝土 82.4 六		4	地面河流		0.5 3.0 1.0 清 江 b a	
5	水库		毛湾水库 a 54.7 75.2 59 水泥 3.0 d1 c b 1.5		6	旱地		1.3 2.5 10.0 10.1	

120

续表

编号	符号名称	1:500	1:1000	1:2000	编号	符号名称	1:500	1:1000	1:2000
7	三角点	3.0	△	张湾岭 156.718	8	水准点	2.0	⊗	Ⅱ京石5 32.805
9	不埋石图根点	2.0	▣	19 84.47	10	GPS控制点	3.0	◬	B14 495.263
11	旗杆		1.6 4.0 1.0 1.0		12	路灯			
13	铁路	a 0.2 10.0 0.4 0.6	a 0.15 0.8		14	国道	a 0.3 0.3 0.3	a1 a2 ① (G305)	
15	围墙	a 10.0 0.5 b 10.0 0.5 0.3			16	高压输电线	a 4.0 35		
17	栅栏、栏杆	10.0 1.0			18	等高线 a 为首曲线 b 为计曲线 c 为间曲线	a 0.15 b 25 0.3 c 1.0 6.0 0.15		
19	村庄注记 (a 为行政村，b 为村庄)	a 正等线体(3.0) b 仿宋体(2.5，3.0)			20	性质注记	混凝土松咸 细等线体(2.5)		

表5-4 地　物　符　号

序号	类型	《地形图图式》规定	示例	备注
1	比例符号	能按比例尺把它们的形状、大小和位置缩绘在图上的地物。这类符号表示出地物的轮廓特征	如房屋、运动场、湖泊、森林、田地等	表5-3中1~6号
2	非比例符号	或无法将其形状和大小按比例画到图上的地物，则采用一种统一规格象征性符号表示，只表示地物的中心位置，不表示地物的形状和大小	如三角点、水准点、路灯、烟囱、旗杆等	表5-3中7~12号

续表

序号	类型	《地形图图式》规定	示　例	备　注
3	半比例符号	对于一些带状延伸地物，其长度可按比例缩绘，而宽度无法按比例缩绘，这种符号一般表示地物的中心位置	如河流、道路、通信线、管道、围墙等	表5-3中13～17号
4	地物注记	对地物加以说明的文字、数字或特定符号	如房屋的层数及性质，河流名称、流向，道路去向以及地面植被类型等	表5-3中19～20号

2. 地貌符号

图上表示地貌的方法有多种，对于大、中比例尺主要采用等高线法，对于特殊地貌则采用特殊符号表示。

地貌分类：按其起伏的变化程度分为平地、丘陵地、山地、高山地，见表5-5。

表5-5　　　　　　　　　　　　　地　貌　分　类

地貌形态	地面坡度/(°)	地貌形态	地面坡度/(°)
平地	2以下	山地	6～25
丘陵地	2～6	高山地	25以上

3. 等高线

等高线：指地面上高程相等的相邻点连成的闭合曲线。它不仅能表达地面起伏变化的形态，而且还具有一定的立体感。图5-3（a）为地貌等高线模型，设有一座小山头的山顶被水恰好淹没，水位每退一定高度，则坡面与水面的交线即为一条闭合的等高线。将地面各交线垂直投影在水平面上，按一定比例尺缩小，从而得到一簇表现山头形状、大小、位置以及它起伏变化的等高线［图5-3（b）］。

等高线的概念

等高线的概念

（a）

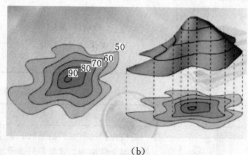

（b）

图5-3　等高线原理

等高距：指相邻两高程不同的等高线之间的高差，常以 h 表示。如图5-3（b）中的等高距是10m。在同一幅地形图上，等高距是相同的。

用等高线表示地貌，等高距选择过大，就不能精确显示地貌；反之，选择过小，等高线密集，就会失去图面的清晰度。因此，应根据地形和比例尺的大小，并按照相应的规范执行。表 5-6 是大比例尺地形图基本等高距参考值。

表 5-6　　　　　　　　　　**大比例尺地形图基本等高距参考值**　　　　　　单位：m

地貌类别	比 例 尺			
	1:500	1:1000	1:2000	1:5000
平坦地	0.5	0.5	1	2
丘陵地	0.5	1	2	5
山地	1	1	2	5
高山地	1	1	2	5

等高线平距：指相邻高程不同的等高线之间的水平距离，常以 d 表示。因为同一地形图上等高距是相同的，所以等高线平距 d 的大小将反映地面坡度的变化。如图 5-4 所示，地面上 CD 段的坡度大于 BC 段，其等高线平距 d_{CD} 就小于 d_{BC}；相反，地面上 CD 段的坡度小于 AB 段，其等高线平距 d_{CD} 就大于 d_{AB}。由此可见，等高线平距越小，地面坡度越大；平距越大，坡度越小；坡度相等，平距相等。

坡度：指坡面两点的高程差与其水平距离的比值。用 i 表示，$i = \tan\alpha = h/d$。

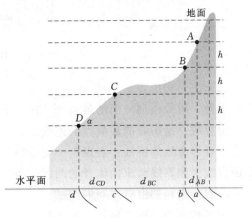

图 5-4　等高线平距与坡度

等高线的分类：等高线可分为首曲线、计曲线、间曲线和助曲线。

（1）首曲线：也称基本等高线，是指从高程基准面起算，按规定的基本等高距描绘的等高线，用宽度为 0.1mm 的细实线表示（图 5-5）。

（2）计曲线：指从高程基准面起算，每隔四条等高线有一条加粗的等高线。为了读图方便，计曲线上标注高程（图 5-5）。

（3）间曲线：指当基本等高距不足以显示局部地貌特征时，按 1/2 等高距加绘的等高线，用长虚线表示（图 5-5）。

（4）助曲线：指当基本等高距不足以显示局部地貌特征时，按 1/4 等高距加绘的等高线，用短虚线表示。

4. 典型地貌的等高线

地貌的形态虽然纷繁复杂，但多由几种典型的地貌综合而成。了解和熟悉典型地貌的等高线特性，对于提高识读、应用和测绘地形图的能力很有帮助。

（1）山头和洼地。

山头和洼地的等高线特征如图 5-6 所示，都是一组闭合曲线，但它们的注记不同。内圈等高线的高程大于外圈者为山头；反之，内圈等高线的高程小于外圈者为洼地。

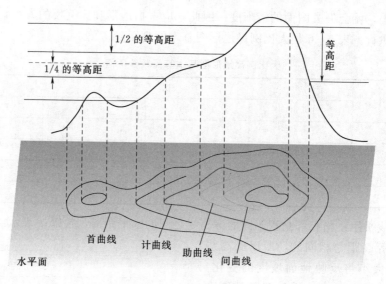

图 5-5　等高线分类

（2）山脊和山谷。

山脊：指从山顶（山的最高处）向某个方向延伸的高地。

山脊线：指山脊的最高点的连线。

山脊等高线的特征：表现为一组凸向低处的曲线（图 5-6）。因山脊上的雨水会以山脊线为分界线而流向山脊的两侧，所以山脊线又称为分水线。

山谷：指相邻山脊之间的凹部。

山谷线：指山谷中最低点的连线。

山谷等高线的特征：表现为一组凸向高处的曲线（图 5-6）。因山谷中的雨水由两侧山坡汇集到谷底，然后沿山谷线流出，所以山谷线又称集水线。

（3）鞍部。

鞍部：指相邻两山头之间呈马鞍形的低凹部位（图 5-6）。

鞍部等高线的特征：具对称的两组山脊线和山谷线，即在一圈大的闭合曲线内，套有两组小的闭合曲线。

（4）陡崖和悬崖。陡崖：指坡度在 70°以上的陡峭崖壁，因用等高线表示将非常密集或重合为一条线，故采用陡崖符号来表示。

悬崖：指上部突出，下部凹进的陡崖。上部的等高线投影到水平面时，与下部的等高线相交，下部凹进的等高线用虚线表示。

5. 等高线的特性

（1）同一条等高线上各点高程相等。

（2）等高线是闭合曲线，不能中断，但遇道路、房屋、河流等地物符号和注记处可以局部中断。

（3）等高线只有在悬崖或峭壁处才会重合或相交。

（4）同一幅地形图上等高距相等，等高线平距小，表示坡度大；平距大，则坡度

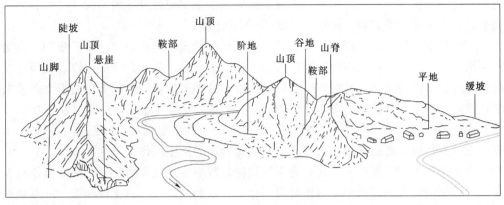

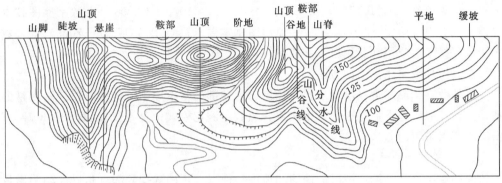

5-13

地形图基本知识

图 5-6　典型地貌等高线

小；平距相等，则坡度相同。

（5）等高线与山脊线、山谷线正交。

单元二　数字化测图方法

一、数字化测图的基本概念

数字化测图：指以计算机为核心，在输入输出设备及硬件、软件的支持下，对地形空间数据进行处理而得到数字地图，包括野外数字化测图、地图数字化测图、数字摄影测量和遥感数字测量。本节仅介绍野外数字化测图。

野外数字化测图：是通过野外测量设备如全站仪、GPS-RTK采集地形三维坐标数据，然后通过与计算机的通信接口将这些数据输入计算机，由专用测图软件进行处理、成图、显示，经过编辑修改，生成符合国家标准的地形图，最后生成的图形文件可以存储在磁盘上，也可以通过绘图仪打印出纸质地图。

野外数字化测图的模式：可分为数字测记模式和数字测绘模式。

（1）数字测记模式：就是野外采集的地形数据存储在仪器内存或存储卡内，回到室内再将数据传输到计算机中，根据地形数据和野外详细绘制的草图（或各个点的编码），通过专业测绘软件（如南方CASS）实行计算机屏幕人机交互编辑、修改，生成图形文件或数字地图。在数字测记模式中，按照作业方式的不同，可分为有码（编码）和无码（也称草图法）两种，而按照野外数据采集硬件设备的不同，又可将其分为全站仪数字测记模式和 GNSS-RTK 数字测记模式。

（2）数字测绘模式：指使用安装了测图软件的便携机（称为"电子平板"），在野外利用全站仪测量，将采集到的地形数据传输给便携式计算机，测量工作者在野外实时地在屏幕上人机交互，对数据、图形数据进行处理、编辑，最后生成图形文件或数字地图，实现了"所见即所测"，实时成图，真正实现内外业一体化。但这种作业模式对设备要求高，便携机不适应野外作业环境（如供电时间短、液晶显示屏看不清等）是主要缺陷，目前只用于房屋密集的城镇地区的测图工作。

数字化测图技术规范和图式：为规范和促进数字测图技术的发展，国家测绘局制定了适应我国大比例尺数字化测图的规范和图式，如《1:500 1:1000 1:2000 地形图数字化规范》（GB/T 17160—2008）、《1:500 1:1000 1:2000 外业数字测图技术规程》（GB/T 14912—2005）、《数字地形图基本要求》（GB/T 17128—2009）等，数字化成图技术的应用在我国已逐步成熟。

二、野外数字化测图的方法

野外数字化测图遵循测量工作先控制、后碎部的基本原则，是在图根控制测量的基础上，开展碎部点数据采集。下文仅介绍数字测记模式中全站仪、GNSS-RTK 草图法碎部点采集的方法。

（一）碎部点的选取

碎部点：指测绘地形图时的地物和地貌特征点。正确选择碎部点是保证测图质量和提高效率的关键。

1. 地物特征点的选择

地物特征点主要是地物轮廓的转折点（如房屋的房角、围墙的转折点），道路、河岸线的转弯点、交叉点等。连接这些特征点，便可得到与实地相似的地物形状。一般情况下，主要地物凹凸部分在图上大于 0.4mm 时均应表示出来。

2. 地貌特征点的选择

地貌特征点应选在最能反映地貌特征的山脊线、山谷线等地形线上，如山顶、鞍部、山脊和山谷的地形变换处、山坡倾斜变换处和山脚地形变换的地方。

（二）碎部点的数据采集

5-14

碎部点的选取

在实际工作中，碎部点数据采集，常利用全站仪、GNSS-RTK 或其他测量仪器。下文主要介绍全站仪、GNSS-RTK 野外数据采集。

1. 全站仪野外数据采集

全站仪野外数据采集的实质是运用全站仪坐标测量功能。

全站仪坐标测量：是用极坐标法直接测定待定点坐标的，其实质就是在已知测站点，同时采集角度和距离，经微处理器实时进行数据处理，由显示器输出测量结果（图 5-7）。实际测量时，需要输入仪器高和棱镜高，以及测站点的坐标，并进行定向后，全站仪可直接测定未知点的坐标。

仪器高：指仪器横轴（仪器中心）至测站点的铅垂距离（图 5-7）。

棱镜高：指棱镜中心至地面的铅垂距离（图 5-7）。

全站仪数据采集的具体步骤如下：

（1）将全站仪安置在测站点（图根控制点）上，经对中、整平后量取仪器高；开机后对全站仪进行参数设置，如温度、气压、棱镜常数等（图5-8）。仪器对中偏差不应大于5mm，仪器高和棱镜高应精确到1mm。

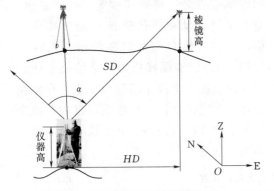

图5-7　全站仪坐标测量原理

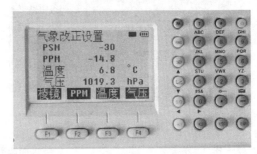

图5-8　全站仪参数设置

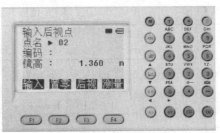

5-15 ▶

全站仪参数设置

（2）测站设置。按全站仪的菜单提示，由键盘输入测站信息，如测站点号、测站仪器高和测站点的坐标等（图5-9）。测站点的坐标可以直接输入，也可以从文件中调用。

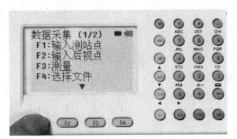
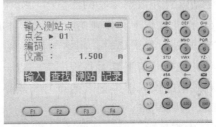

图5-9　测站设置

（3）定向（后视点设置）。按全站仪的菜单提示，由键盘输入后视点点号和后视点坐标或直接输入后视方位角（图5-10），全站仪可以根据坐标反算出后视方向的坐标方位角，并以此角值设定全站仪水平度盘起始读数；后视点的坐标可以直接输入，也可以从文件中调用。需要注意的是，应选择较远的图根点作为定向点。

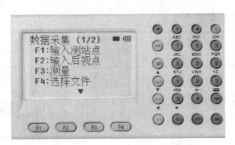
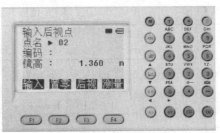

图5-10　后视点设置

（4）用全站仪瞄准检核点反光镜，测量检核点的三维坐标，并与该点已知信息进行比较，若检核不通过则不能进行碎部测量。要求检核点的平面位置较差不应大于图上 0.2mm，高程较差不应大于基本等高距的 1/5。

（5）用全站仪瞄准碎部点上的反光棱镜，按照菜单提示输入碎部点的地形信息，

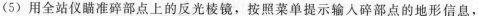

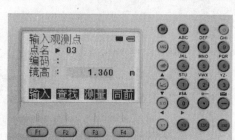

图 5-11 碎部点测量

如碎部点点号、棱镜高度等，按测量键，全站仪便自动测算出碎部点的三维坐标值，并将坐标自动存储在全站仪内存中（图 5-11）。实际操作中，全站仪也会将测量的角度、距离、高差自动记录存储在另外一个文件中，这些数据可以为三维坐标数据检查核对使用。全站仪测图的最大测距长度见表 5-7。

<table>
<tr><td>表 5-7</td><td colspan="5" align="center">全站仪测图的最大测距长度</td><td>单位：m</td></tr>
<tr><td rowspan="2">测图比例尺</td><td colspan="2">最大测距长度</td><td rowspan="2">测图比例尺</td><td colspan="2">最大测距长度</td></tr>
<tr><td>地物点</td><td>地形点</td><td>地物点</td><td>地形点</td></tr>
<tr><td>1:500</td><td>160</td><td>300</td><td>1:2000</td><td>450</td><td>700</td></tr>
<tr><td>1:1000</td><td>300</td><td>500</td><td>1:5000</td><td>700</td><td>1000</td></tr>
</table>

全站仪野外数据采集的注意事项如下：

1）作业过程中和作业结束前，应对定向进行检查。

2）野外数据采集时，测站与测点两处作业人员必须时时联络，距离较远时，可使用对讲机等通信工具。每观测完一点，观测者要告知绘草图者被测点的点号，以便及时对照全站仪内存中记录的点号与绘草图者标注的点号一致。若两者不一致，应查找原因，及时更正。

3）在野外采集时，能观测到的点要尽量测，实在测不到的点可利用皮尺或钢尺量距，将丈量结果记录在草图上，室内用交互编辑方法成图。

4）全站仪测图，可按图幅施测，也可分区施测。按图幅施测时，每幅图测出图廓外 5mm；分区施测时，应测出区域界限外图上 5mm。

2. GNSS-RTK

RTK 地形测量主要技术要求见表 5-8。

表 5-8　　　　　　　　　　　RTK 地形测量主要技术要求

等级	图上点位中误差 /mm	高程中误差	与基准站的距离 /km	观测次数	起算点等级
图根点	≤±0.1	≤1/10 等高距	≤7	≥2	平面三级、高程等外以上
碎部点	≤±0.5	符合相应比例尺成图要求	≤10	≥1	平面图根、高程等外以上

注 1. 点位中误差指控制点相对于最近基准点的误差。

2. 用网络 RTK 测量可不受流动站到基准站间距离的限制，但宜在网络覆盖的有效服务范围内。

GPS-RTK 野外数据采集的作业过程同项目四单元五中 GPS-RTK 图根控制测量。

5-17
数字化测图方法

单元三　南方 CASS 测图软件

数字测图软件是数字测图系统的关键。现在国内测绘行业使用的数字测图软件较多，常用的有南方 CASS 软件、清华山维 EPSW 测绘系统、武汉瑞得 RDMS 数字测图系统等。这里主要介绍使用南方 CASS 软件进行数字测图的方法。

南方 CASS 软件是广州南方测绘仪器公司基于 AutoCAD 平台开发的 GIS 前端数据采集系统，主要用于地形成图、地籍成图、工程测量应用、空间数据建库等领域。

一、CASS 7.0 操作界面简介

CASS 7.0 的操作界面主要分为以下几个部分：菜单栏、工具栏、屏幕菜单栏、命令栏、状态栏和工具条等，如图 5-12 所示。每个菜单均以对话框或命令行提示的方式与用户交互作答，操作灵活方便。

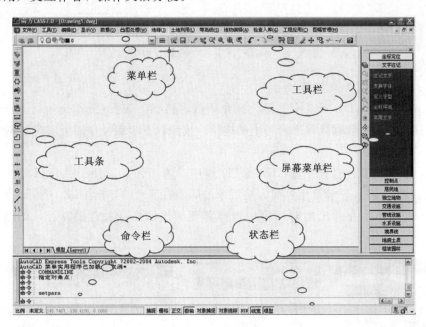

图 5-12　CASS 7.0 操作界面

二、数字测图

（一）数据传输

1. 全站仪数据传输

目前，多数全站仪均支持内存卡及 USB 数据传输，下文以南方 NTS-330 全站仪为例介绍数据传输。首先安装南方数据传输软件，安装完毕后，用数据线将南方全站仪和电脑连接起来，然后按照以下步骤操作即可实现数据传输与管理。

（1）在全站仪的存储目录下，查找所需测量数据文件并将其复制到电脑中，数据

文件格式是 RAW。

（2）打开南方数据传输软件，移动鼠标至"USB 操作/打开内存格式文件/打开 ＊RAW（测量数据文件）"，如图 5-13（a）所示。单击"确认"，在弹出的对话框中可以选择上一步骤传输到计算机的测量数据文件。单击"打开"按钮，即可看到测量数据，如图 5-13（b）所示。

（3）移动鼠标至"测量数据/测量数据-坐标数据（点名，编码，N，E，Z）"，如图 5-12（b）所示。转换成 TXT 文件，再经 Excel 转换成 CASS 支持的 DAT 格式，如图 5-13（c）所示。

5-18 ▶
南方 NTS-330 全站仪数据传输

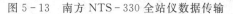

| (a) | (b) | (c) |

图 5-13　南方 NTS-330 全站仪数据传输

2. GNSS-RTK 数据传输

下文以中海达 HI-RTK 手簿为例介绍数据传输。先安装 Microsoft ActiveSync 同步软件，然后用数据线将手簿与电脑连接，按照以下步骤操作即可实现数据传输与管理。

（1）手簿设置。打开手簿 HI-RTK 程序，选择外业时使用的项目文件，单击"项目"菜单，进入记录点库界面，然后单击屏幕右下角的导出图标（圆圈内），如图 5-14（a）所示，在弹出的对话框中选择需要导出的格式和存储路径，如图 5-14（b）所示。

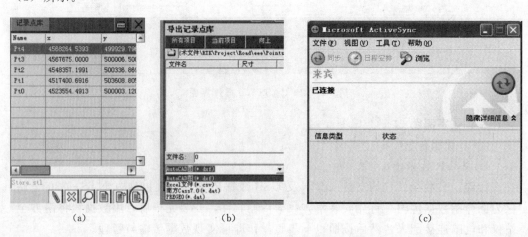

| (a) | (b) | (c) |

图 5-14　中海达 HI-RTK 数据传输

（2）打开 Microsoft ActiveSync 软件，单击界面中的"浏览"菜单，如图 5 - 14（c）所示，在弹出的对话框中按照数据导出目录：\ NandFlash \ Project \ Road \ Unnamed \ Points，找到上一步骤导出的文件，将其复制到电脑中即可完成数据传输。

（二）内业成图

CASS 软件根据作业方式的不同，分为点号定位法、坐标定位法、编码引导法几种方法。下文以 CASS 自带的坐标数据文件"C：\ CASS70 \ DEMO \ YMSJ. DAT"为例，介绍利用点号定位法和坐标定位法绘制地物的方法。

1．定比例尺，展野外测点点号

定比例尺的作用是 CASS 7.0 根据输入的比例尺调整图形实体，具体为修改符号和文字的大小、线型的比例，并且会根据骨架线重构复杂实体。

首先单击"绘图处理"菜单。选择"改变当前图形比例尺"（默认为 1：500，根据需要输入相应的数值），即完成比例尺设置，如图 5 - 15（a）所示。随后，选择"展野外测点点号"，便可以将碎部点展到屏幕上如图 5 - 15（b）所示。

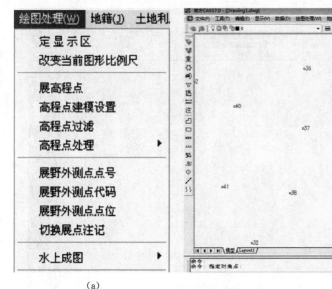

（a）

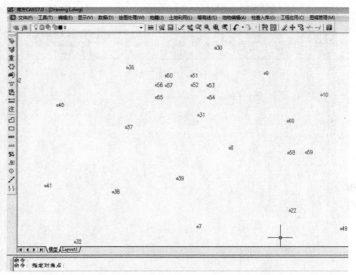

（b）

图 5 - 15　绘图处理菜单及展碎部点

2．绘制平面图

根据野外作业时绘制的草图，移动鼠标至屏幕右侧菜单区选择相应的地形图图式符号，然后在屏幕中将所有的地物绘制出来。

（1）绘制一般房屋。单击右侧菜单中的"居民点/一般房屋"，在弹出的对话框中选择"四点房屋"，根据屏幕下方的命令提示选择"三点房屋"，回车依次分别捕捉 60、58、59 号点，最后输入命令中 G 隔一点闭合，按回车键结束，完成一般房屋的绘制［图 5 - 16（a）］。

（2）绘制小路。单击右侧菜单中的"交通设施/其他道路"，在弹出的对话框中选择"小路",单击"确定"按钮,根据屏幕下方的提示分别捕捉5、6、7、8号点,按回车键结束,完成小路的绘制 [图 5-15 (b)]。

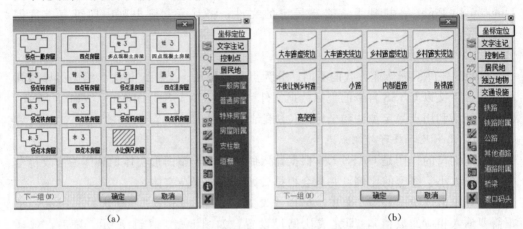

(a)   (b)

图 5-16 一般房屋与小路绘制对话框

（3）绘制结果如图 5-17 所示。

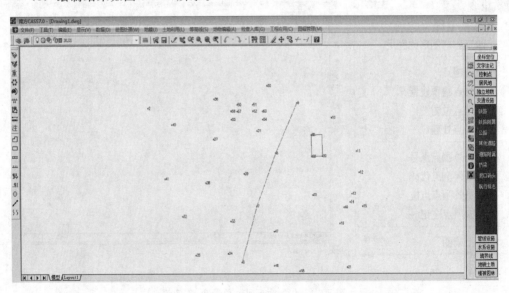

图 5-17 绘制完成一般房屋和小路

5-21 ▶

绘制平面图

（三）等高线绘制

在绘制等高线之前,必须先将野外测得的高程点建立数字地面模型（Digital Tewain Model，DTM），然后在数字地面模型上生成等高线。下文以 CASS 自带的坐标数据文件"C：\ CASS70 \ DEMO \ DGX. DAT"为例,介绍等高线的绘制过程。

（1）单击"等高线"菜单,选择"建立 DTM",出现如图 5-18 所示的对话框。

建立 DTM 的方式分为两种：由数据文件生成或图面高程点生成。如果选择"由数据文件生成",则在坐标文件中选择高程数据文件；如果选择"图面高程点生成",则可直接选择图面高程点。然后选择结果显示,分为 3 种：显示建三角网结果、显示建三角网过程、不显示三角网。最后选择在建立 DTM 的过程中是否考虑陡坎和地性线。点击"确定"后生成如图 5-19 所示的三角网。

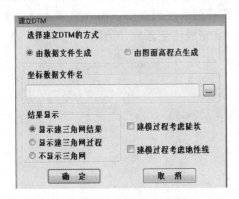

图 5-18 选择建模高程数据文件

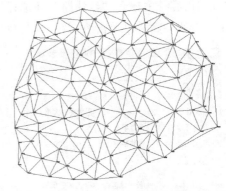

图 5-19 用 DGX.DAT 数据建立的三角网

（2）修改数字地面模型（修改三角网）。由于现实地貌的多样性和复杂性，自动构成的数字地面模型往往与实际地貌不一致，这时可以通过修改三角网来修改这些局部不合理的地方。

CASS 软件提供的修改三角网的功能有：删除三角形、增加三角形、过滤三角形、三角形内插点、删三角形顶点、重组三角形、删三角网、修改结果存盘等，根据具体情况对三角网进行修改，并将修改结果存盘。

（3）绘制等高线。单击"等高线"菜单，选择"绘制等高线"，弹出如图 5-20 所示的对话框。根据需要完成对话框的设置后，单击"确定"按钮，CASS 开始自动绘制等高线，如图 5-21 所示。最后在"等高线"下拉菜单中选择"删三角网"。

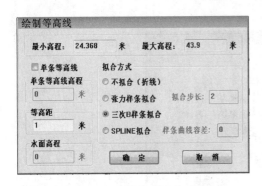

图 5-20 "绘制等高线"对话框

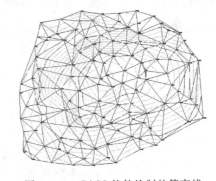

图 5-21 CASS 软件绘制的等高线

（4）等高线的修饰。CASS 软件提供了以下等高线的修饰功能：注记等高线、等高线修剪、切除指定两线间等高线、切除指定区域内等高线等。利用这些功能，可以给等高线注记、切除穿注记和建筑物的等高线。

（四）地形图的整饰

下文以 CASS 自带的坐标数据文件"C：\ CASS70 \ DEMO \ STUDY.DAT"为例，介绍常用的添加注记和图框的方法。

5-22 ▶

等高线绘制

1. 添加注记

单击"文字注记"菜单，选择"注记文字"，弹出如图 5-22（a）所示的对话框。在"注记内容"中输入"经纬路"并选择注记排列和注记类型，输入文字大小后单击"确定"按钮，然后再击所需注记的位置即可完成注记添加，如图 5-22（b）所示。

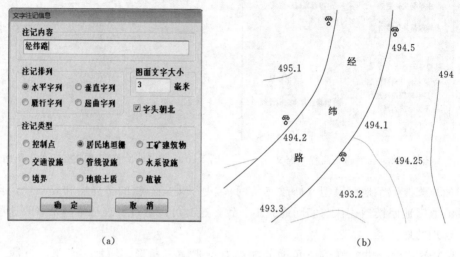

（a）　　　　　　　　　　　　　　　　　　　（b）

图 5-22　文字注记

2. 加图框

单击"绘图处理"菜单，选择"标准图幅（50×40）"，弹出如图 5-23 所示的对话框。在"图名"栏中，输入"大刘小学"；分别输入"测量员""绘图员""检查员"各栏的内容；在"左下角坐标"的"东""北"栏填入相应的数值；在"删除图框外实体"栏打钩，然后单击"确认"按钮。

5-23 ▶

地形图的整饰

5-24

南方 CASS
测图软件

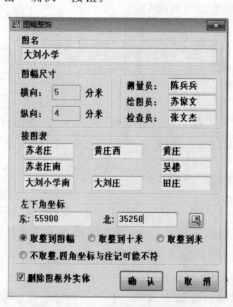

图 5-23　"图幅整饰"对话框

单元四　水下地形测量

水下地形测量：指测绘水体覆盖下的地形测量工作，包括测深、定位、判别底质和绘制地形等。

水下地形点的平面位置和高程不像陆地上地面点那样直接测量，必须通过水上定位和水深测量进行确定。在深水区和水面很宽的情况下，水深测量和测深点平面位置的确定是一项比较困难的工作，需要采用特殊的仪器设备和观测方法。

一、水位观测

水位：即水面高程。水下地形点的高程是根据测深时的水位减去水深求得的。因此，测深时必须进行水位观测。

工作水位：指测深时的水位。

水位观测：在进行水下地形测量时，如果作业时间短，河流水位又比较稳定，可以直接测定水边线的高程作为计算水下地形点高程的起算依据。如果作业时间较长，河流水位变化不定时，则应设置水尺随时观测，以保证提供测深时的准确水面高程。水尺一般用搪瓷制成，长 1m，尺面刻划与水准尺相同。设置水尺时，使水尺零点浸入水面 0.3～0.5m，尺面侧向岸边以便观测（图 5-24）。水尺零点高程从临近水准点用四等水准测量引测。水位观测时将水面所截的水尺读数加上水尺零点高程，即为水位。

图 5-24　水尺的埋设

5-25 ▶

水位观测

二、测深工具

水深：指水面至水底的垂直距离。为了求得水下地形点的高程，须进行水深测量。

水深测量常用工具：测深杆、测深锤和回声测深仪。

1. 测深杆

测深杆：指用金属或其他材料制成并带有底盘的刻有标度、可供读数的一种用于测量水深的刚性标度杆（图 5-25）。把测深杆插入水中，通过刻度来读取当前水深值，适用于浅水区域（水深小于 5m）以及流速小于 1m/s 的区域。

2. 测深锤

测深锤：指用于测量水深的铅锤，需与测绳组合使用（图 5-26）。测深锤的测深方法与测深杆类似，需将测深锤沉入水中，通过测绳上的刻度读取水深数据，适用于水深小于 10m 以及流速小于 1m/s 的区域。

3. 回声测深仪

回声测深仪：指利用超声波信号自发射经水底反射至接收的时间间隔，用以确定水深的一种水声仪器。测深仪的种类、型号很多，常见的有记录式、数字式的测深仪

图 5-25　测深杆

图 5-26　测深锤和测绳

（图 5-27），除此之外，还有双频测深仪、大面积扫描测深仪、多波束测深仪等。

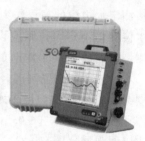

（a）中海达 HD 系列　　　　（b）华测 D 系列　　　　（c）南方 SDE 系列

图 5-27　回声测深仪

　　工作原理：根据声波发射到接收的时间间隔 t 和声波在水中的传播速度 v 自动转换为水深 h，以数字形式或图像形式显示出来。声速 v、往返时间 t 与水深 h 的关系为 $h = 1/2 vt$（图 5-28）。

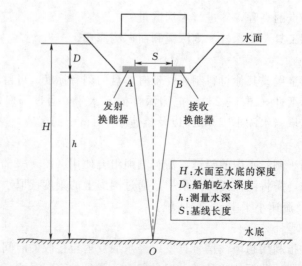

图 5-28　测深仪工作原理

136

声波在水中的传播速度随水的温度、盐度和压力而变化。常温时，淡水中的声速为 1450m/s，海水中声速的典型值为 1500m/s。在施测前要对仪器进行率定，计算时作必要的修正。回声测深仪适用于水深大于 3m、流速较大、水域面积宽阔的地区。

三、水下地形测量方法

水下地形测量是在陆地控制测量的基础上进行的。

（一）水下地形点的密度要求

由于不能直接观察水下地形情况，只能依靠测定较多的水下地形点来探索水下地形的变化规律。因此，通常须保证图上 1～3cm 有一个水下地形点。沿河道纵向可以稍疏，横向应当稍密；中间可以稍疏，近岸应当稍密，但必须探测到河床最深点。

（二）水下地形点的布设方法

1. 断面法

按水下地形点的密度要求，沿河布设横断面，断面方向尽可能与河道主流方向垂直。

2. 散点法

水面流速较大时，一般采用散点法。此时，测船不断往返斜向航行，每隔一定的距离测定一点。如图 5-29 所示，先由 1 顺水斜航至 2，再由 2 顺水斜航至 7；然后自 7 沿岸逆航至 3，再由 3 顺水斜航至 4；如此连续进行，在每条斜航路线上以尽快的观测速度测定水下地形点。

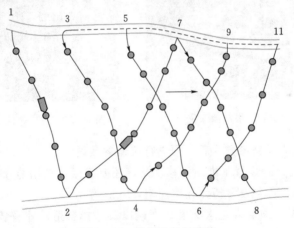

图 5-29　散点法船行路线

（三）水下地形测量的方法

水下地形测量的方法有很多，包括断面索法、经纬仪视距法、全站仪定位法、GNSS 法等。下文仅介绍目前常用的全站仪定位法和 GNSS 法。

1. 全站仪定位法

平面位置主要采用全站仪坐标测量进行定位。在岸上用全站仪跟踪安装在测量船上的测量棱镜，得到棱镜点的坐标。其定位精度大为提高，此外，只要在有效测程和相互通视的情况下，就可施测。水深主要通过各种类型的单波束回声测深仪得到（一般高精度测深仪也可以达到厘米级的测量精度）。

2. GNSS 法

采用 GNSS - RTK ＋计算机（含处理软件）＋数字测深仪的测量模式。通过 GNSS - RTK（即实时载波相位差分技术，实时处理两个测点载波相位观测量的差分方法）功能获得水面点的平面坐标和高层，通过测深仪获得该点处的水深，最终解算出与该点垂直对应的水下地形点的三维坐标。常用的方式有皮划艇搭载测深仪与有人船侧边悬挂测深仪，现简要介绍如下。

（1）GNSS - RTK 与皮划艇搭载测深仪。此种方式适合静水窄河测量。皮划艇相对来说，携带方便，下水前进行充气即可。适合中、小静水河流水下地形测量，成本相对较低。因皮划艇较小，侧边比较圆润，测深仪难以稳定固定，且人员太多，相对船体太小，不是很安全（图 5 - 30）。

（2）GNSS - RTK 与有人船侧边悬挂测深仪。有人船搭载测深仪进行水下地形测绘是被普遍采用的一种方式。有人船稳定、安全且悬挂测深仪的方式容易（图 5 - 31）。但有人船无法在浅滩进行测量，同时有人船一般较大，灵活性差，这样就很难按照计划线进行测量，而且每次要提前租船，费用也较高。

图 5 - 30　皮划艇搭载测深仪　　　　　图 5 - 31　有人船侧边悬挂测深仪

根据测区情况选择测量方式后，须进行仪器参数设置。

1）GNSS 设置：须设置基准站和移动站，还要确保移动站与掌上电脑 PDA 的通信端口处于打开状态，并设置历元输出速率，一般为 0.1s。

2）测深仪设置：须输入吃水深度、声速以及选择合适的量程挡位等。吃水深度可以直接量取，而声波在水中的传播速度应根据当时水域的物理特征对仪器声速加以校正。

3）掌上电脑 PDA 设置：不同的数据处理软件参数设置不尽相同，一般先设置正确的 GNSS、测深仪类型及两者与 PDA 的通信端口，设置包括波特率、字节长度等在内的通信参数，其次正确选择参考椭球坐标系等，最后还有水面至 GNSS 天线距离、数据的记录间距等。

测量注意事项如下：

1）测量过程中，GNSS - RTK 要保持固定解。

2）船在航行过程中，水深一般会均匀变化，若测深仪数据起伏较大，要及时检查。例如，在有水草的水域中，测深仪探头容易挂上水草或垃圾，这时测深仪数据不稳，甚至闪烁不停，应及时清理掉这些阻挡物。

3）测量过程中，由于在水上航行，尤其水域较大时，没有明显的参照物，很难凭肉眼控制船的航迹，而 PDA 上的数据记录软件可实时显示船体的航行位置及轨迹，故可凭此控制船体航行轨迹。

4）在 PDA 数据记录软件上，可以显示水面高程、水深、固定解卫星数、平面坐标等即时数据，留意这些数据的变化规律，出现异常时才能及时发现问题，并采取相应措施。

5-26
水下地形测量

项 目 小 结

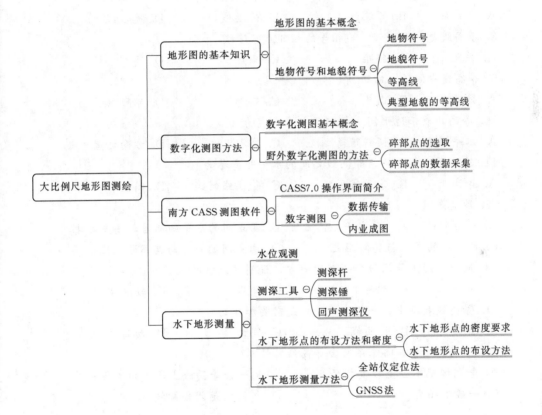

单 元 自 测

1. 地形图测绘的主要任务就是（　　）的测绘。

A. 地物　　　　B. 地貌　　　　　　　C. 地貌和地物

2. 图上两点距离与实际平距之比称为（　　）。

A. 比例尺　　　B. 间距　　　　　　　C. 平距　　　　　D. 视距

3. 下列各种比例尺的地形图中，比例尺最小的是（　　）。

A. 1∶500　　　　B. 1∶1000　　　　C. 1∶2000　　　　D. 1∶5000

4. 地形图的比例尺用分子为1的分数形式表示时（　　）。

A. 分母大，比例尺大，一幅图涉及的地面范围小，表示地形信息概括程度高

B. 分母小，比例尺小，一幅图涉及的地面范围小，表示地形细部信息多

C. 分母大，比例尺小，一幅图涉及的地面范围大，表示地形信息概括程度高

D. 分母小，比例尺大，一幅图涉及的地面范围大，表示地形信息概括程度高

5. （　　）地形图的比例尺精度为0.1m。

A. 1∶500　　　B. 1∶1000　　　　C. 1∶2000　　　　D. 1∶5000

6. 测图与测设相比，其精度要求（　　）。

A. 相对要高　B. 相对要低　　　　C. 相同　　　　　D. 相近

7. 在地形图测绘中，通常用（　　）表示地貌。

A. 等高线　　B. 等深线　　　　C. 地类线　　　　D. 地性线

8. 等高线是地面（　　）相等的相邻点的连线。

A. 平距　　　B. 斜距　　　　　C. 角度　　　　　D. 高程

9. 等高线中间低，四边高，表示（　　）。

A. 洼地　　　B. 山头　　　　　C. 鞍部　　　　　D. 峭壁

10. 等高距表示地形图上相邻两点等高线的（　　）。

A. 水平距离　B. 倾斜距离　　　C. 高程之差　　　D. 方向之差

11. 地形图上相邻两条等高线之间的水平距离称为（　　）。

A. 等高距　　B. 等高线平距　　C. 等高线斜距　　D. 高差

12. 坡度是（　　）。

A. 两点间的高差与其水平距离之比　B. 两点间的水平距离与其高差之比

C. 两点间的高差与其斜距之比　　　D. 两点间的斜距与其高差之比

13. 同一幅图上等高线平距大的地方，说明该地方的地面坡度（　　）。

A. 平缓　　　B. 相对平缓　　　C. 陡峭　　　　　D. 较陡峭

14. 等高线表示中，一般（　　）是需要加粗的。

A. 首曲线　　B. 计曲线　　　　C. 间曲线　　　　D. 助曲线

15. 下列叙述中，哪个不符合等高线特性？（　　）。

A. 等高线绝不会重合或相交　　　B. 同一条等高线上各点的高程相等

C. 一般不相交　　　　　　　　　D. 等高线是闭合曲线

5-27

大比例尺地
形图测绘单
元自测

技　能　训　练

1. 简述大比例尺数字化测图的作业过程。

2. 简述南方CASS软件绘制等高线的过程，并利用CASS自带的坐标数据文件 dgx. dat 绘制等高线，以及注记计曲线。

3. 简述测绘水下地形图的作业过程。

项目六　地形图的识读与应用

【主要内容】

地形图是工程规划建设中的基础资料，发挥着重要作用，只有全面分析图上的信息，获取准确的测绘数据，才能为项目的规划、设计、施工提供可靠的依据。本项目主要介绍地形图的分幅与编号；地形图的识读；地形图的基本应用；地形图在水利工程规划设计中的应用及数字地形图的应用。

重点：地形图的基本应用，数字地形图的应用。

难点：地形图在水利工程规划设计中的应用，数字地形图的应用。

【学习目标】

知 识 目 标	能 力 目 标
1. 了解地形图的分幅与编号规则 2. 理解地形图的识读方法 3. 掌握地形图应用的基本内容 4. 掌握地形图在水利工程规划设计中的应用 5. 掌握数字地形图的应用	1. 会大比例尺地形图的矩形分幅与编号 2. 能准确识读地形图上的物 3. 能确定图上点的高程和坐标 4. 能量算图上直线的长度、坐标方位角、坡度 5. 能绘制某方向的断面图 6. 能绘出坝体坡脚线 7. 能确定库区汇水面积 8. 能量算图上区域面积 9. 能利用 CASS 软件进行基本几何要素的查询 10. 能利用 CASS 软件绘制断面图和计算土方量

单元一　地形图的分幅与编号

一、地形图分幅与编号的基本概念

为了便于测绘、使用和管理地形图，需要按规定的大小统一对地形图进行分幅。对于一个国家或世界范围来讲，测制成套的各种比例尺地形图时，分幅编号尤其必要。

地形图的分幅：指将大面积的地形图按照不同比例尺划分成若干小区域的图幅。

地形图的编号：指将分幅后的图幅按比例尺大小和所在的位置，用文字符号和数字符号进行编号。每幅地图的特定号码，称为此地形图的编号。

地形图的分幅方法：一种是经纬网梯形分幅法或国际分幅法；另一种是坐标格网正方形或矩形分幅法。

梯形分幅法：图廓线由经线和纬线组成，用于国家基本比例尺地形图。以 1：

100 万地图为基础，按行列编号法进行系统分幅和编号。

矩形分幅法：以纵横坐标的整千米或整百米数的坐标格网作为图幅的分界线，称为矩形分幅或正方形分幅。适用于 1：5000 以上的大比例尺地形图，以 50cm×50cm 图幅最常用。

下文仅介绍矩形分幅法。

二、大比例尺地形图（1：500～1：2000）的矩形分幅与编号

1. 分幅

《1：500 1：1000 1：2000 地形图图式》规定 1：500～1：2000 比例尺地形图一般采用 50cm×50cm 正方形分幅或 50cm×40cm 矩形分幅；根据需要，也可以采用其他规格的分幅。

采用正方形分幅的图幅规格与实际面积的大小见表 6-1。

表 6-1　　　　　　　　　正方形分幅的图幅规格与实际面积大小

地形图比例尺	图幅规格/(cm×cm)	实际面积/km²	1：2000 图幅包含关系
1：2000	50×50	1	1
1：1000	50×50	0.25	4
1：500	50×50	0.0625	16

2. 编号

采用矩形分幅的 1：500～1：2000 地形图，其图幅编号一般采用图廓西南角坐标编号法，也可选用流水编号法和行列编号法。

（1）坐标编号法：由图廓西南角纵坐标千米数 x 和横坐标千米数 y 组成编号。1：2000、1：1000 取至 0.1km，1：500 取至 0.01km。例如，某幅 1：1000 地形图的西南角坐标为 $x=6230$km、$y=10$km，则其编号为 6230.0-10.0。

（2）流水编号法：带状测区或小面积测区可按测区统一顺序编号，一般从左到右，从上到下用阿拉伯数字 1、2、3、…编号，如图 6-1 阴影区域所示图幅编号为鼓楼-9（鼓楼为测区代号）。

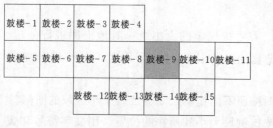

图 6-1　流水编号法

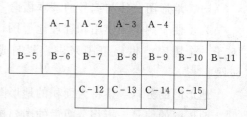

图 6-2　行列编号法

6-1

地形图的分幅与编号

（3）行列编号法：一般采用以字母（如 A、B、C、D、…）为代号的横行从上到下排列，以阿拉伯数字为代号的纵列从左向右排列来编定，先行后列。如图 6-2 阴影区域所示图幅编号为 A-3。

单元二 地形图的识读

地形图的识读：指判断和识别地形图上所有划线、符号和注记的含义，主要包括图框外要素的识读和图框内地形要素的识读。

一、地形图图外注记的识读

1. 图名与图号

图名：指本图幅的名称，一般以本图幅内最重要的地名或主要单位名称来命名，注记在图廓外上方的中央。如图6-3所示，地形图的图名为"西三庄"。

图号，即图的分幅编号，注在图名下方。如图6-3所示，图号为3510.0 - 220.0，它由左下角纵坐标和横坐标组成。

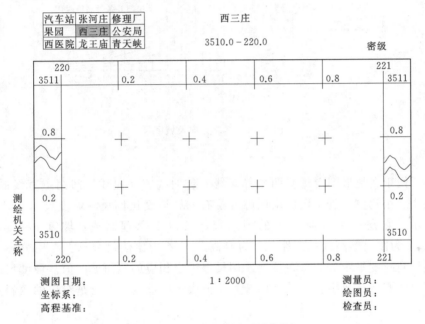

图6-3 矩形分幅地形图图外注记

2. 接图表与图外文字说明

为便于查找、使用地形图，在每幅地形图的左上角都附有相应的图幅接图表，用于说明本图幅与相邻八个方向图幅位置的相邻关系。如图6-3左上角所示，中央为本图幅的位置。

文字说明是了解图件来源和成图方法的重要的资料。通常在图的下方或左、右两侧注有文字说明，内容包括测图日期、坐标系统、高程系统、测量员、绘图员和检查员等。在图的右上角标注图纸的密级（图6-3）。

3. 图廓与坐标格网

图廓是图幅四周的范围线，矩形图廓只有内、外图廓之分。内图廓为地形图分幅时的坐标格网线，也是图幅的边界线。外图廓是距内图廓以外一定距离绘制的加粗平行线，仅起装饰作用。内图廓外四角注有坐标值，并在内图廓内侧，每隔 10cm 绘有 5mm 的短线，表示坐标格网线的位置。在图幅内每隔 10cm 绘有坐标格网交叉点，如图 6-3 所示。

4. 三北方向

在许多中、小比例尺地形图的南图廓线右下方，通常绘有真北、磁北和轴北之间的角度关系，如图 6-4（a）所示。利用三北方向图，可对图上任一方向的真方位角、磁方位角和坐标方位角进行相互换算。

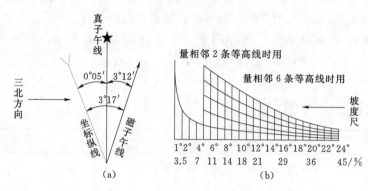

图 6-4　三北方向及坡度尺

5. 坡度尺

为了便于在地形图上量测两条等高线（首曲线或计曲线）间两点直线的坡度，通常在中、小比例尺地形图的南图廓外绘有图解坡度比例尺（坡度尺），如图 6-4（b）所示。它是一种量测坡度的图示尺，按以下原理制成：坡度 $i = \tan\alpha = h/(dM)$，d 为图上等高线的平距，h 为等高距，M 为比例尺分母。在用分规卡出图上相邻等高线的平距后，可在坡度比例尺上读出相应的地面坡度值。坡度尺的水平底线下边有两行数字，上行是用坡度角值表示的坡度，下行是对应的倾斜百分率的坡度。

二、图框内地形的识读

地形是地物和地貌的总称。

1. 地物的识读

地物识读前，要熟悉常用的地物符号及其表示方法，区分比例符号、半比例符号和非比例符号的不同，以及这些地物符号和地物注记的含义。

根据地物符号及注记，识读图内主要地物的分布情况，如村庄名称、公路走向、河流分布、地面植被、农田等。

2. 地貌的识读

地貌识别前，要掌握等高线的特性和种类，熟悉典型地貌符号。根据等高线，了解图内的地貌情况，如山头、山谷、山脊、鞍部、峭壁等。识读时要首先读出等高距，然后根据等高线的疏密判断地面坡度及地势走向。

6-2
地形图的识读

6-3
地形图的识读

单元三　地形图应用的基本内容

一、在图上确定点的高程

利用地形图上的等高线，可以求出图上任意一点的高程。地形图上点的位置分为两种情况：点在等高线上和点不在等高线上。

1. 点在等高线上

如果某点位于地形图的等高线上，则该条等高线的高程即为该点的高程。如图 6-5 所示，M 点位于 74m 等高线上，则 M 点的高程 $H_M = 74$m。

2. 点不在等高线上

如果某点不在等高线上，而位于两条等高线之间，则可以用直线内插法求出该点的高程。如图 6-5 所示，N 点位于 70m 和 72m 两条等高线之间，通过 N 点作近似垂直于两条等高线的直线，分别交等高线于 a、b 两点，在图上分别量取 ab 和 aN（或者 bN）的距离，$ab = 6$mm，$aN = 1.5$mm。已知两条等高线的高差 $h = 2$m，则 N 点相对于 a 点（70m）的高程为

$$H_N = H_a + \frac{aN}{ab}h = 70 + \frac{1.5}{6} \times 2 = 70.5(\text{m})$$

在实际工作中，通常可根据等高线用目估法按比例推算图上点的高程。

二、在图上确定点的坐标

在规划设计时，设计人员经常需要地图上某些设计点位的坐标，这时可依据坐标格网的坐标值来量取。

如图 6-6 所示，欲求图上 A 点的坐标，过 A 点作坐标格网的平行线 ef 和 gh，在图上用比例尺分别量取 ag 和 ae 的长度，$ag = 67$m、$ae = 32$m。已知 $x_A = 600$m，$y_A = 400$m，则 A 点的坐标为

6-4 ▶

在图上确定
点的高程

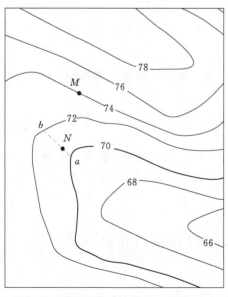

图 6-5　地形图高程点获取（单位：m）

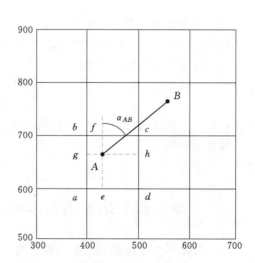

图 6-6　地形图上确定点坐标（单位：m）

$$x_A = x_a + ag = 600 + 67 = 667(\text{m}) \atop y_A = y_a + ae = 400 + 32 = 432(\text{m})} \tag{6-1}$$

如果精度要求较高，需考虑图纸伸缩的影响，应再分别量取图纸上 ad 和 ab 的实际长度。A 点坐标可改写为

$$x_A = x_a + \frac{l}{ab} ag \atop y_A = y_a + \frac{l}{ad} ae} \tag{6-2}$$

6-5 ▶

在图上确定点的坐标

用同样的方法，也可求出 B 点的坐标 x_B 和 y_B 或者坐标系统中任一点的坐标值。

三、在图上确定线段的长度和坐标方位角

如图 6-6 所示，直线 AB 的长度和坐标方位角，可由解析法和图解法求解。

1. 解析法

（1）直线的水平距离：由式 6-1 可求出图示 A、B 两点坐标（x_A，y_A）和（x_B，y_B），根据几何关系，直线 AB 的水平距离

$$D_{AB} = \sqrt{(x_B - x_A)^2 + (y_B - y_A)^2} \tag{6-3}$$

（2）直线的坐标方位角：

6-6 ▶

在图上确定线段的长度和方位角

$$\alpha_{AB} = \arctan \frac{y_B - y_A}{x_B - x_A} = \arctan \frac{\Delta y_{AB}}{\Delta x_{AB}} \tag{6-4}$$

计算 α_{AB} 时，要根据 Δx_{AB} 和 Δy_{AB} 的符号判断 α_{AB} 所在象限，再确定 α_{AB} 的角值。

2. 图解法

（1）直线的水平距离：如果 AB 两点在同一幅图内，且量测精度要求不高，则 AB 的长度可用直尺在图上直接量取。

（2）直线的坐标方位角：AB 的坐标方位角也可由量角器在图上直接量测。先在 A、B 两点分别作两竖向轴线，然后分别量取 α'_{AB} 和 α'_{BA}，则直线 AB 坐标方位角

6-7 ▶

在图上确定直线的坡度

$$\alpha_{AB} = \frac{1}{2}(\alpha'_{AB} + \alpha'_{BA} \pm 180°) \tag{6-5}$$

四、在图上确定直线的坡度

如图 6-6 所示，在地形图上求得直线的坡度 AB 的长度以及两端点的高程后，可按下式计算该直线的平距坡度 i，即

6-8 ◉

地形图应用的基本内容

$$i = \frac{H_B - H_A}{D_{AB}} \tag{6-6}$$

式中：H_A、H_B 分别为 A、B 两点的高程，m；D_{AB} 为直线 AB 实地水平距离，m。

坡度有正负号，"＋"号表示上坡，"－"号表示下坡，常用百分率（%）或千分率（‰）表示。

单元四　地形图在水利工程规划设计中的应用

一、在地形图上绘制某方向的断面图

纵断面图是反映指定方向地面起伏变化的剖面图。在道路、渠道等工程设计中，

为进行填、挖土（石）方量的概算、合理确定线路的纵坡等，均需较详细地了解沿线路方向上的地面起伏变化情况，为此常根据大比例尺地形的等高线绘制线路的纵断面图。

如图 6-7 所示，若绘制 AB 方向的纵断面图，其方法和步骤如下：

（1）确定断面图的水平比例尺和高程比例尺。一般断面图采用的水平比例尺与地形图的比例尺一致，而高程比例尺往往比水平比例尺大 10～20 倍，以便明显地反映地面起伏变化情况。

（2）纵轴标出各等高线高程。比例尺确定后，在图纸上绘出直角坐标轴线，如图 6-7 所示，横轴表示水平距离，纵轴表示高程。

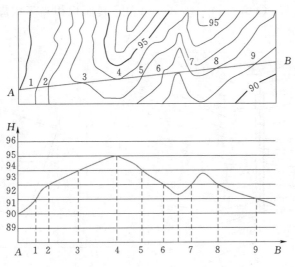

图 6-7　绘制已知方向线的纵断面图（单位：m）

（3）建交点高程并绘制断面图。在图上沿断面方向量取两相邻等高线的平距，逐一将 1、2、…、8、9、B 各点标注在横坐标轴上；过这些点作垂线与各点对应的高程线相交，这些交点即为各点的断面点；将各断面点用光滑曲线连接，即可得到 A-B 方向的纵断面图。

二、在地形图上绘出坝体坡脚线

坝体坡脚线就是坝体坡面与地面的交线。标定坡脚线，可确定清基范围。具体方法如下：

（1）绘制坝顶边线。在地形图上，先确定坝轴线的位置，根据坝顶设计高程和坝顶宽度，绘出坝顶边线。

（2）根据坡面等高线绘制坝体坡脚线。根据坝顶高程及上、下游坝坡面的设计坡度，画出与地面等高线相应的坝面等高线。例如，在图 6-8 中，坝顶设计高程为 65m，上、下游的设计坝坡为 1:3 与 1:2，等高距 $h=5$m，则坝坡面上各条等高线间的水平距离为：上游 $5 \times 3 = 15$m，下游 $5 \times 2 = 10$m。由坝顶边缘开始，分别按 15m 和 10m 的图上距离绘出坝坡面等高线（图 6-8 中的平行线）。

将坝面等高线与同高程的地面等高线的交点连成光滑的曲线，即为坝体坡脚线

6-9 ▶

绘制已知方向的断面图

（图6－8中的虚线）。

三、面积量算

在水利工程规划设计中，时常遇到要测算某一区域范围的面积，如平整土地的填、挖面积，流域汇水面积，渠道和道路工程的填、挖断面的面积等。测算面积的方法有很多，下面介绍几种常用的方法。

1. 解析法

解析法量算面积具有较高精度。当图形为多边形且各顶点坐标值为已知值时，可应用坐标解析法计算面积。

如图6－9所示，欲求四边形1234的面积，四边形各顶点坐标分别为1（x_1，y_1）、2（x_2，y_2）、3（x_3，y_3）、4（x_4，y_4），其面积相当于相应梯形面积的代数和，即

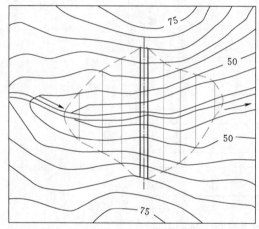

图6－8　坝坡脚线图（单位：m）

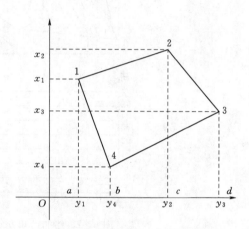

图6－9　坐标解析法求面积

$$S = S_{12ca} + S_{23dc} - S_{14ba} - S_{43db}$$

$$= \frac{1}{2}[(x_1+x_2)(y_2-y_1)+(x_2+x_3)(y_3-y_2)$$

$$-(x_1+x_4)(y_4-y_1)-(x_4+x_3)(y_3-y_4)]$$

整理得

$$S = \frac{1}{2}[x_1(y_2-y_4)+x_2(y_3-y_1)+x_3(y_4-y_2)+x_4(y_1-y_3)]$$

对于n边形，其面积公式的一般形式为

$$S = \frac{1}{2}\sum_{i=1}^{n} x_i(y_{i+1}-y_{i-1}) \qquad (6-7)$$

或

$$S = \frac{1}{2}\sum_{i=1}^{n} y_i(x_{i-1}-x_{i+1}) \qquad (6-8)$$

式中：i为多边形各顶点的序号，当$i-1=0$时，$x_0=x_n$，$y_0=y_n$；当$i+1=n+1$时，$x_{n+1}=x_1$，$y_{n+1}=y_1$。

式（6-7）和式（6-8）的运算结果应相等。需要注意的是，应用此公式时，多边形点号须采用顺时针编号。

2. 方格网法

对于不规则曲线所围成的图形，可采用方格网法进行面积测算。如图 6-10 所示，用透明方格网纸（方格边长一般为 1mm、2mm、5mm 或 1cm）蒙在要量测的图纸上，先数出图形内的完整方格数，然后将不完整的方格用目估法折合成整方格数，两者相加之和再乘以每格所代表的面积值，即为所量测图形的面积。计算公式为

$$S = nA \tag{6-9}$$

式中：S 为所量图形的面积，m^2；n 为方格总数；A 为 1 个方格的实地面积，即图上方格面积与比例尺分母平方的乘积，m^2。

【例 6-1】 如图 6-10 所示，方格边长为 1cm，图的比例尺为 1∶1000。完整的方格数为 36 个，不完整的方格凑整为 12 个，方格总数为 48 个，求该图形的实地面积？

解： $A = 1cm^2 \times 1000^2 = 100(m^2)$，$S = nA = 48 \times 100 = 4800(m^2)$

3. 平行线法

用方格网法求不规则图形的面积，受方格凑整误差的影响，精度较低。为提高测算精度，可采用平行线法。如图 6-11 所示，将绘有等间距 d（1mm 或 2mm）的平行线透明膜片（或透明纸）覆盖在待测图形上，则图形被分割成若干个近似梯形，梯形的高就是平行线的间距，图内平行虚线是梯形的中线，量出各中线 l_i 的长度，就可以按下式求出图上的面积

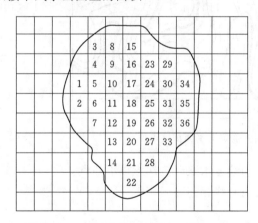 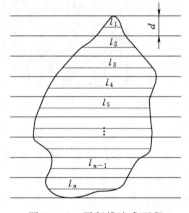

图 6-10 方格网法求面积图（单位：cm）　　　图 6-11 平行线法求面积

$$A = dl_1 + dl_2 + \cdots + dl_n$$

将图上的面积化为实地面积时，如果是地形图，应乘上比例尺分母的平方，即

$$S = AM^2 \tag{6-10}$$

式中：M 为地形图的比例尺分母。

如果是纵、横比例尺不同的断面图，则应乘上纵、横两个比例尺分母之积。

四、在地形图上确定汇水面积

为了防洪、发电、灌溉等目的，需要在河道的适当位置拦河筑坝，在坝的上游形

成水库，库区范围汇水面积越大其库容也越大，图6-12为某水库库区的地形图。由于地表径流沿分水线向山谷汇集，因此坝址上游分水线所围成的面积，即为水库的汇水面积。

图6-12 在地形图上确定汇水面积（单位：m）

确定汇水面积，要先绘出分水线。勾绘分水线时应注意以下几点：

（1）分水线应通过山顶和鞍部，与山脊线相连。

（2）分水线应与等高线正交。

（3）汇水面积由坝的一端开始，最后回到坝的另一端，形成一条闭合环线。

汇水面积范围确定后，可用面积量算的方法求出以平方千米为单位的汇水面积。

五、地形图在场地平整中的应用

场地平整：指将施工场地的自然地表按要求整理成一定高程的水平地面或一定坡度的倾斜地面的工作。此项工作要先进行设计，按照填挖方量基本平衡的原则，在地形图上进行土石方量的概算。下面仅介绍水平地面方格网法进行场地平整方法。

图6-13为1：1000的地形图，拟将原地面平整成某一高程的水平面，使填挖土石方量基本平衡。方法步骤如下。

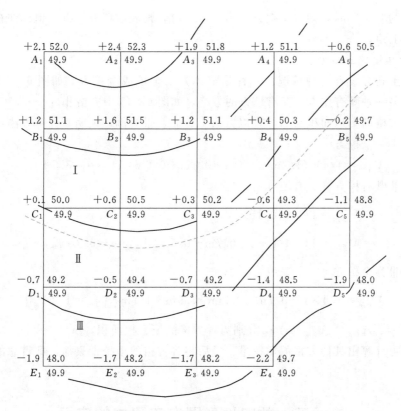

图 6-13　平整为水平地面场地

1. 绘制方格网

在地形图上拟平整场地内绘制方格图，方格大小根据地形复杂程度，地形图比例尺以及要求的精度而定。一般方格的长度为 10m 或 20m，图中方格为 20m×20m。各方格顶点编号注于方格角的左上角，图中的 A_1，A_2，…，E_3，E_4 等。

2. 求方格网点的地面高程

根据地形图上的等高线，用内插法求出各方格顶点的地面高程，并注于方格角的右上角，如图 6-13 所示。

3. 计算设计高程

计算设计高程，分别求出四个顶点的平均值，即各方格的平均高程；然后，将各方格的平均高程求和并除以方格数 n，即得到设计高程 $H_{设}$。并根据图 6-13 中的数据，求得设计高程 $H_{设}=49.9$m。并注于方格角的右上角。

4. 确定填挖边界线

根据设计高程 $H_{设}=49.9$m，在地形图上用内插法绘出 49.9m 等高线，该线即为填挖边界线，如图 6-13 虚线所示。在此线上既不填方也不挖方，故也称为零线。

5. 确定填挖高度

各方格网点的填挖高度为地面高程与设计高程之差，即

$$h = H_{地} - H_{设} \tag{6-11}$$

若 h 为"+"时，则表示挖方，为"－"时，则表示填方。将 h 值标注在各方格网点的左上角。

6. 计算填挖土石方量

填挖土石方量有两种情况：一种是整体方格全填或全挖方，如图 6-13 中方格Ⅰ、Ⅲ；另一种既有挖方，又有填方的方格，如图 6-13 中方格Ⅱ。

设每方格的实地面积为 A，现以方格Ⅰ、Ⅱ、Ⅲ为例，说明其计算方法：

方格Ⅰ为全挖方

$$V_{\text{Ⅰ挖}}=1/4\times(1.2\text{m}+1.6\text{m}+0.1\text{m}+0.6\text{m})A_{\text{Ⅰ挖}}=0.875A_{\text{Ⅰ挖}}$$

方格Ⅱ既有挖方，又有填方

$$V_{\text{Ⅱ挖}}=1/4\times(0.1\text{m}+0.6\text{m}+0+0)A_{\text{Ⅱ挖}}=0.175A_{\text{Ⅱ挖}}$$

$$V_{\text{Ⅱ填}}=1/4\times(0+0-0.7\text{m}-0.5\text{m})A_{\text{Ⅱ填}}=-0.3A_{\text{Ⅱ填}}$$

方格Ⅲ为全挖方

$$V_{\text{Ⅲ填}}=1/4\times(-0.7\text{m}-0.5\text{m}-1.9\text{m}-1.7\text{m})A_{\text{Ⅲ填}}=1.2A_{\text{Ⅲ填}}$$

式中：$A_{\text{Ⅰ挖}}$、$A_{\text{Ⅱ挖}}$、$A_{\text{Ⅱ填}}$、$A_{\text{Ⅲ填}}$ 分别为各方格的填、挖面积，m^2。

同法可计算出其他方格的填挖量，最后将各方格的填挖量累加，即得总的填挖土石方量。

6-10 ▶
地形图在场地平整中的应用

6-11 ◉
地形图在水利工程规划设计中的应用

单元五　数字地形图在工程中的应用

本单元介绍利用 CASS 软件在数字地形图上如何查询点的坐标、直线方位角和距离、封闭区域面积，绘制断面图，计算土方量等。

一、基本几何要素的查询

1. 查询指定点坐标

选择"工程应用"菜单中的"查询指定点坐标"[图 6-15 (a)]，用鼠标点取所要查询的点即可 [图 6-15 (b)]。

注意：系统左下角状态栏显示的坐标是笛卡儿坐标系中的坐标，与测量坐标系的 X 和 Y 的顺序相反。用此功能查询时，系统在命令行给出的 X、Y 是测量坐标系的值。

2. 查询两点距离及方位

选择"工程应用"菜单中的"查询两点距离及方位"[图 6-14 (a)]，用鼠标分别点取所要查询的两点即可。

3. 查询线长

选择"工程应用"菜单中的"查询线长"[图 6-14 (a)]，用鼠标点取所要查询的曲线即可。

4. 查询实体面积

选择"工程应用"菜单中的"查询实体面积"[图 6-15 (a)]，根据系统左下角

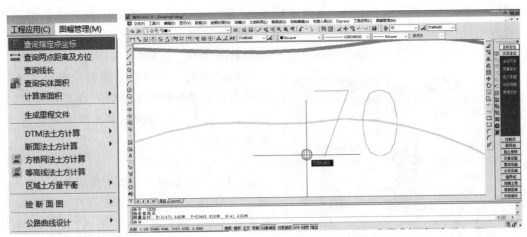

（a）工程应用下拉菜单　　　　　　　　（b）指定点坐标查询结果

图 6-14　查询指定点坐标

提示行，选择实体边界即可，需要注意的是，实体必须是闭合的。

二、计算土方量

（一）绘制断面图

绘制断面图的方法有 4 种：根据已知坐标、根据里程文件、根据等高线和根据三角网。下面以 CASS 软件自带的数据文件"C：\ CASS50 \ DEMO \ DGX. DAT"为例，介绍由已知坐标文件绘制断面图的过程。

（1）选择"绘图处理"菜单中的"展高程点"（DGX. DAT），屏幕出现已知坐标数据，然后用复合线根据需要绘制断面线。

（2）选择"工程应用"菜单中的"绘断面图 \ 根据已知坐标"［图 6-15（a）］。命令行提示：选择断面线。用鼠标点取上步所绘的断面线。屏幕上弹出"断面线上取值"对话框，如图 6-15（b）所示。选择"由数据文件生成"，则在"坐标数据文件

6-12 ▶

基本几何要素的查询

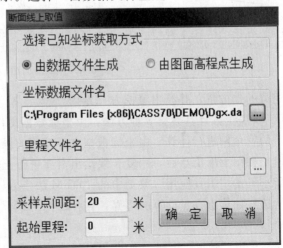

（a）工程应用下拉菜单　　　　　　　　（b）断面线上取值

图 6-15　根据已知坐标绘制断面图

名"栏中选择高程点数据文件，输入采样点的间距，输入起始里程，系统默认起始里程为0。

（3）单击"确定"按钮，屏幕弹出"绘制纵断面图"对话框，如图6-16所示。

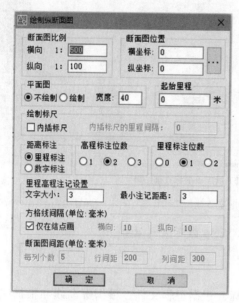

图6-16 "绘制断面图"对话框

输入相关参数，其中断面图的位置可以手工输入，也可在图面上拾取。单击"确定"按钮，在屏幕上出现所选断面线的断面图，如图6-17所示。

（二）计算土方量

CASS软件提供的计算土方量的方法有5种：DTM法、断面法、等高线法、方格网法和区域土方量平衡法。下面以CASS软件自带的数据文件"C：\ CASS50 \ DEMO \ DGX. DAT"为例，介绍DTM法和方格网法。

1. DTM法

由DTM模型来计算土方量是根据实地测定的地面点坐标（X，Y，Z）和设计高程，通过生成三角网来计算每一个三棱锥的填挖方量，最后累计得到指定范围内填

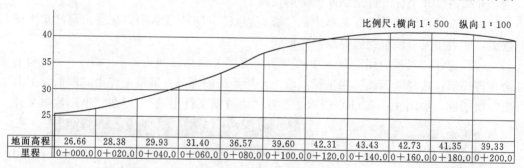

图6-17 纵断面图

方和挖方的土方量，并绘出填挖方分界线。

DTM法土方计算共有3种方法：由坐标数据文件计算、以图上高程点进行计算、以图上的三角网进行计算。由坐标数据文件计算的操作步骤如下：

（1）在图上展出点后，用复合线绘出需要进行土方计算的边界。

（2）单击"工程应用"菜单中的"DTM法土方计算\根据坐标文件"，根据命令提示行选择计算土方量计算的边界，在弹出的对话框中选择DGX. DAT文件 [图6-18（a）]。

（3）单击"确定"按钮，弹出"DTM土方计算参数设置"，进行相关设置 [图6-18（b）]。单击"确定"按钮弹出信息框 [图6-18（c）]。

（a）工程应用下拉菜单

（b）DTM 土方参数设置

（c）DTM 土方计算信息框

图 6-18　DTM 法根据已知坐标数据文件计算土方量

（4）在图上空白区域单击鼠标左键，在图上绘出计算结果表格，如图 6-19
所示。

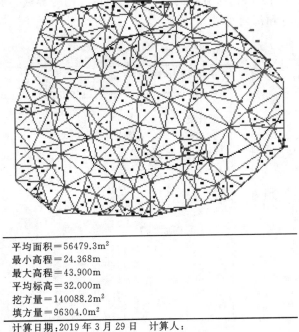

平均面积＝56479.3m²
最小高程＝24.368m
最大高程＝43.900m
平均标高＝32.000m
挖方量＝140088.2m²
填方量＝96304.0m²

计算日期：2019 年 3 月 29 日　计算人：

图 6-19　DTM 法根据已知坐标数据
文件计算土方量成果表

6-13

DTM 法计算
土方量

2. 方格网法

由方格网来计算土方量是根据实地测定的地面点坐标（X，Y，Z）和设计高程，
通过生成方格网来计算每一个方格内的填挖方量，最后累计得到指定范围内填方和挖

方的土方量，并绘出填挖方分界线。

系统首先将方格的四个角上的高程相加（如果角上没有高程点，通过周围高程点内插得出其高程），取平均值与设计高程相减。然后通过指定的方格边长得到每个方格的面积，再用长方体的体积计算公式得到填挖方量。方格网法简便直观，易于操作，因此这一方法在实际工作中应用非常广泛。

用方格网法算土方量，设计面可以是平面，也可以是斜面，还可以是三角网。设计面是平面时操作步骤如下：

（1）用复合线画出所要计算土方的区域的边界线，一定要闭合。

（2）选择"工程应用"菜单中的"方格网法土方计算"［图6－20（a）］。命令行提示"选择计算区域边界线"；选择土方计算区域的边界线（闭合复合线）。

（3）屏幕上将弹出如图6－20（b）所示的"方格网土方计算"对话框，在对话框中选择所需的坐标文件；在"设计面"栏选择"平面"，并输入目标高程；在"方格宽度"栏输入方格网的宽度，这是每个方格的边长，默认值为20m。

（4）单击"确定"，命令行提示。

"最小高程＝24.368m，最大高程＝43.900m，总填方＝169448.9m³，总挖方＝135070.1m³"。同时图上绘出所分析的方格网，填挖方的分界线，并给出每个方格的填挖方，每行的挖方和每列的填方。

（a）工程应用下拉菜单

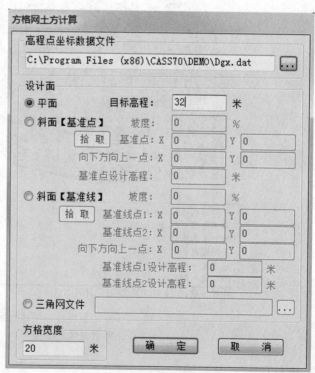

（b）方格网法计算土方量对话框

图6－20 方格网法计算土方量

项 目 小 结

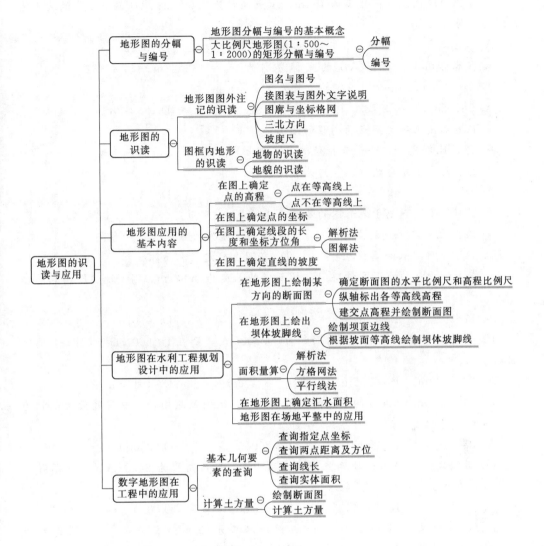

单 元 自 测

1. 在一张图纸上等高距不变时，等高线平距与地面坡度的关系是（   ）。

A. 平距大则坡度小   B. 平距大则坡度大

C. 坡度大小与等高线平距无关   D. 不能确定

2. 在地形图上，量得 A 点高程为 21.170m，B 点高程为 16.840m，AB 距离为 279.50m，则直线 AB 的坡度为（   ）%。

A. 6.8   B. 1.5   C. −1.5   D. −6.8

3. 在 1∶1000 地形图上，设等高距为 1m，现量得某相邻两条等高线上两点 A、

B 之间的图上距离为 0.01m，则 A、B 两点的地面坡度为（　　）‰。

    A. 1　　　　　　B. 5　　　　　　C. 10　　　　　　D. 20

4. 量得 AB 两点间的距离为 150m，A 点高程为 5.000m；AB 两点连线的坡度为 0.15%，则 B 点高程为（　　）m。

    A. 5.230　　　B. 5.255　　　C. 4.775　　　　D. 5.220

5. 在地形图上，量得 AB 的坐标分别为 $x_A = 432.87$m，$y_A = 432.87$；$x_B = 300.23$，$y_B = 300.23$m，则 AB 的边长为（　　）m。

    A. 187.58　　B. 733.10　　C. 132.64　　　D. 265.28

6. 在地形图上确定某点的高程的依据是（　　）。

    A. 图的比例尺　B. 平面坐标值　C. 图上等高线　　D. 水平距离

7. 高差与水平距离之（　　）为坡度。

    A. 和　　　　　B. 差　　　　　C. 比　　　　　D. 积

8. 下列各项，不属于地形图的基本应用的是（　　）。

    A. 在图上确定一点的坐标　　　　B. 在图上确定直线的长度和方向

    C. 在图上确定点的高程　　　　　D. 在图上确定汇水面积

9. 在 1∶2000 的地形图量得 A、B 两点的长度为 3.82cm，则实地 AB 两点的水平距离为（　　）km。

    A. 3.82　　　B. 7.64　　　C. 0.764　　　　D. 0.0764

10. 实地量得某一正方形水池面积为 30.8025m²，则在 1∶500 的地形图上其边长为（　　）。

    A. 30.8025m　B. 5.55m　　　C. 5.55cm　　　D. 1.11cm

11. 图幅 50cm×50cm 的一幅图，用 1∶1000 比例尺测图，其测定的最大面积为（　　）m²。

    A. 250　　　　B. 2500　　　C. 25000　　　　D. 250000

12. 某幅图上量得 A、B 两点距离为 150m，A 点高程为 94.25m，B 点高程为 92.00m，直线 AB 的坡度为（　　）。

    A. −1.5%　　B. 1.5%　　　C. −3/200　　　D. 0.015

13. 某水库水位高程为 100.000m 时，水库水面积为 5 万 m²，水位高程为 95.000m 时，水库水面积为 3 万 m，则该水库从高程 95.000m 蓄水至高程 100.000m 时，库容量增加（　　）m³。

    A. 8 万　　　　B. 2 万　　　C. 15 万　　　　D. 20 万

6-16 ▶

地形图的识读与应用单元自测

技　能　训　练

1. 根据图 6-21 完成以下任务。

①推求图中 AB 两点的高程；②推求 C 点的坐标；③量算 AB 与 BC 间的距离；④计算 AC 直线的坐标方位角。

2. 根据图 6-22 地形图中方向线 AB，在下方网线中绘制该方向的断面图。

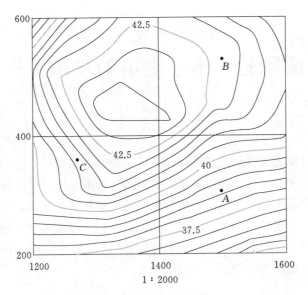

图 6-21　地形图的应用（单位：m）

图 6-22　由已知方向绘纵断面图（单位：m）

项目七　施工测量的基本工作

【主要内容】

本项目主要介绍施工测量的基础知识，施工控制网的布设，已知水平角、水平距离、高程的测设，平面点位的施工测设，已知坡度的测设以及圆曲线的测设方法。

重点：施工测量的原则以及测量坐标系与施工坐标系的换算，测设已知长度的水平距离，测设已知角度的水平角，测设已知点的高程，平面点位的测设，测设已知坡度的直线，圆曲线主点的测设与细部测设方法。

难点：圆曲线的细部测设。

【学习目标】

知　识　目　标	能　力　目　标
1. 理解施工测设的基本概念	1. 能进行已知水平角、水平距离和高程的测设
2. 了解施工控制网的布设和坐标换算	2. 能进行平面点位的测设
3. 了解施工测设的基本方法	3. 能进行已知坡度的测设

单元一　施工测量的基础知识

施工测量：指施工阶段所做的测量工作称为施工测量。

施工测量的内容：主要包括施工控制网的建立；将设计图上建筑物或构筑物的平面位置和高程标定在实地上，即施工放样（测设）；工程的竣工测量以及建筑物的变形观测等。

施工放样（测设）：指将图纸上设计建筑物的平面位置和高程，按设计与施工要求，以一定的精度标定到实地上的测量工作。在施工过程中，须进行一系列的测设工作，以衔接和指导各工序间的施工。

施工测量的原则：为了保证所测设建筑物、构筑物的平面位置和高程能够满足设计要求，施工测量和地形测绘一样，也要遵循"从整体到局部""先控制、后碎部"的原则，即先在施工现场建立统一的平面控制网和高程控制网，然后以此为基准，测设出各建筑物的平面位置和高程。

如水工建筑物，一般先由施工控制网测设建筑物的主轴线，用它来控制建筑物的整个位置。再根据主轴线来测设建筑物的细部。

施工放样的精度要求：施工放样的精度与建筑物的大小、结构形式、建筑材料等因素有关。

水工建筑物测设细部的精度往往比测设主轴线的精度要高，因为测设主轴线如有误差，仅使整个建筑物偏移一微小位置，但当主轴线确定后，根据它来测定建筑物细部，必须保证各部分相互位置的正确。如测设水闸中心线（主轴线）的误差不应超过1cm，而闸门对闸中心线误差不超过3mm。此外，在水利工程施工中，要求钢筋混凝土工程较土石方工程的测设精度高，而金属结构物安装测设的精度要求则更高。

因此，应根据不同施工对象，选用不同精度的测量仪器和测量方法，既保证工程质量，又不致浪费人力、物力。

7-1

施工测量的
基础知识

7-2

施工测量的
基础知识

单元二　施工控制网的布设

在工程建设的各个阶段都要布设测量控制网，但各阶段的目的不同。在勘测设计阶段布设控制网主要为测绘大比例尺地形图服务，因此控制点的密度和精度是以满足测图为目的的。施工控制网主要是为工程建筑物的施工测设提供控制，原有测图控制点无论在点位分布上，还是在点位精度上大多都不能满足测设的要求。因此，除了小型工程或测设精度要求不高的建筑物可以利用测图控制网作为施工控制以外，一般较为复杂的大中型工程，在施工阶段须重新建立施工控制。

施工控制网分为平面控制网和高程控制网。

一、平面控制网的布设

平面控制网一般布设成两级：第一级为基本网，它起着控制水利枢纽各建筑主轴线的作用，组成基本网的控制点称为基本控制点；第二级为定线网（或称"测设网"），它直接控制建筑物的辅助轴线及细部位置。水工建筑物大多位于起伏较大的山岭地区，常采用三角网作为基本控制网。定线网是以基本网为基准，用交会定点等方法加密，也可用基本控制点测设一条基准线，用它来布设矩形网。

如图7-1所示，由实线连成的四边形为基本网，以坝轴线为基准、由虚线连成的四边形为定线网。如图7-2所示，由实线连成的两个四边形为基本网，并用交会法加密成虚线连成的定线网。如图7-3所示是由中心多边形组成的基本网，用以测设坝轴线 AB 与隧洞中心线上的01、02、03、04、05等各点的位置，再以坝轴线为基准布设矩形网，作为坝体的定线网。

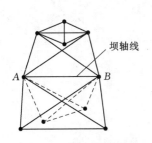

图7-1　由四边形基本网
加密的四边形定线网

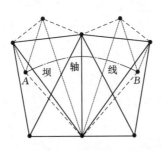

图7-2　由四边形基本网
加密的交会定线网点

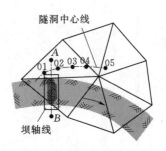

图7-3　由中心多边形基本网
加密的矩形定线网

除了三角网以外，随着GPS定位技术在我国的普遍应用，大型水利枢纽工程的

161

基本控制网也可采用 GPS 网。

施工控制点必须根据施工区的范围和地形条件、建筑物的位置和大小、施工的方法和程序等因素进行选择。基本网一般布设在施工区域以外，以便于长期保存；定线网应尽可能靠近建筑物，便于测设。

二、测量坐标系与施工坐标系的换算

施工坐标系也称建筑坐标系，是供工程建筑物施工测设用的一种平面直角坐标系，其坐标轴与建筑物主轴线一致或平行，以便于建筑物的施工测设。水利枢纽工程采用以坝轴线为坐标轴的施工坐标系。当施工坐标系与测量坐标系（大地坐标系）不一致时，两者之间的坐标可以进行坐标换算。

如图 7-4 所示，设 XOY 为测量坐标系，$xO'y$ 为施工坐标系，$(X_{O'}, Y_{O'})$ 为建筑坐标系的原点在测量坐标系中的坐标，α 为建筑坐标系的纵轴在测量坐标系中的方位角。设已知 P 点的施工坐标为 (x_P, y_P)，可按下式将其换算为测量坐标 (X_P, Y_P)

$$\left.\begin{array}{l} X_P = X_{O'} + x_P \cos\alpha - y_P \sin\alpha \\ Y_P = Y_{O'} + x_P \sin\alpha - y_P \cos\alpha \end{array}\right\} \tag{7-1}$$

例如，已知 P 点的测量坐标为 (X_P, Y_P)，则将其换算为施工坐标 (x_P, y_P)

$$\left.\begin{array}{l} x_P = (X_P - X_{O'})\cos\alpha + (Y_P - Y_{O'})\sin\alpha \\ y_P = -(X_P - X_{O'})\sin\alpha + (Y_P - Y_{O'})\cos\alpha \end{array}\right\} \tag{7-2}$$

三、高程控制网的布设

高程控制网一般分两级布设，一级水准网与施工区域附近的国家水准点连测，布设成闭合或附合路线形式，称为基本网；另一级是由基本网点引测的临时性作业水准点，它应尽可能靠近所需测设的建筑物，以便做到安置一次仪器就能进行高程测设。如图 7-5 所示，BM_1、1、2、3、…、7、BM_1 是一个闭合形式的基本网，P_1、P_2、P_3、P_4 为作业水准点。

7-3
施工控制网
的布设

7-4
施工控制网
的布设

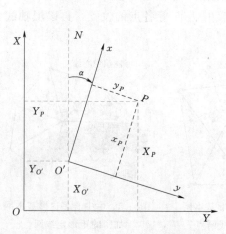

图 7-4 施工坐标和测量坐标的换算

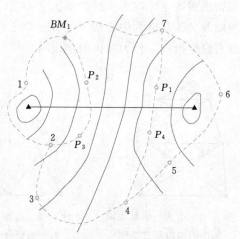

图 7-5 高程控制网布设示意图

单元三　基本的测设工作

施工放样的基本测设工作包括水平角测设、水平距离测设和高程测设。

一、水平角的测设

测设设计的水平角时，是按已知的水平角值和地面上已有的一个已知方向，把该角的另一个方向测设到地面上。水平角测设的仪器是经纬仪或全站仪。

1. 一般方法

如图 7-6 所示，设在地面上已有 OA 方向，要在 O 点上以 OA 为起始方向向右测设出设计给定的水平角 β。为此，将全站仪安置在 O 点，用盘左瞄准 A 点，读取度盘读数；松开照准部向右旋转，当度盘读数增加 β 角值时，在视线方向上定出 B' 点。然后，倒转望远镜（盘右），用同上步骤再在视线方向上定出另一点 B''，取 B'、B'' 的中点 B，则 $\angle AOB$ 就是要测设的角。

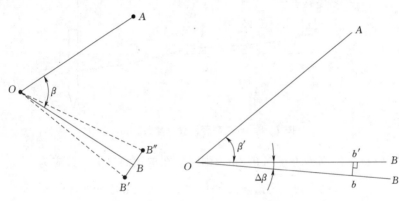

图 7-6　角度的一般测设方法　　　　图 7-7　角度的精确测设

2. 精确方法

如图 7-7 所示，在 O 点安置全站仪，先用上述一般的方法测设出 β 角，在地面上定出 B' 点；再用测回法精确观测 $\angle AOB'$，得角值 β'，它与设计角值 β 之差为 $\Delta\beta$。为了精确定出正确的方向 OB，必须改正小角 $\Delta\beta$，为此由 O 点沿 OB' 方向丈量一整数长度 l，得 b' 点，从 b' 点作 OB' 的垂线，用下式求得 $b'b$ 的长度

$$b'b = l\tan\Delta\beta = l \cdot \frac{\Delta\beta''}{\rho''} \tag{7-3}$$

式中：$\Delta\beta$ 以秒为单位；$\rho'' = 206265''$。

从 b' 点沿垂线方向量 $b'b$ 长度得 b 点，连接 Ob，便得精确放出 β 角的另一方向 OB。

二、水平距离的测设

根据地面上一已知点，在给定的方向上测设出另一点，使两点间的距离为设计长度，即已知水平距离的测设。常用的为全站仪法，具体步骤如下：

首先在 A 点安置全站仪，输入气象参数（温度、大气压）和棱镜常数，在 AB

7-5 ▶

水平角的
测设

163

方向线上目估安置反射棱镜。在全站仪上输入待放样距离，并瞄准棱镜进行观测，屏幕即显示出测量距离与放样距离之差。在 AB 方向上前后移动目标棱镜，直至距离差等于 0m 为止，这时在木桩上标定出 B 点。最后再测定 AB 距离，进行检核。

三、高程的测设

将点的设计高程测设到实地上去，是根据附近的水准点用水准测量的方法进行的。如图 7-8 所示，水准点 BM_{50} 的高程为 7.327m，现欲测设 A 点，使其等于设计高程 5.513m，可将水准仪安置在水准点 BM_{50} 与 A 点的中间，后视 BM_{50}，得读数为 0.874m，则视线高程为

$$H_i = H_{BM50} + 0.874 = 7.327 + 0.874 = 8.201(\text{m})$$

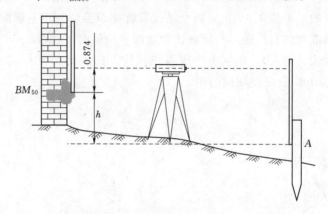

图 7-8 点的高程测设（单位：m）

要使 A 点桩顶的高程等于 5.513m，则竖立在桩顶的尺上读数应为

$$b = H_i - H_A = 8.201 - 5.513 = 2.688(\text{m})$$

此时，逐渐将木桩打入土中，使立在桩顶的尺上读数逐渐增加到 b，这样在 A 点桩顶就标出了设计高程。也可将水准尺沿木桩的侧面上下移动，直至尺上读数为 2.688m 为止，此时沿水准尺的零刻画线在桩的侧面绘一条红线，其高程即为 A 点的设计高程。

当测设的高程点与水准点之间的高差很大时，可以用悬挂的钢卷尺来代替水准尺，以测设设计的高程。如图 7-9 所示，水准点 A 的高程是已知的，为了在深基坑内测出所设计的高程 H_B，用悬挂的钢尺（零刻度在下面）代替一根水准尺（尺子下端挂一个重量相当于钢尺检定时拉力的重锤），在地面上和基坑内各放一次水准仪。设地面放仪器时对 A 点尺上的读数为 a_1，对钢尺的读数为 b_1，在基坑内放仪器时对钢尺读数为 a_2，则对 B 点尺上的应有读数为 b_2。由

$$H_B - H_A = h_{AB} = (a_1 - b_1) + (a_2 - b_2)$$

得

$$b_2 = H_A + a_1 - b_1 + a_2 - H_B$$

用逐渐打入木桩或在木桩上画线的方法，使立在 B 点的水准尺上的读数为 b_2，这样就可以使 B 点的高程符合设计的要求。

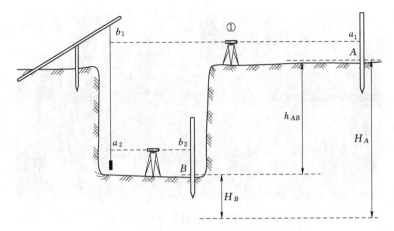

图 7-9 测设深基坑内的高程示意图

单元四 平面点位的施工放样

平面点位施工放样的基本方法有：极坐标法、直角坐标法和交会法等。

一、极坐标法

极坐标法是根据水平角和水平距离测设地面点平面位置的常用方法。如图 7-10 所示，P 点为欲测设的待定点，A、B 为已知点。将 P 点测设于地面，首先按坐标反算公式计算测设用的水平距离 D_{AP} 和坐标方位角 α_{AB}、α_{AP}，即

$$D_{AP} = \sqrt{(x_P - x_A)^2 + (y_P - y_A)^2}$$

$$\alpha_{AB} = \arctan \frac{y_B - y_A}{x_B - x_A}$$

$$\alpha_{AP} = \arctan \frac{y_P - y_A}{x_P - x_A}$$

测设用的水平角为

$$\beta = \alpha_{AP} - \alpha_{AB} \tag{7-4}$$

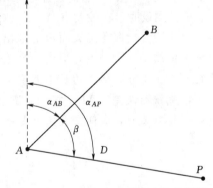

图 7-10 用极坐标法测设点位示意图

用全站仪按极坐标法测设点的平面位置，方法如下：如图 7-11 所示，把全站仪安置在 A 点，输入 A 点坐标；瞄准后视点 B，输入 B 点坐标或方位角进行定向；然后，将待测设点 P 点的设计坐标输入全站仪，可自动计算出测设数据，即水平角 β 及水平距离 D_{AP}，测设水平角度 β，并在视线方向上调整棱镜位置，直至距离为 D_{AP}，即可得地面点 P。

二、直角坐标法

当施工控制网为建筑基线或矩形网时，采用直角坐标法测设较为方便。

如图 7-12 所示，建筑物中 A 点的坐标已在设计图纸上确定。测设到实地上时，只要先求出 A 点与方格顶点 O 的坐标增量，即

图 7-11　用全站仪测设点位示意图

$$AQ = \Delta x = x_A - x_O$$
$$AP = \Delta y = y_A - y_O$$

　　在实地上，自 O 点沿 OM 方向量出 Δy 得 Q 点，由 Q 点作垂线并在垂线上量出 Δx，即得 A 点。

三、交会法

1. 角度交会法

　　如图 7-13 所示，A、B、C 为控制点，P 为码头上某一点，需要测设它的平面位置。首先，根据 P 点的设计坐标和三个控制点的已知坐标，计算测设数据 α_1、β_1、α_2、β_2。测设时，在控制点 A、B、C 三点上各安置一架全站仪，分别拨角 α_1、β_1 及 β_2，由观测者指挥在码头面板上定出 AP、BP、CP 三根方向线。由于测设有误差，三根方向线不交于一点，形成一个三角形，称为示误三角形。如果示误三角形内切圆半径不大于 1cm，最大边长不大于 4cm 时，可取内切圆的圆心作为 P 点的正确位置。为了消除仪器误差，AP、BP、CP 三根方向线须用盘左、盘右取平均的方法定出，并在拟订方案时，应使交会角 γ_1、γ_2 不小于 $30°$ 或不大于 $120°$。

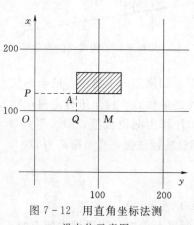

图 7-12　用直角坐标法测
设点位示意图

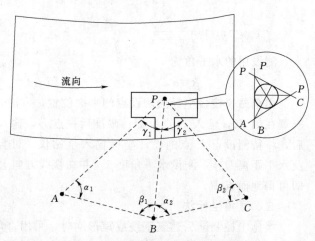

图 7-13　用角度交会法测设点位示意图

2. 距离交会法

距离交会法是根据测设的两个水平距离交会出点的平面位置的方法。当需测设的点位与已知控制点距离较近，一般相距在一尺段以内且测设现场较平整时，可用距离交会法。

如图 7 - 14 所示，a、b 分别为 AP、BP 的平距，在 A 点测设平距 a，在 B 点测设平距 b，其交点即为 P 点。

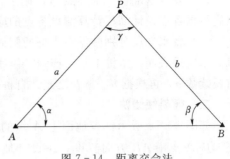

图 7 - 14　距离交会法

单元五　已知坡度的测设

在施工过程中，由于设计需要，往往面临已知坡度的测设任务。坡度的大小一般用百分比表示，如：水平距离为 100m，高差变化为 1m（升高或降低），其坡度记为 1％（上坡为正，下坡为负）。坡度的测设实际是高程的测设，可以根据设计坡度和前进的水平距离计算点位间的高差，进而求得测设点的高程。常用的方法有水平视线法和倾斜视线法。

一、水平视线法

如图 7 - 15 所示，A、B 为设计坡度线上的两端点，其设计高程分别为 H_A、H_B，AB 设计坡度为 i。为使施工方便，要在 AB 方向上，每隔距离 d 钉一木桩，要求在木桩上标定出坡度为 i 的坡度线。方法如下：

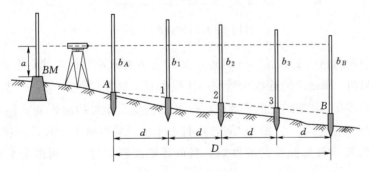

图 7 - 15　水平视线法

（1）沿 AB 方向，标定出间距为 d 的中间点 1、2、3 的位置。

（2）计算各桩点的设计高程。

第 1 点设计高程　　$H_1 = H_A + id$

第 2 点设计高程　　$H_2 = H_1 + id$

第 3 点设计高程　　$H_3 = H_2 + id$

B 点设计高程　　$H_B = H_3 + id$ 或者 $H_B = H_A + iD$（检核）

坡度 i 有正有负，计算设计高程时，坡度应连同其符号一并运算。

（3）安置水准仪于水准点 BM 附近，后视读数 a，得仪器视线高 $Hi = H_{BM} + a$，然后根据各点设计高程计算测设各点的应读前尺读数 $b_{应} = H_i - H_{设}$。

（4）将水准尺分别贴靠在木桩的侧面，上下移动尺子，直到尺读数为 $b_{应}$ 时，便可沿水准尺底面在木桩上划一横线，该线即在 AB 的坡度线上。或立尺于桩顶，读得前视读数 b，再根据 $b_{应}$ 与 b 之差，自桩顶向下划线。

二、倾斜视线法

如图 7-16 所示，设地面上 A 点的高程为 H_A，AB 两点之间的水平距离为 D，要求从 A 点沿 AB 方向测设一条设计坡度为 i 的直线 AB，即在 AB 方向上定出 1、2、3、4、B 各桩点，使各个桩顶面连线的坡度等于设计坡度 i。

具体测设时，先根据设计坡度 i 和水平距离 D 计算出 B 点的高程。

$$H_B = H_A + iD$$

计算 B 点高程时，注意坡度 i 的正、负，在图 7-16 中 i 应取负值。

然后，按照前述测设已知高程的方法，把 B 点的设计高程测设到木桩上，则 AB 两点的连线的坡度等于已知设计坡度 i。

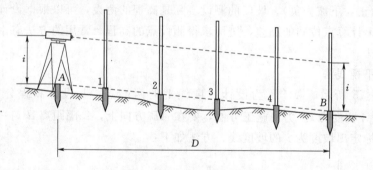

图 7-16　倾斜视线法

为了在 AB 间加密 1、2、3、4 等点，在 A 点安置水准仪时，使一个脚螺旋在 AB 方向线上，另两个脚螺旋的连线大致与 AB 线垂直，量取仪器高 $i_{仪}$，用望远镜照准 B 点水准尺，旋转在 AB 方向上的脚螺旋，使 B 点桩上水准尺的读数等于 $i_{仪}$，此时仪器的视线即为设计坡度线。在 AB 中间各点打上木桩，并在桩上立尺，使读数均为 $i_{仪}$，此时各桩顶的连线就是测设的坡度线。当设计坡度较大时，可利用全站仪定出中间各点。

单元六　圆曲线的测设

修建渠道、隧道、道路、隧洞等建筑物时，从一条直线方向改变到另一条直线方向，须用曲线连接，使路线沿曲线缓慢改变方向。常用的曲线就是圆曲线。

圆曲线由有固定半径的一段圆弧构成。一般测设工作分两步：第一步，先测设曲线上起控制作用的点，称为曲线主点；第二步，根据主点按规定的桩距进行加密测设，详细标定圆曲线的形状和位置，即进行圆曲线细部点的测设。

一、圆曲线主点的测设

1. 圆曲线上点线名称

如图 7-17 所示，圆曲线上各点线名称为：

JD——路线转折点，称交点。

ZY——圆曲线起点，称直圆点。

YZ——圆曲线终点，称圆直点。

QZ——圆曲线中点，称曲中点。

ZY、YZ、QZ 三点总称为圆曲线的主点。

T——切线长。

L——曲线长。

E——外矢距。

Q——切曲差。

T、L、E 三者总称为圆曲线的要素。

P——路线的转角。

R——圆曲线的半径。

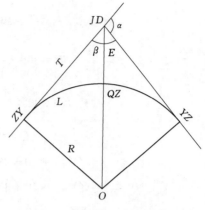

图 7-17 圆曲线主点放样示意图

α——路线的偏角，指路线由一个方向转向另一个方向时，偏转后的方向与原方向之间的夹角，可由全站仪或经纬仪测定，在原方向左侧的为"偏左"，在原方向右侧的为"偏右"。

2. 圆曲线要素计算

如图 7-17 所示，圆曲线要素按下列公式计算：

$$\left.\begin{array}{l} T=R\tan\dfrac{\alpha}{2} \\[2mm] L=\alpha R\,\dfrac{\pi}{180°} \\[2mm] E=R\left(\sec\dfrac{\alpha}{2}-1\right) \\[2mm] Q=2T-L \end{array}\right\} \tag{7-5}$$

式中：R 由设计给出；α 为在实地测出。

3. 圆曲线主点里程的计算

路线上的点号是用里程表示的，由于道路中线不经过交点 JD，所以曲中点 QZ 和圆直点的里程，必须根据直圆点 ZY 的里程由曲线长度推算出来。

主点里程计算公式如下：

$$ZY_{里程}=JD_{里程}-T$$

$$YZ_{里程}=ZY_{里程}+L$$

$$QZ_{里程}=YZ_{里程}-\frac{L}{2}$$

$$JD_{里程}=QZ_{里程}+\frac{Q}{2}$$

【例7-1】 交点 JD 的里程桩号为 $0+380.89$，$\alpha=23°20'$（偏右），选定 $R=200m$，试求主点的里程。

由式（7-5）求得

$$T=200\tan\frac{1}{2}(23°20')=41.30(\text{m})$$

$$L=200\times\frac{\pi}{180}(23°20')=81.45(\text{m})$$

$$E=200\times\left(\sec\frac{23°20'}{2}-1\right)=4.22(\text{m})$$

$$Q=2T-L=1.15(\text{m})$$

$$ZY_{里程}=(0+380.89)-41.30=0+339.59$$

$$ZY_{里程}=(0+339.59)+81.45=0+421.04$$

$$YZ_{里程}=(0+339.59)+81.45=0+421.04$$

$$QZ_{里程}=(0+420.04)-\frac{81.45}{2}=0+380.32$$

检核： $JD_{里程}=QZ_{里程}+\dfrac{Q}{2}=(0+380.32)+\dfrac{1}{2}\times1.15=0+380.89$

4. 圆曲线主点的测设

全站仪置于交点 JD 上，将望远镜照准 ZY 方向，自交点沿此方向量取切线长 T，得起点 ZY，打下 ZY 桩。然后，将望远镜照准圆直方向，自交点沿此方向量取切线长 T，得终点 YZ，打下 YZ 桩。平分 β 角，沿分角线从 JD 量取 E 长，得 QZ 点，打下 QZ 桩。

二、圆曲线细部点的测设

曲线除主点外，还应在曲线上每隔一定距离（弧长）测设一些点，这项工作称为曲线细部的测设。细部测设的方法有很多，归纳起来有两种，即直角坐标法和极坐标法。

1. 切线支距法

切线支距法是直角坐标法的一种。它把圆曲线分成两半边，分别以起点 ZY 和终点 YZ 为原点，以切线为 X 轴，Y 轴指向圆心，建立起直角坐标系。利用点的坐标 x、y 值测设出曲线上的点位。如图 7-18 所示，l_i 为待测设点至原点的弧长，φ_i 为 l_i 所对的圆心角，R 为曲线的半径，则测设点 i 的坐标按下式求得

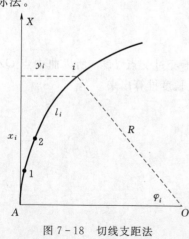

图 7-18 切线支距法

$$\left.\begin{aligned}x_i&=R\sin\varphi_1\\y_i&=R(1-\cos\varphi_1)\end{aligned}\right\} \qquad (7-6)$$

式中：$\varphi_i = \dfrac{l_i}{R} \cdot \dfrac{180^\circ}{\pi}$ （$i=1$，2，3，$\cdots$）。

根据圆曲线的半径 R 及曲线上一点 i 距 ZY（或 YZ）的弧长 l_i 按式（$7-6$）可以算得 i 点的直角坐标 x_i、y_i。然后，在地面上沿切线方向自 ZY 量出 x_i，在其垂直方向量取 y_i，便得曲线上 i 点的实际位置。另一半曲线以 YZ 点为原点测设。

曲线测设后，要量相邻两桩及 QZ 点至最近一个曲线桩间的距离，并将距离与它们的里程之差比较，若在限差内，则曲线测设合格，打桩标定其位置，否则应查明原因，予以纠正。

切线支距法适用于平坦地区且曲线不太长的情况，此法的优点是测点误差不累积。

【例 $7-2$】 已知 JD 点里程为 $2+752.89$，$\alpha=92^\circ40'$，$R=20\text{m}$，求该圆曲线的测设数据。

解：曲线的要素为

$$T=20.95\text{m}、\quad L=32.35\text{m}、\quad E=8.97\text{m}、\quad Q=9.55\text{m}$$

算出主点和加桩里程，见表 $7-1$。

表 7-1 　　　　　　　　　圆曲线测设数据计算表（切线支距法）　　　　　　　　单位：m

里 程	弧长 l	坐 标 值	
		x	y
ZY　$2+731.94$			
$2+740$	8.06	7.84	1.60
QZ　$2+748.11$			
$2+750$	14.29	13.10	4.89
$2+760$	4.29	4.26	0.46
YZ			

2. 偏角法

这种方法实质上就是极坐标法。如图 $7-19$ 所示，以曲线的起点（或终点）为坐标原点，以该点的切线为 X 轴，测设时在 ZY 点置镜，后视 JD 拨偏角 δ_i，用弦长与视线方向作交会，得出 i 点。δ_i 角称为弦切角，它等于同弧（弦）所对圆心角之半，即

$$\delta=\frac{\varphi}{2}=\frac{l}{2R} \cdot \frac{180^\circ}{\pi} \qquad (7-7)$$

曲线上各等距点的偏角为

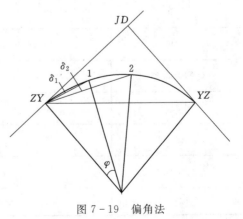

图 7-19 偏角法

171

$$\left.\begin{array}{l} \delta_1 = \dfrac{l}{2R} \cdot \dfrac{180°}{\pi} \\[2mm] \delta_2 = 2\delta_1 \\[1mm] \cdots \\[1mm] \delta_n = n\delta_{n-1} \end{array}\right\} \qquad (7-8)$$

式中：l 为弧长，只要知道曲线半径 R 和曲线桩至曲线起点的弧长 l，就可以算得弦切角 δ。有了 δ 和弦长 c（弧长扣除弧弦差得弦长），就可以定出曲线上的桩。当半径较大时，一般以弧长代替弦长。

测设第 i 点时，通常不是从起点出发量极距，而是从已经测设在实地的前一点出发再量一段 c。由此，测设前面点的误差会对其后面各点都有影响。

用偏角法测设细部点时，各点之间有联系，最后抵达曲线中点。因为曲线中点事先已测设在实地上了，若从两边测设细部点时，最后应该正好与已有的 QZ 点重合，这提供了可靠的检核。如果差值在限差（也称闭合差）之内，则已测设的细部点要平移改正。

【例 7-3】 已知 $\alpha = 68°42'$，$R = 100\text{m}$，JD 里程为 $2+254.02$，计算曲线要素和主点里程。曲线上加桩间隔不大于 20m，试计算测设数据。

解：曲线要素为

$$T = 68.34\text{m}, \quad L = 119.90\text{m}, \quad E = 21.12\text{m}$$

其他测设数据列在表 7-2 中。

表 7-2　　　　　　　　　圆曲线测设数据计算法（偏角法）

里　程	弧长 l/m	偏角/(°′″)	读数/(°′″)
+180			
ZY+185.68			355 53 52
+200	14.32	4 06 08	0 00 00
+220	20	5 43 46	5 43 46
+240	20	5 43 46	11 27 32
QZ+245.63			
+260	20	5 43 46	17 11 18
+280	20	5 43 46	22 55 04
+300	20	5 43 46	28 38 50
YZ+305.58	5.58	1 35 55	30 14 45

7-18
圆曲线的测设

项 目 小 结

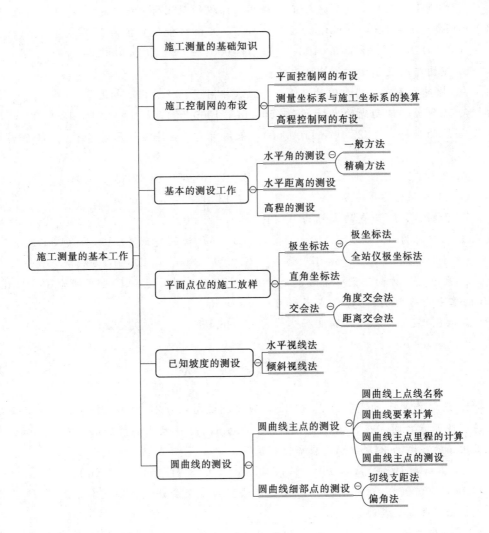

单 元 自 测

1. 施工测设的精度与（ ）无关。

A. 建筑物的大小　　　　　B. 建筑物的结构

C. 建筑物的材料　　　　　D. 施工图比例尺大小

2. 不属于测设基本工作的是（ ）。

A. 测设已知水平距离　　　B. 测设已知水平角

C. 测设已知高程　　　　　D. 测设点位

3. 已知 A 点高程为 15.800m，现欲测设高程为 14.200m 的 B 桩，水准仪架在 AB 之间，在 A 尺读数为 0.730m，则在 B 尺读数应为（ ）m 时，才能使水准尺底部高程为所需值。

    A. 0.770　　　　　B. 1.600　　　　　C. 2.330　　　　　D. 0.870

4. 要测设角值为120°的∠ABC，先用经纬仪精确测得∠ABC＝120°00′15″，已知 BC′的距离为 D＝180m，问 C′向里移动（　　　）m 才能使角值为120°。

    A. 0.0118　　　　B. 0.0108　　　　C. 0.0121　　　　D. 0.0131

5. 测图与测设相比，其精度要求（　　　）。

    A. 相对要高　　　B. 相对要低　　　C. 相同　　　　D. 相近

6. 已知 A、B 两点的坐标为 A（500.00，1000.00），B（800.00，1200.00），待测设点 P 的坐标为（525.00，1100.00），采用角度交会法测设元素∠A、∠B 分别为（　　　）。

    A. 33°41′24″、75°57′50″　　　　　　B. 42°16′26″、13°42′25″

    C. 213°41′24″、199°58′59″　　　　　D. 13°42′25″、42°16′26″

7. 已知 A、B 两点的坐标为 A（100.00，100.00），B（80.00，150.00），待测设点 P 的坐标为（130.00，140.00），则 AB、AP 边的夹角∠BAP 为（　　　）。

    A. 68°40′17″　　B. 53°07′48″　　C. 111°48′65″　　D. 164°55′53″

8. 要在 CB 方向测设一条坡度为 $i＝-2\%$ 的坡度线，已知 C 点高程为36.425m，CB 的水平距离120m，则 B 点高程为（　　　）m。

    A. 38.825　　　　B. 34.025　　　　C. 36.665　　　　D. 36.185

7-19 ▶

施工测量的
基本工作单
元自测

技 能 训 练

1. 设水准点 A 的高程为25.620m，现要测设高程为24.500m 的 B 点，仪器安置在 A、B 两点之间，在 A 尺上的读数为1.256m，则 B 尺上的读数应为多少？如欲使 B 桩桩顶的高程为24.500m，应如何测设？

2. 已知控制点 A（150.36，247.15）、B（247.58，154.56），待定点 P（100.00，200.00），试分别计算用极坐标法、角度交会法、距离交会法测设 P 点的测设数据，并简述其测设方法。

3. 要在 AB 方向上测设一条坡度为 $i＝-5\%$ 的坡度线，已知 A 点的高程为32.365m，A、B 两点之间的水平距离为100m，则 B 点的高程应为多少？

4. 已知圆曲线半径为300m，转向角 $α＝30°45′$，交点 JD 的里程为 3＋376.86，求曲线要素及主点的里程。

项目八　水工建筑物施工测量

【主要内容】

本项目主要讲述常见水工建筑物的施工测量，包括土坝的控制测量，土坝清基开挖线与坝体填筑的施工测量；混凝土坝的施工控制测量，混凝土坝的清基开挖线的放样；重力坝坝体的立模放样；水闸施工测量。

重点：土坝坝轴线的确定及坝身控制线的放样；土坝坡脚线的放样和边坡放样；混凝土坝的施工控制测量；混凝土坝清基开挖线的放样和混凝土重力坝坝体的立模放样。

难点：混凝土重力坝坝体立模放样。

【学习目标】

知 识 目 标	能 力 目 标
1. 掌握土坝施工测量的基本方法 2. 掌握混凝土坝施工测量的基本方法 3. 掌握水闸施工测量的基本方法	1. 能进行土坝控制测量 2. 能进行土坝细部放样 3. 能进行混凝土坝控制测量 4. 能进行混凝土坝细部放样 5. 能进行水闸控制测量 6. 能进行水闸细部放样

拦河大坝是重要的水工建筑物，按坝型可分为土石坝、重力坝和拱坝，重力坝和拱坝两类坝的大中型多为混凝土坝，中小型多为浆砌石坝。修筑大坝按照施工顺序需要进行以下测量工作：布设平面和高程基本控制网，控制整个大坝的施工测量；确定坝轴线和布设控制坝体细部放样的定线控制网；清基开挖线的施工测量；坝体填筑施工测量等。对于不同类型的大坝，施工测量的精度要求有所不同，施工测量的内容也有差异，但施工测量的基本方法大同小异。

单元一　土 坝 控 制 测 量

土坝：是一种常见的坝型，根据筑坝材料在坝体内部的分布及结构不同，其类型又分为多种，图 8-1 所示是黏土心墙土坝示意图。

土坝控制测量：是指根据基本网确定土坝轴线，然后以轴线为依据布设坝身控制网以控制坝体细部的施工测量。

一、坝轴线的确定

土坝轴线即土坝坝顶中心线。对于中小型土坝的坝轴线，一般由勘测人员和设计人员现场实地踏勘，并根据当地的地形、地质和建筑材料等条件，经过方案比选，直

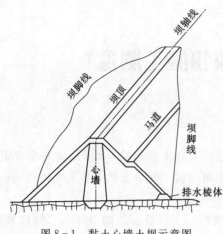

图 8-1　黏土心墙土坝示意图

接在现场选定，可用木桩或混凝土桩标定坝轴线的端点。图 8-1 所示的黏土心墙土坝的坝轴线为直线。

对于大中型土坝以及与混凝土坝衔接的土质副坝，其坝轴线的确定一般要经过现场踏勘、图上规划等多次调查研究和方案比较，确定建坝位置，并在坝址地形图上结合枢纽的整体布置，将坝轴线标于地形图上，如图 8-2 中的 M、N。然后根据预先建立的施工控制网，用极坐标法将 M 和 N 放样到地面上。

土坝轴线的两个端点在现场标定后，应用永久性标志标明。为了防止施工时端点被破坏，应将坝轴线的两个端点延长到两岸上坡上，如图 8-2 中的 M' 和 N'，并用混凝土浇筑固定，以达到长期保存使用的目的。

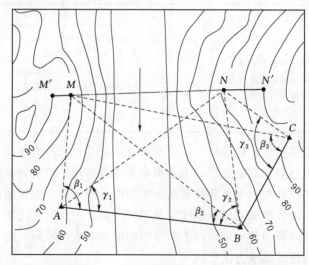

图 8-2　土坝轴线测量（单位：m）

二、坝身控制线的测设

坝身控制线一般要布设与坝轴线平行和垂直的一些控制线，这项工作需要在坝体清基前进行。坝轴线为直线的土坝平面控制网通常采用矩形网或正方形网作平面控制网。

1. 平行于坝轴线的控制线的测量

平行于坝轴线的控制线可布设在坝顶、上下游坡面变化处、上下游马道中线，也可按照一定间隔布设，以便控制坝体的填筑和收方。在河滩上选择两条便于量距的坝轴线垂直线，根据所需间距（如 5m、10m、20m、30m 等）从坝轴里程桩起，沿垂线向上、下游丈量定出各点，并按轴距（即至坝轴线的平距）进行编号，如上 10、上 20、…，下 10、下 20、…。两条垂线上编号相同的点连线即坝轴线平行线，应将其向两端延长至施工影响范围之外，并打桩编号，如图 8-3 所示。

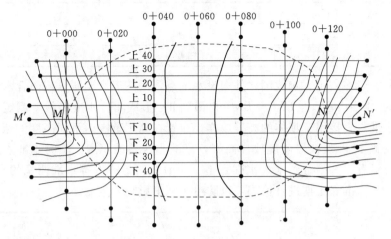

图 8-3 土坝坝身控制线示意图

2. 垂直于坝轴线的控制线的测量

垂直于坝轴线的控制线一般按 50m、30m 或 20m 的间距以里程桩来测设，其步骤如下：

（1）沿坝轴线测设里程桩。由坝轴线的一端，如图 8-3 中的 M，在轴线上定出坝顶与地面的交点，作为零号桩，其桩号为 0+000。方法是：在 M 安置全站仪，瞄准另一端点 N 的坝轴线方向。用高程放样的方法，根据附近水准点（高程为已知）上水准尺的后视读数及坝顶高程，求得水准尺上的前视读数 b 时，立尺点即为零号桩（0+000 里程桩）。

然后由零号桩起，由全站仪定线，沿坝轴方向按选定的间距（图 8-3 中为 20m）丈量距离，顺序钉下 0+000，0+000，0+000，…里程桩，直至另一端坝顶与地面的交点为止。

（2）测设垂直于坝轴线的控制线。将全站仪安置在里程桩上，瞄准 M 或 N，转 90°即定出垂直于坝轴线的一系列平行线，并在上、下游施工范围以外将方向桩标定在实地上，作为测量横断面和放样的依据。

三、高程控制网测量

用于土坝施工放样的高程控制，可由若干永久性水准点组成基本网和临时作业水准点两级布设。具体应注意以下三点：

（1）在施工范围外布设三等或四等永久性水准点。

（2）在施工范围内设置临时性水准点，用于坝体的高程放样。

（3）临时性水准点应与永久性水准点构成附合或闭合水准路线，按等外精度施测。

高程控制网的等级，依次划分为二等、三等、四等、五等。首级控制网的等级，应根据工程规模、范围大小和放样精度高低来确定，其适用范围见表 8-1。

表 8-1　　　　　　　　　　　　首级高程控制等级的适用范围

工程规模	混凝土建筑物	土石建筑物
大型水利水电工程	二等或三等	三等
中型水利水电工程	三等	四等
小型水利水电工程	四等	五等

基本网一般在施工影响范围之外布设水准点，用三等水准测量按闭合水准路线进行。如图 8-4 中由 II_A 经 $BM_1 \sim BM_5$ 再回到 II_A 形成闭合水准路线，测定它们的高程。临时水准点直接用于坝体的高程放样，布置在施工范围内不同高度的地方，并尽可能做到安置 1～2 次仪器就能放样高程，以减小误差的积累。临时水准点应根据施工进程临时设置，并附合到永久水准点上。一般按四等或五等水准测量的方法施测，并要根据永久水准点定期进行检测，以防由于施工影响发生变动。

8-2
土坝控制测量

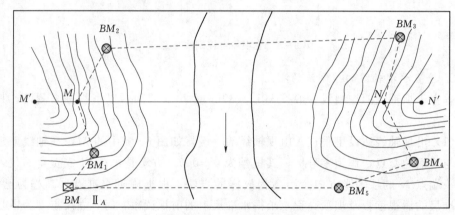

图 8-4　高程控制网

单元二　土坝清基开挖与坝体填筑的施工测量

一、清基开挖线的放样

清基开挖线是坝体与自然地面的交线，也就是自然地表上的坝脚线。为了使坝体与地面很好地结合，在坝体填筑前，必须先清理坝基。

清基开挖线的放样精度要求不高，可用图解法求得放样数据在现场放样。为此，先沿坝轴线测量纵断面。即测定轴线上各里程桩的高程，绘出纵断面图，求出各里程桩的中心填土高度，再在每一里程桩进行横断面测量，绘出横断面图，最后根据里程桩的高程、中心填土高度与坝面坡度，在横断面图上套绘大坝的设计断面（图 8-5）。

根据横断面图上套绘的大坝设计断面，可以看出 A、B 分别为上、下游清基开挖点，C、D 为心墙上、下游清基开挖点，它们与坝轴线的距离分别为 d_1、d_2、d_3、d_4，可从图上量得，用这些数据可实地放样。但清基有一定的深度，开挖时要有一定的边坡，故实际开挖线应根据地面情况和深度向外适当放宽 1～2m，用白灰连接相邻的开挖点，即为大坝清基开挖线。

178

二、坡脚线放样

清基完成后开始坝体的填筑工作，为此需要先确定坡脚线。坡脚线是清基完成后坝体与地面的交线，又称起坡线，是坝体填筑的边界线。其放样方法有套绘断面法和平行线法。

8-3 ▶

土坝清基开挖线的放样

1. 套绘断面法

仍用图解法获得放样数据。具体如下：

（1）首先恢复被破坏的里程桩，然后进行纵断面和横断面测量，绘出清基后的横断面图。

（2）套绘土坝设计断面，获得类似图8-5的坝体和清基后地面的交点 A 及 B（上、下游坡脚点），d_1 及 d_2 即分别为该断面上、下游坡脚点的放样数据。

（3）在实地将这些点标定出来，分别连接上、下游坡脚点即得上、下游坡脚线，如图8-6所示。

2. 平行线法

平行线法以不同高程坝坡面与地面的交点获得坡脚线，如图8-6所示。在地形图上确定土坝的坝脚线，是用已知高程的坝坡面（为一平行于轴线的直线），求得它与坝轴线间的距离，获得坡脚点。平行线法测设坡脚线的原理与此相同，不同的是由距离

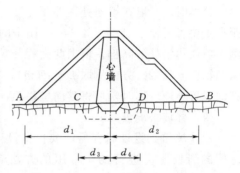

图8-5　土坝清基放样示意图

（平行控制线与坝轴线的距离为已知）求高程（坝坡面的高程），而后在平行控制线方向上用高程放样的方法，定出坡脚点。

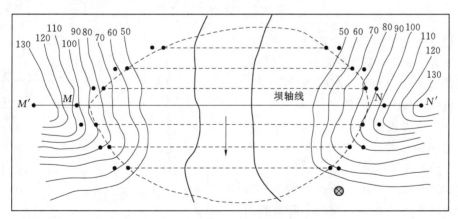

图8-6　平行线法放样坡脚线（单位：m）

三、边坡线放样

坝体边坡放样是保证坝体按照设计坡度和要求施工的前提保证。坝体坡脚放出后，就可填土筑坝，为了标明上料填土的界限，每当坝体升高1m左右，就要用桩（称为上料桩）将边坡的位置标定出来。标定上料桩的工作称为边坡放样。

放样前先要确定上料桩至坝轴线的水平距离。由于坝面有一定坡度，随着坝体的升高轴距将逐渐减小，故预先要根据坝体的设计数据算出坡面上不同高程的坝轴距，为了使经过压实和修理后的坝坡面恰好是设计的坡面，一般应加宽1～2m填筑。上料桩应标定在加宽的边坡线上（图8-7中的虚线处）。因此，各上料桩的坝轴距比较设计所算数值要大1～2m，将其编成放样数据表，供放样时使用。

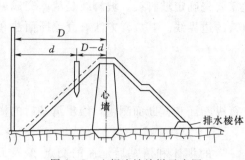

图8-7　土坝边坡放样示意图

放样时，一般在填土处以外预先埋设轴距杆，如图8-7所示。轴距杆坝轴线的距离主要考虑便于量距、放样，如图中的为D(m)。为了放出上料桩，则先用水准仪测出坡面边沿处的高程，根据此高程从放样数据中查得坝轴距，设为d(m)，此时，从坝轴杆向坝轴线方向量取$D-d$(m)，即为上料桩的位置。当坝体逐渐升高，轴距杆的位置不便应用时，可将其向里移动，以方便放样。

8-4 ▶

土坝边坡放样

四、修坡桩测设

坝体填筑到设计高程后，要根据设计的坡度修整坝坡面。修坡是根据修坡桩上标明的削坡厚度进行的，常用的方法有全站仪法和水准仪法，下面仅介绍全站仪法。

全站仪法修坡桩测设的步骤如下：

（1）设边坡1：m，计算坡倾角。

$$\alpha = \arctan \frac{1}{m} \qquad (8-1)$$

（2）为便于观测，在填筑的坝顶边缘上安置全站仪，量取仪器高i，将望远镜视线向下倾斜角α，此时视线平行于设计坡面，如图8-8所示。

（3）沿着视线方向，每隔一定的距离树立一根标尺，设中丝读数为v，则该立尺点的修坡厚度为$\Delta h = i - v$。

（4）若安置全站仪地点的高程与坝顶设计高程不符，若坝顶的实际高程为设计高程H_i，设计高程为H_0，则实际修坡厚度Δh按照式（8-2）进行计算。

$$\Delta h = i - v + (H_i - H_0) \qquad (8-2)$$

8-5 ◎

土坝清基开挖与坝体填筑的施工测量

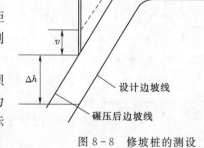

图8-8　修坡桩的测设

为便于对坡面进行修整，一般沿斜坡观测3～4个点，求出修坡量，以此作为修坡的依据。

单元三　混凝土坝施工控制测量

混凝土坝主要有重力坝和拱坝两种形式，其结构和建筑材料相对土坝较为复杂，其放样精度比土坝要求高。施工平面控制网一般按两级布设，不多于三级，精度要求最末一级控制网的点位中误差不超过±10mm。

一、基本平面控制网

基本平面控制网作为首级平面控制网，一般布设成三角网、GPS网，并应尽可能将坝轴线的两端点纳入网中作为网的一条边（图8-9）。根据建筑物重要性的不同要求，一般按三等以上三角测量的要求施测。大型混凝土坝的基本网兼作变形观测监测网，要求更高，须按一等、二等三角测量要求施测。为了减少安置仪器的对中误差，三角点一般建造混凝土观测墩，并在墩顶埋设强制对中设备，以便安置仪器和视标。

图8-9　混凝土坝施工平面控制网

二、坝体控制网（定线网）

混凝土坝采取分层浇筑，每一层中还分跨分仓（或分段分块）进行浇筑。坝体细部常用方向线交会法和前方交会法放样，为此，坝体放样的控制网（定线网）有矩形网和三角网两种，前者以坝轴线为基准，按施工分段分块尺寸建立矩形网，后者则由基本网加密建立三角网作为定线网。下面仅介绍矩形网。

图8-10为混凝土重力坝分层分块浇筑示意图，图8-11为以坝轴线 AB 为基准布设的矩形网。矩形网就是测设出与大坝轴线平行和垂直的控制线组成控制网，控制坝体施工过程中的分块，平行线之间的距离最好等于分块的长度，这样测设起来比较方便。实际测设时的具体步骤如下：

（1）安置全站仪于坝轴线控制点 A 点（或 B 点），照准另一个控制点 B 点（或 A 点）确定坝轴线方向，并在该方向选取两点，如 S、T 两点。

（2）由选取的 S、T 两点开始，分别沿垂直方向按分块的宽度钉出 e、f、g、h、

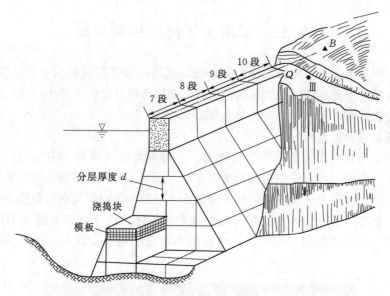

图 8-10　重力坝分层分块浇筑示意图

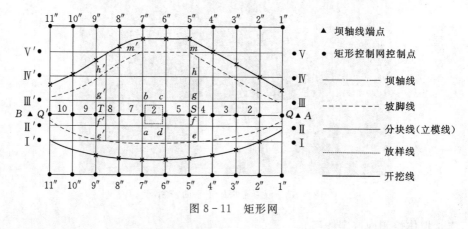

图 8-11　矩形网

m 和对应的 e'、f''、g''、h''、m' 等点。

（3）将对应的每组点连线，即 ee'、ff'、gg'、hh'、mm' 等连线并延伸到开挖区外，在两侧山坡上设置Ⅰ、Ⅱ、Ⅲ、Ⅳ、Ⅴ和Ⅰ′、Ⅱ′、Ⅲ′、Ⅳ′、Ⅴ′等放样控制点。

（4）按坝顶高程在坝轴线方向上找出坝顶与地面相交的两点 Q 与 Q'。

（5）沿坝轴线方向，按分块的长度钉出坝基点 2、3、…、10。

（6）在坝基点（每个点）上安置全站仪，测设与坝轴线垂直的方向线，并将这些方向线延伸到上、下游围堰上或两侧山坡上，设置对应坝基点的 1′、2′、…、11′和 1″、2″、…、11″等放样控制点。

在实施过程中，需要注意每次照准方向测设点位时，都需要用盘左和盘右测设取平均值的方法，这样既可以相互校核又可提高精度，距离也应往返测量，避免发生放线错误。

三、高程控制网

高程控制网一般分两级布设。一级为基本网，负责对水利枢纽整体的高程控制，根据工程的不同要求，按二等或三等水准测量施测，并考虑以后可用作监测垂直位移的高程控制。二级为施工水准点，随施工进度布设，尽可能布设成闭合或附合水准路线，以保证测设的精度。作业水准点多布设在施工区内，应经常由基本水准点检测其高程，如有变化及时改正。

单元四　混凝土重力坝坝体的立模放样

一、坡脚线的放样

基础清理完毕就可以开始坝体的立模浇筑，立模前首先找出上、下游坝坡面与岩基的接触点，即分跨线上、下游坡脚点。放样的方法很多，下面主要介绍逐步趋近法。

如图 8－12 所示是大坝的坝坡脚放样断面图，欲放出坡脚点 A，可先从设计图上查得坝坡顶 B 的高程 H_B，坡顶距坝轴线的距离为 D，设计的上游坡度为 $1:n$，为了在基础面上标出 A 点，可依据坡面上某一点 C 的设计高程为 H_C，计算距离 S_1

$$S_1 = D + (H_B - H_C)n$$

$$(8-3)$$

求得距离 S_1 后，可由坝轴线沿该断面量一段距离 S_1 得 C_1 点，用水准仪实测 C_1 点的高程 H_{C1}，若 H_{C1} 与设计高程 H_C 相等，则

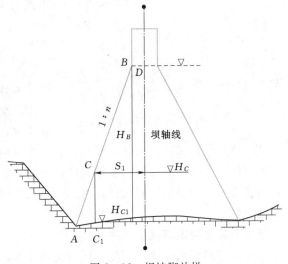

图 8－12　坝坡脚放样

C_1 点即为坡脚点 A。否则应根据实测的 C_1 点的高程，再求距离得

$$S_2 = D + (H_B - H_{C1})n \qquad (8-4)$$

再从坝轴线起沿该断面量出 S_2 得 a_2 点，并实测 a_2 点的高程，按上述方法继续进行，逐次接近，直至由量得的坡脚点到坝轴线间的距离，与计算所得距离之差在 1cm 以内。同样的方法放出其他各坡脚点，连接上游（或下游）各相邻坡脚点，即得上游（或）下游坡面的坡脚线。

二、直线型重力坝的立模放样

重力坝浇筑是分块进行的，因此需要在坝体分块处竖立模板（立模），立模应将分块线投影到基础面或已浇好的下层坝块面上，将模板架立在分块线上，因此分块线也就成了立模线。但立模后立模线被覆盖，还要在立模线内侧弹出平行线（称为放样线，如图 8－13 中虚线所示）用来立模放样和检查校正模板位置，放样线与立模线之

间一般有 0.2～0.5m 的距离。立模放样常采用方向线交会等方法和角度前方交会。

1. 方向线交会法

如图 8-11 所示的混凝土重力坝已按分块要求布设了矩形坝体控制网，可用方向线交会法测设立模线。

如要测设分块 2 的顶点 a 的位置，可在 $6'$ 点安置全站仪，瞄准 $6''$ 点，同时在 Ⅱ 点安置全站仪，瞄准 Ⅱ′ 点，两架全站仪视线的交点即为 a 的位置。用同样的方法可交会出这分块的其他三个顶点的位置，得出分块 2 的立模线。利用分块的边长及对角线校核标定的点位精度，确认无误后在立模线内侧标定放样线的四个角顶，如图 8-11 中分块 $a-b-c-d$ 内的虚线。

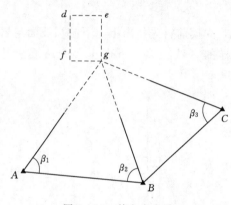

图 8-13　前方交会法

2. 角度前方交会法

如图 8-13 有 A、B、C 三个控制点，欲测设坝体分块。先在设计图纸上查出各坝体分块点的坐标，如分块 d、e、g、f 的四个点的坐标，再计算出它们与三个控制点 A、B、C 之间的放样数据（交会角），如 g 点与 A、B、C 连接所形成的放样角 β_1、β_2、β_3。

具体放样时根据放样角 β_1、β_2、β_3 按照前方交会的方法放样出 g 点，同理可放样出 d、e、f 各角点。用分块边长和对角线校核放样点位的精度，确认无误后在立模线内侧标定放样线的四个角点。

方向线交会法简易方便，放样速度快，但往往受地形限制，或因坝体浇筑逐步升高，挡住方向线的视线不便放样，因此实际工作中可根据条件把方向交会法和角度交会法结合使用。

三、混凝土浇筑高度的放样

立模放样结束后还要在模板上标出浇筑高度，具体步骤如下：

（1）立模前先由最近的作业水准点或邻近已浇好坝块上所设的临时水准点引测，测设至少两个临时水准点。

（2）模板立好后由临时水准点按设计高度在模板上标出若干点，并以规定的符号标明，以控制浇筑高度。

8-8

混凝土重力坝坝体的立模放样

单元五　水　闸　施　工　测　量

水闸由上游连接段、闸室段和下游连接段三部分组成，如图 8-14 所示。水闸一般修建在土质或沙质地基上，因此通常以较厚的钢筋混凝土底板作为整体基础，闸墩和翼墙与底板连接浇筑以增强水闸的强度。施工放样时，应先放出整体基础的开挖线。在基础浇筑时，为了在底板上预留闸墩和翼墙的连接钢筋，应放出闸墩和翼墙的位置。水闸的施工测量主要包括水闸控制测量、水闸底板测设以及闸墩和下游溢流面的测设。

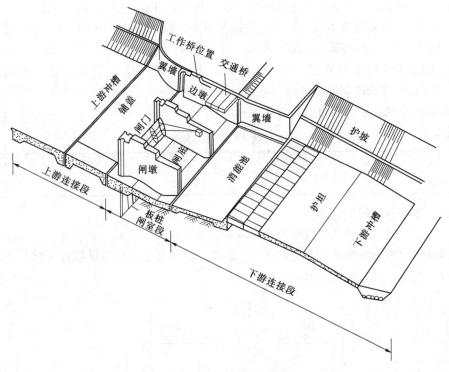

图 8-14 水闸示意图

一、水闸主轴线的测设

如图 8-15 所示，水闸主轴线由闸室中心线 AB（横轴）和河道中心线 CD（纵轴）两条相互垂直的直线组成。主轴线定出后，应在交点检测它们是否垂直，若误差超过 $10''$，应以闸室中心线为基准，重新测设一条与它垂直的直线作为纵向主轴线，其测设误差应小于 $10''$。主轴线测定后，应向两端延长至施工范围之外，每端各埋设两个固定标志以表示方向。水闸主轴线的测设步骤如下：

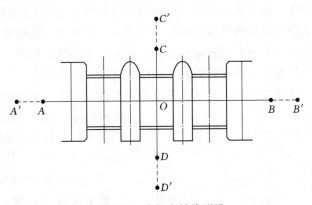

图 8-15 水闸主轴线测设

（1）从水闸设计图计算出 AB 轴线的端点 A、B 的坐标，并将施工坐标换算为测图坐标，再根据控制点进行放样。

185

（2）采用距离精密测量的方法测定 AB 的长度，并标定中点 O 的位置。

（3）在 O 点安置全站仪，采用正倒镜的方法测设 AB 的垂线 CD。

（4）将 AB 的两端延长至施工范围外（A'、B'），并埋设两固定标志，作为检查端点位置及恢复端点的依据。在可能的情况下，轴线 CD 也延长至施工范围以外（C'、D'），并埋设固定标志。

主轴线点位中误差限值要符合表 8-2 的规定。

表 8-2　　　　　　　　　　　　主轴线点位中误差限值

轴线类型	相对于临近控制点中误差/mm	轴线类型	相对于临近控制点中误差/mm
土建轴线	±17	安装轴线	±10

左侧边注图标：8-9　水闸主轴线的测设

二、高程控制网的建立

高程控制一般采用三等或四等水准测量方法测定。水准基点布设在河流两岸不受施工影响的地方，如图 8-16 中的 BM_1 等点。临时水准点要尽量靠近水闸位置，减小放样的误差，可以布设在河滩上。

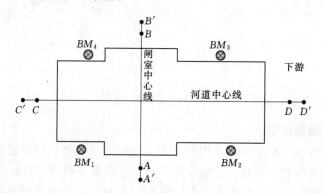

图 8-16　高程控制网建立

三、基础开挖线的放样

水闸基坑开挖线是由水闸底板、翼墙护坡等与地面的交线决定的，可以采用土坝施工测量的套绘断面法确定开挖线的位置，如图 8-17 所示。其放样步骤如下：

（1）从水闸设计图上查取底板形状变换点至闸室中心线的平距，在实地沿纵向主轴线标出这些点的位置，并测定其高程和测绘相应的河床横断面。

（2）根据设计的底板高程、宽度、翼墙和护坡的坡度在河床横断面上套取相应的水闸断面，如图 8-18 所示。量取两断面线交点到纵轴的距离，即可在实地放出这些交点，连成开挖边线。

（3）实地放样时，在纵轴线相应位置上安置全站仪，以 C 点（或 D 点）为后视，向左或向右旋转 90°，再量取相应的距离可得断面线交点的位置。

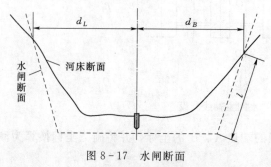

图 8-17　水闸断面

为了控制开挖高程，可将斜高 l 注在开挖边桩上。当挖到接近底板高程时，一般应预留 0.3m 左右的保护层，待底板浇筑时再挖去，以免间隙时间过长，清理后的地基受雨水冲刷而变化。在挖去保护层时，要用水准测定地面高程，测定误差不能大于 10mm。

8-10 ▶
水闸基础开挖线的放样

四、水闸底板的放样

1. 底板放样的任务

底板是闸室和上、下游翼墙的基础，闸孔较多的大中型水闸底板是分块浇筑的。

(1) 底板立模线的标定和装模高度的控制，放出每块底板立模线的位置，以便立模浇筑。底板浇筑完后，要在地板上定出主轴线、各闸孔中心线和门槽控制线，并弹墨标明。

(2) 翼墙和闸墩位置及其立模线的标定，以闸室轴线为基准标出闸墩和翼墙的立模线，以便安装模板。

2. 底板放样的方法

如图 8-18 所示，在主要轴线的交点 O 安置全站仪，照准 A 点（或 B 点）后向左右旋转 $90°$ 后确定方向（CD 方向），在此方向上根据底板的设计尺寸分别向上、下游各测设底板长度的一半，得 G、H 两点。

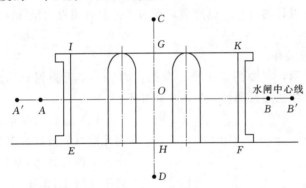

图 8-18 闸底板放样

在 G、H 点上分别安置全站仪，测设与 CD 轴线相垂直的两条方向线，两方向线分别与边墩中线的交于点 E、F、I、K，此四点为闸墩底板的四个角点。

如果量距有困难，可用 A、B 点作为控制点，根据闸底板四个角点到 AB 轴线的距离及 AB 长度，可推算出 B 点及四个角点的坐标，再反算出放样角度，用前方交会法放样出四个角点。

如果要放样 K 点，先按式（8-5）计算 AK、BK、AB、BA 的方位角：

$$\left.\begin{aligned}
\alpha_{AK} &= \arctan\frac{y_K - y_A}{x_K - x_A} \\
\alpha_{BK} &= \arctan\frac{y_K - y_B}{x_K - x_B} \\
\alpha_{AB} &= \arctan\frac{y_B - y_A}{x_B - x_A} \\
\alpha_{BA} &= \arctan\frac{y_A - y_B}{x_A - x_B}
\end{aligned}\right\} \qquad (8-5)$$

8-11 ▶

水闸闸底板
的放样

然后在 A 点（或 B 点）安置全站仪，瞄准 B 点并使水平度盘的读数等于 α_{AB}（或 α_{BA}），旋转望远镜使水平度盘的读数等于 α_{AK}（或 α_{BK}），得到方向线 AK（或 BK），则这两条方向线的交点即为 K 点位置。同理，可计算并测设出其他交点 E、F、I 点。

3. 高程放样

根据临时水准点，用水准仪测设出闸底板的设计高程，并标注在闸墩上。

五、水闸闸墩的放样

闸墩的放样，是先放出闸墩中线，再以中线为依据放样闸墩的轮廓线。根据计算出的放样数据，以轴线 AB 和 CD 为依据，在现场定出闸孔中心线、闸墩线、闸墩基础开挖线、闸底板的边线等。水闸基础的混凝土垫层打好后，在垫层上再精确地放出主要轴线和闸墩中线，根据闸墩中线测设出闸墩平面位置的轮廓线。

为使水流通畅，一般闸墩上游设计成椭圆曲线。所以，闸墩平面位置轮廓线的放样分为直线和曲线两部分。

1. 直线部分的放样

根据平面图上设计的尺寸，以闸墩角点为坐标原点用直角坐标法放样，这里不再赘述。

2. 曲线部分的放样

如图 8-19 所示，只要测设出半个曲线，则另一半可根据对称性测设出对应的点。一般采用极坐标法进行测设，具体步骤如下：

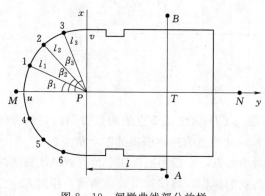

图 8-19　闸墩曲线部分放样

（1）放样数据的计算。将曲线分为几段（分段数的多少根据闸墩的大小、工程等级及施工方法确定），计算出曲线上相隔一定距离点（如 1、2、3 点）的直角坐标，再计算出椭圆的对称中心点 P 至各点的放样数据 β_i 和 l_i。

具体计算如下：

1）设 P 为闸墩椭圆曲线的几何中心，以 P 点为原点作直角坐标系，则 P_u 和 P_v 的距离可从设计图上量取，设 $a = P_u$ 的距离，$b = P_v$ 的距离，则椭圆的方程为

$$\frac{x^2}{b^2} + \frac{y^2}{a^2} = 1 \qquad (8-6)$$

2）假设 1、2、3 点的坐标 x_1、x_2、x_3 确定，代入式（8-6）计算对应的横坐标 y_1、y_2、y_3。

3）参照式（8-5）计算 P_u、P_1、P_2、P_3 的方位角 α_{Pu}（207°）、α_{P1}、α_{P2}、α_{P3}，则有

$$\beta_i = \alpha_{Pi} - \alpha_{Pu} \quad (i=1,2,3) \tag{8-7}$$

4）根据 1、2、3 点的坐标计算长度 l，计算公式如下

$$l_i = \sqrt{x_i^2 - y_i^2} \quad (i=1,2,3) \tag{8-8}$$

5）在图上量取 T、P 两点的距离。

（2）放样方法。根据 T，测设距离 l 定出 P，在 P 点安置全站仪，以 PM 方向为后视，用极坐标法放样 1、2、3 等点。同样方法可放样出与 1、2、3 点对称的 4、5、6 点。

8 - 12
水闸闸墩的放样

3. 高程放样

闸墩各部位的高程，根据施工场地布设的临时水准点，按高程放样方法在模板内侧标出高程点。随着墩体的增高，可在墩体上测定一条高程为整米数的水平线，并用红漆标出来，作为继续往上浇筑时量算高程的依据，也可用钢卷尺从已浇筑的混凝土高程点上直接丈量放出设计高程。

六、水闸下游溢流面的测设

为了减小水流通过闸室下游时的能量，常把闸室下游溢流面设计成抛物面。由于溢流面的纵剖面是一条抛物线。因此，纵剖面上各点的设计高程是不同的。抛物线的方程式注写在设计图上，根据放样的要求和精度，可选择不同的水平距离。

通过计算纵剖面上相应点的高程，才能放出抛物面，如图 8 - 20 所示，其放样步骤如下：

（1）局部坐标系的建立。以闸室下游水平方向线为 x 轴，闸室底板下游变坡点为溢流面的原点，通过原点的铅垂方向为 y 轴，即溢流面的起始线。

（2）沿 x 轴方向每隔 $1\sim 2\text{m}$ 选择一点，则抛物线上各相应点的高程为

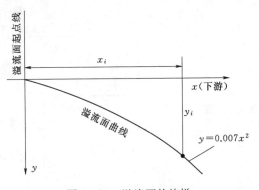

图 8 - 20　溢流面的放样

$$H_i = H_0 - y_i \quad (i=1,2,3) \tag{8-9}$$

式中：H_i 为放样点的设计高程；H_0 为溢流面的起始高程（闸底板的高程），可从设计的纵断面图上查得；y_i 为与 O 点相距水平距离为 x_i 的 y 值，即高差，$y_i = 0.007x_i^2$（假定为溢流面的设计曲线）。

（3）在闸室下游两侧设置垂直的样板架，根据选定的水平距离，在两侧样板架上作一垂线。用水准仪放样已知高程点的方法，在各垂线上标出相应点的位置。

（4）连接各高程标志点，得设计的抛物面与样板架的交线，即得设计溢流面的抛物线。施工员根据抛物线安装模板，浇筑混凝土后即为下游溢流面。

8 - 13
水闸施工测量

项 目 小 结

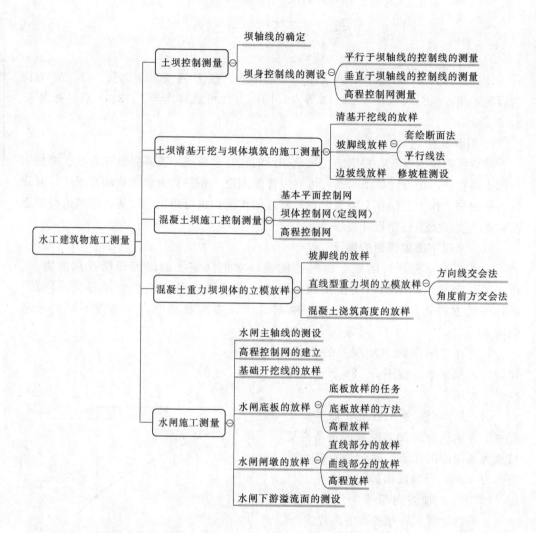

单 元 自 测

1. 大中型土坝坝轴线的确定步骤为（　　　　）。

A. 图上选线—现场踏勘—方案比选—方案论证

B. 图上选线—方案比选—现场踏勘—方案论证

C. 现场踏勘—图上选线—方案比选—方案论证

D. 方案比选—图上选线—现场踏勘—方案论证

2. 土坝平面控制网通常采用（　　　）作平面控制网。

A. 矩形网或三角网　　　　　　　B. 矩形网或正方形网

C. 三角网或正方形网　　　　　　D. 方形网或三角网

3. 土坝施工放样的高程控制可由（　　）布设。

A. 一级　　　　　　　B. 两级　　　　　　　C. 三级　　　　　　　D. 多级

4. 清基开挖线是坝体与（　　）的交线。

A. 地面　　　　　　　B. 坡面　　　　　　　C. 自然地面　　　　　D. 坝基

5. 边坡放样常用的方法为（　　）。

A. 套绘断面法　　　　B. 轴距杆法　　　　　C. 坡度尺法　　　　　D. 全站仪扫描法

6. 混凝土坝的结构比土坝复杂，放样精度比土坝要求（　　）。

A. 高　　　　　　　　B. 低　　　　　　　　C. 一致　　　　　　　D. 不确定

7. 混凝土坝的基本网作为首级平面控制，一般布设成（　　）。

A. 矩形网　　　　　　B. 正方形网　　　　　C. 三角网　　　　　　D. 方形网

8. 直线型重力坝放样线与立模线之间的距离一般为（　　）m。

A. 0.2～0.5　　　　B. 0.1～0.3　　　　C. 0.2～0.4　　　　D. 0.2～0.3

9. 水闸施工高程控制一般采用（　　）水准测量方法测定。

A. 一等或二等　　　　B. 二等或三等　　　　C. 三等或四等　　　　D. 图控

10. 在水闸施工挖去基础保护层时，水准测定底面高程的误差不能大于（　　）mm。

A. 20　　　　　　B. 5　　　　　　C. 15　　　　　　D. 10

技 能 训 练

1. 如何确定土坝的坝轴线？坝身控制线如何测设？

2. 什么是坡脚线？坡脚线放样有哪两种方法？

3. 水闸闸墩放样的步骤有哪些？

8-14

水工建筑物
施工测量单
元自测

项目九 渠 道 测 量

【主要内容】

本项目主要介绍渠道选线测量，渠道中线测量，纵、横断面测量及纵、横断面图的绘制，土方量的估算及渠道施工放样。

重点：里程桩的测设，纵、横断面的绘制，土方量的计算，渠道边坡放样。

难点：纵、横断面测量，纵、横断面图的绘制，土方量的计算。

【学习目标】

知 识 目 标	能 力 目 标
1. 了解渠道的中线测量	1. 能进行渠道中线测量
2. 了解渠道纵、横断面的测量	2. 能进行渠道的纵、横断面测量及土方计算
3. 了解渠道土方计算	3. 能进行渠道边坡放样

渠道是常见的水利工程，在渠道勘测、设计和施工过程中所进行的测量工作，称为渠道测量。渠道测量是根据规划和初步设计的要求，在地面上选定中心线的位置，然后进行纵、横断面测量，并绘制纵、横断面图，作为设计路线坡度、计算土石方工程量和施工放样的依据。

渠道测量的内容一般包括踏勘选线、中线测量、纵横断面测量、土方计算和断面的放样等。本项目将介绍渠道的一般测量方法。

单元一 渠 道 选 线 测 量

渠道选线的任务是在地面上选定渠道的合理路线，标定渠道中心线的位置。选线时，尽可能确定一条既经济又合理的渠道中线，一般应考虑有尽可能多的土地能实现自流灌、排，而开挖和填筑的土石方量要少，尽量少占耕地，要避免修建过多的渠系和过水建筑物，沿线应有较好的地质条件。

一、踏勘选线

具体选线时，除考虑选线要求外，应依渠道大小的不同按一定的方法和步骤进行。对于灌区面积大、渠线较长的渠道，一般应经过实地查勘、室内选线、外业选线等步骤；对于灌区面积较小、渠线不长的渠道，可以根据资料，在实地查勘选线。

1. 实地查勘

搜集和了解有关资料，如土壤、地质、水文、施工条件等资料。最好先在地形图（比例尺一般为 1∶1 万～1∶10 万）上初选几条渠线，然后实地依次对所经地带查勘，进行分析比较，选取合理的渠线。

2. 室内选线

在室内进行图上选线，选定渠道中心线的平面位置，并在图上标出渠道转折点到附近明显地物点的距离和方向。如果该地区没有适用的地形图，应根据查勘时确定的渠道线路，测绘沿线宽约 100～200m 的带状地形图，其比例尺一般为 1∶5000 或 1∶1 万。

在丘陵、山区选线时，为了确保渠道的稳定，应力求挖方。因此，环山渠道应先在图上根据等高线和渠道纵坡初选渠线，并结合选线的其他要求对此线路做必要的修改，定出图上的渠线位置。

3. 外业选线

外业选线是将室内选线的结果在实地标定出来，主要是把渠道的起点、转折点和终点标定出来，一般用大木桩或水泥桩来标定，并绘制该桩的点之记，以便以后寻找。外业选线还要根据现场的实际情况，对图上所定渠线作进一步的研究和补充修改，使之完善。实地选线时，一般应借助仪器选定各转折点的位置。对于平原地区的渠线，应尽可能选成直线，如遇转弯时，则在转折处打下木桩。在丘陵、山区选线时，为了较快地进行选线，可用经纬仪按视距法测出有关渠段或转折点间的距离和高差。由于视距法的精度不高，对于较长的渠线，为避免高程误差累积过大，最好每隔 2～3km 与已知水准点检核一次。如果选线精度要求高，则用水准仪测定有关点的高程，探测渠线位置。

二、水准点的布设与施测

在渠道选线的同时，为了满足渠线的纵、横断面测量的需要，应沿渠线附近每隔 1～3km 左右在施工范围以外布设一些水准点，并组成附合或闭合水准路线。当路线不长（15km 以内）时，也可组成往返观测的支水准路线。水准点点位既要便于日后用来测定渠道高程，又要能够长期保存。水准点的高程一般用四等水准测量的方法施测，有的大型渠道采用三等水准测量。

渠道选线
测量

渠道选线
测量

单元二　渠　道　中　线　测　量

渠道中线测量的任务主要是根据选线所定的起点、转折点及终点，把渠道中心线的平面位置在地面上用一系列的木桩标定出来。

一、交点的测设

交点（包括起点和终点）是详细测设中线的控制点。一般先在初测的带状地形图上进行纸上定线，然后实地标定交点位置。交点测设的方法有很多，工作中应根据实际情况选择适当的测设方法。

1. 根据地物或导线点测设交点

该方法就是利用图上就近的导线点或地物点，得到交点的测设数据，然后在实地把交点测设到地面上。具体做法如下：

如图 9-1 所示，已在地形图上选定交点 JD_6 的位置，在图上量出到房角和电杆的距离，在现场用距离交会法测设出交点 JD_6。

如图 9-2 所示，根据导线点 6、7 和交点 JD_{12} 的坐标，计算出 6、7 边和 6、JD_{12} 边的方位角 α_{67}、$\alpha_{6JD_{12}}$ 以及 6 点到 JD_{12} 点之间的距离 S，然后计算 $\beta = \alpha_{6JD_{12}} - \alpha_{67}$。在实地，根据 β 和 S，用极坐标法测设 JD_{12}。

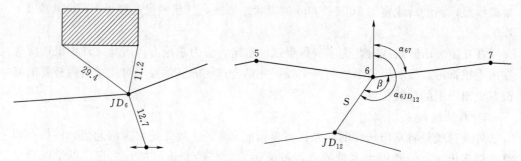

图 9-1　用距离交会法测设点位（单位：m）　　　　图 9-2　用极坐标法测设点位

2. 用穿线交点法测设交点

穿线交点法是利用图上就近的导线点或地物点，把中线的直线段独立地测设到地面上，然后将相邻直线延长相交，定出地面交点桩的位置。其程序包括放点、穿线和定出交点。

（1）放点。放点常用的方法有极坐标法和支距法。如图 9-3 所示，P_1、P_2、P_3、P_4 为纸上定线的某直线段欲放的临时点，在图上以附近的导线点 4、5 为依据，用量角器和比例尺分别量出 β_1、l_1、β_2、l_2 等放样数据。实地放点时，可用全站仪和皮尺分别在 4、5 点按极坐标法定出各临时点的相应位置。

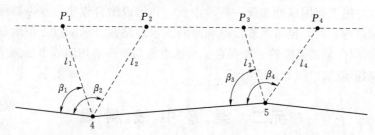

图 9-3　极坐标法放点

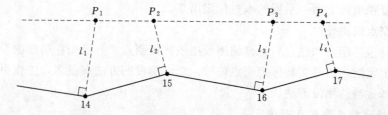

图 9-4　支距法放点

图 9-4 为按支距法放出的各临时点 P_1、P_2、P_3、P_4。在带状地形图上，从导线点 14、15、16、17、…出发作导线边的垂线，它们与设计中线交于 P_1、P_2、P_3、P_4、…在图上量取垂线的长度。在现场，以相应导线点为垂足，用方向架定垂线方

194

向，用皮尺量距。如果距离较长，宜用全站仪设置直角。

（2）穿线。放出的临时各点在理论上应在一条直线上，但由于图解数据和测设工作均存在误差，放样到实地后不会正好在一条直线上，如图9-5所示。这时，可根据现场实际情况，采用目估法穿线或全站仪穿线，在实地定出一条尽可能多地穿过或靠近临时点的直线，即中线 AB。最后，在全站仪的帮助下，在 A、B 方向线上设置一系列标桩，把中线在实地表示出来。

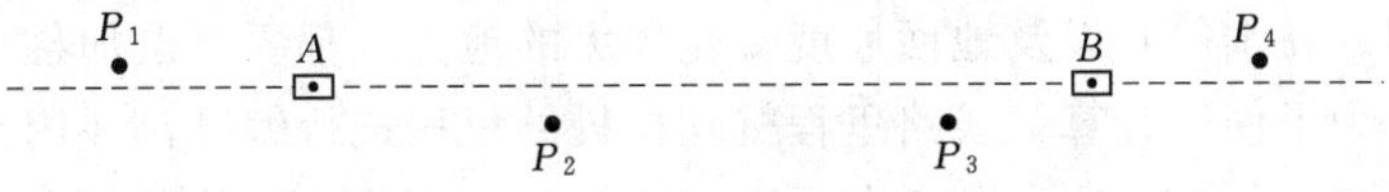

图 9-5 穿线

（3）定出交点。定出相邻两中线段的交点，并测量路线的偏角。如图9-6所示，将全站仪置于 B 点瞄 A 点，倒镜，在视线方向上接近交点 JD 的概略位置前后打下两个骑马桩 a、b，并钉以小钉，挂上细线。仪器搬至 C 点，用同样的方法定出 c、d 点，挂上细线，两细线的相交处打下木桩，并钉以小钉，得到 JD 点。得交点后，测量偏角 α。

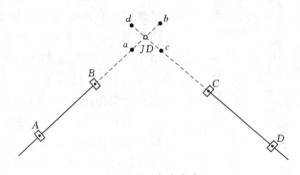

图 9-6 定出交点

二、偏角的测定

前一条直线的延长线与改变方向后的直线间的夹角，称为偏角 α。在延长线左的为左偏角，在延长线右的为右偏角，因此测出的偏角应注明左或右。根据规范要求，当 $\alpha<6°$，不测设曲线；当 α 为 $6°\sim12°$ 及 $\alpha>12°$ 且曲线长度 $L<100\text{m}$ 时，只测设曲线的三个主点桩；当 $\alpha>12°$、曲线长度 $L>100\text{m}$ 时，需要测设曲线细部。

如图9-7所示，通常测定线路前进方向的右角 β，用 J_6 全站仪按测回法观测一个测回，再根据所测的 β 角计算出偏角。左、右偏角的计算如下：

$$\left.\begin{array}{l} \alpha_{右}=180°-\beta_3 \\ \alpha_{左}=\beta_4-180° \end{array}\right\} \tag{9-1}$$

三、里程桩的测设

为了便于计算路线的长度和测绘纵横断面图，需要沿路线方向在地面上设置里程桩。从起点开始，沿路线方向按规定每隔某一整数，如 100m、50m 或 20m 钉一木桩，此为整桩；在相邻整桩之间，如遇重要地物（如铁路、公路）和计划修建工程建

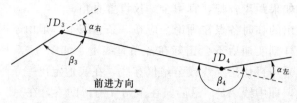

图 9-7 偏角的测定

筑物（如涵洞、跌水等）以及地面坡度变化较大的地方，都要增设加桩。整桩和加桩统称里程桩。为了便于计算，线路里程桩均按桩的里程进行编号，并用红油漆写在木桩侧面，面向起点打入土中。如整桩号为 $1+100$，即此桩距渠道起点 1km 又 100m

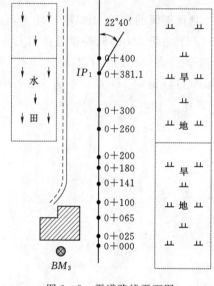

图 9-8 渠道路线平面图

（"+"号前的数为千米数，"+"号后的数为米数）。为了避免测设里程桩错误，量距一般用皮尺丈量两次，精度为 1/1000。当精度要求不高时，可用皮尺或测绳丈量一次，再在观测偏角时用视距法进行检核。

中线测量完成后，一般应绘出渠道测量路线平面图，在图上绘出渠道走向、主要桩点、主要数据等。如图 9-8 所示，图中直线表示渠道中心线，直线上的黑点表示里程桩和加桩的位置，IP_1（桩号为 $0+381.1$）为转折点，在该点处偏角 $I_右 = 22°40'$，即渠道中线在该点改变方向右转 $22°40'$。但在绘图时，改变后的渠线仍按直线方向绘出，仅在转折点用箭头表示渠道的转折方向，并注明偏角角值。渠道两侧的地形图则根据目测勾绘。

单 元 三 纵 断 面 测 量

渠道纵断面测量的任务是测定中心线上各里程桩的地面高程，绘制路线纵断面图。工作内容包括外业和内业。

一、纵断面测量的外业工作

渠道纵断面测量是利用渠道沿线布设的三等、四等水准点，每段从一个水准点出发，将渠线分成若干段，按水准测量的要求逐个测定该段渠线上各中心桩的地面高程，再附合到另一个水准点上，其闭合差不得超过 $\pm 40\sqrt{L}$ mm（L 为附合路线长度）或者 $\pm 12\sqrt{n}$ mm（n 为测站数），闭合差不用调整，但超限必须返工。

如图 9-9 所示，从 BM_1 引测高程，依次对 $0+000$、$0+100$、…进行观测。由于这些桩相距不远，可以采用视线高法测量中心线上各里程桩的地面高程，即每一测站首先读取后视读数后，可连续观测几个前视点（水准尺距仪器最远不得超过 150m），然后转至下一站继续观测。其观测、记录与计算步骤如下：

（1）读取后视读数，并算出视线高程：

$$视线高程＝后视点高程＋后视读数 \qquad (9-2)$$

如图9-9所示，在第1站上后视 BM_1，读数为1.245，则视线高程为76.605＋1.245＝77.850（m），见表9-1。

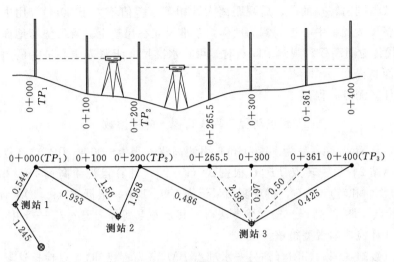

图9-9 渠道纵断面测量

表9-1　　　　　　　　　　纵断面水准测量记录　　　　　　　　单位：m

测站	测点	后视读数	视高线	前视读数		高程	备注
				中间点	转点		
1	BM_1	1.245	77.85			76.605	已知高程
	0+000（TP_1）	0.933	78.239		0.544	77.306	
2	100			1.56		76.68	
	200（TP_2）	0.486	76.767		1.958	76.281	
3	265.5			2.58		74.19	
	300			0.97		75.80	
	361			0.50		76.27	
	400（TP_3）				0.425	76.342	
…	…	…	…	…	…	…	…
7	0+800（TP_7）	0.848	75.790		1.121	74.942	
	BM2				1.324	74.466	已知高程为 74.451m
计算检核	Σ	8.896			11.035	74.466－76.605＝－2.139	
			8.896－11.035＝－2.139				

（2）观测前视点并分别记录前视读数。

由于在一个测站上前视要观测若干个桩点，其中仅有一个点是起着传递高程作用的转点，而其余各点称为中间点。如图9-9所示，0+000桩、0+200桩、0+400桩为转点，0+100桩、0+265.5桩、0+300桩、0+361桩为中间点。中间点上的前视读数精确到厘米即可，而转点上的观测精度将影响到以后各点，要求读至毫米，同时还应注意仪器到两转点的前、后视距离大致相等（差值不大于20m）。用中心桩作为转点，要将尺垫置于中心桩一侧的地面，水准尺立在尺垫上。若尺垫与地面高差小于2cm，可代替地面高程。观测中间点时，可将水准尺立于紧靠中心桩旁的地面，直接测算得地面高程。

（3）计算测点高程。

$$测点高程＝视线高程－前视读数 \qquad (9-3)$$

首先，从BM_1（高程为76.605m）引测高程，得0+000（TP_1）高程，再将水准仪置于测站2，后视转点TP_1，根据式（9-2），计算得视线高程78.239m；前视中间点0+100和转点TP_2，将观测结果记入表9-1中，根据式（9-3），计算得0+100桩和转点TP_2的高程。按上述方法得到其余各点高程，记入表9-1中。

（4）计算检核和观测检核。

当经过数站观测后，附合到另一水准点BM_2（高程已知），以检核这段渠线测量成果是否符合要求。为此，先要按下式检查各测点的高程计算是否有误，即

$$\sum 后视读数 － \sum 转点前视读数＝BM_2 的高程 － BM_1 的高程 \qquad (9-4)$$

如表9-1中，$\sum$后视读数$-\sum$转点前视读数$＝BM_2$的高程$-BM_1$的高程$＝-2.139$m，说明计算无误。

已知BM_2的高程为74.451m，而测得的高程是74.466m，则此段渠线的纵断面测量误差为$74.466-74.451＝+15$mm。此段共测了7站，容许误差为$\pm10\sqrt{7}＝\pm26$mm，观测误差小于容许误差，成果符合要求。由于各桩点的地面高程在绘制纵断面图时仅需精确到厘米，其高程闭合差可不进行调整。

二、纵断面图的绘制

纵断面图一般绘制在毫米方格纸上，以中线桩的里程为横坐标，其比例尺通常为1:1000～1:1万，依渠道大小而定；高程为纵坐标，为了能明显地表示地面起伏情况，一般取高程比例尺比里程比例尺大10～50倍，可取1:50～1:500，依地形类别而定。为了节省纸张和便于阅读，图上的高程可以不从0开始，而从某一合适的数值起绘。如图9-10所示，水平方向比例尺为1:5000，高程比例尺为1:100。根据各桩点的里程和高程在图上标出相应地面点位置，依次连接各点绘出地面线。再根据起点（0+000）的渠底设计高程、渠道比降和离起点的距离，均可以求得相应点处的渠底高程，从而绘出渠底设计线。然后，再根据各桩点的地面高程和渠底高程，即可算出各点的挖深或填高，分别填在图中相应的位置。

渠道纵断面测量

渠道纵断面图的绘制

纵断面测量

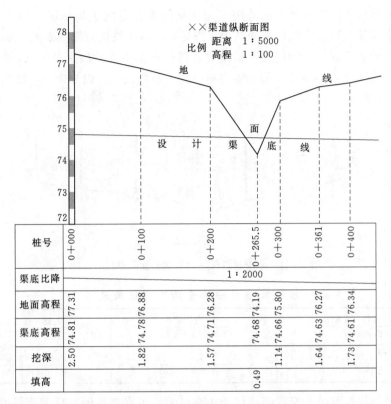

图 9-10　纵断面图的绘制（单位：m）

单元四　横断面测量

垂直于线路中线方向的断面称为横断面，路线所有里程桩一般都应测量其横断面。横断面测量的主要任务是测量横断面地面高低起伏情况，并绘制出横断面图。横断面图是确定横向施工范围、计算土方量的必要资料。

一、横断面的测量外业

横断面上中线桩的地面高程已在纵断面测量时测出，因此进行横断面测量时，只要测出横断面方向上各地形特征点相对于中线桩的平距和高差，就可以确定其点位和高程。横断面测量的宽度，根据实际工程要求和地形情况而定。较大的渠道、挖方或填方大的地段应该宽一些，一般以能在横断面上套绘出设计横断面为准，并留有余地。其施测的方法和步骤如下：

1. 定横断面方向

在中心桩上根据渠道中心线方向，用全站仪或经纬仪可定出垂直于中线的方向，此方向即是该桩点处的横断面方向。

2. 测出坡度变化点间的距离和高差

测量时，以中心桩为 0 起算，面向渠道下游分为左、右侧，测出各地形特征点相对于中线桩的平距和高差。测定方法如下：

（1）水准仪皮尺法。此方法适用于施测横断面较宽的平坦地区。如图9-11所示，安置水准仪后，以中线桩地面高程点为后视，以中线桩两侧横断面地形特征点为前视，标尺读数至厘米。用皮尺分别量出各特征点到中线桩的水平距离，量至分米，记录格式见表9-2，表中按路线前进方向分左、右侧记录。以分式表示高差和水平距离。

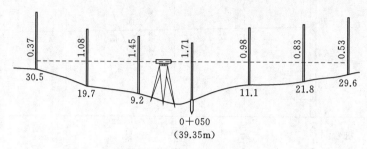

图9-11　水准仪皮尺法测量横断面（单位：m）

表9-2　　　　　　　　　水准仪皮尺法横断面观测记录表

前视读数（左侧） 水平距离	后视读数 中心桩号（高程）	（右侧）前视读数 水平距离
$\dfrac{0.37\ 1.08\ 1.45}{30.5\ 19.7\ 9.2}$	$\dfrac{1.71}{0+050\ (39.35)}$	$\dfrac{0.98\ 0.83\ 0.53}{11.1\ 21.8\ 29.6}$

（2）经纬仪视距法。安置经纬仪于中线桩上，可直接用经纬仪测定横断面方向，量出仪器高，用视距法测出各特征点与中线桩之间的平距和高差，此方法适用于任何地形。

（3）标杆皮尺法。如图9-12所示，将标杆立于断面方向的坡度变化点上，皮尺靠中心桩地面拉平，量出至该点的平距，而皮尺截于标杆的数据即为高差。读数时，一般取位至0.1m，按表9-3记录观测数据。此方法比较简便，但精度较低，适用于山区低等级线路工程。

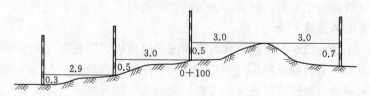

图9-12　标杆皮尺法测量横断面（单位：m）

表9-3　　　　　　　　标杆皮尺法横断面观测记录表

$\dfrac{高差}{距离}$左边		中心桩 高程	$\dfrac{高差}{距离}$右边	
$\dfrac{-0.3}{2.9}$	$\dfrac{-0.5}{3.0}$	$\dfrac{0+100}{76.68}$	$\dfrac{+0.5}{3.0}$	$\dfrac{-0.7}{3.0}$

（4）全站仪法。利用全站仪测量渠道横断面速度更快，效率更高。安置全站仪于

任意一点上（一般安置在测量控制点上），先观测中线桩，再观测横断面上的各特征点，观测的数据有水平角、竖直角、斜距、棱镜高、仪器高等，其结果可以根据相应软件来计算，也可以采用全站仪纵横断面测量一体化技术。

二、横断面图的绘制方法

为了计算方便，纵横比例尺应一致，一般取 1∶100 或 1∶200，小渠道也可采用 1∶50。绘图时，首先在方格纸适当位置定出中心桩点，以水平距离为横坐标，以高程为纵坐标，将地面特征点绘在毫米方格纸上，依次连接各点，即成横断面的地面线，如图 9-13 所示。

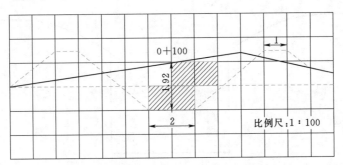

图 9-13 渠道横断面图（单位：m）

单元五 土 方 量 的 估 算

为了使渠道断面符合设计要求，渠道工程必须在地面上挖深或填高，同时为了控制渠道工程的经费预算，需要计算渠道开挖和填筑的土、石方数量，所填挖的体积以 m^3 为单位，称为土方量。土方量计算的方法常采用平均断面法。如图 9-14 所示，先算出相邻两中心桩应挖（或填）的横断面面积，取其平均值，再乘以两断面间的距离，即得两中心桩之间的土方量。用以下公式表示：

$$V = \frac{1}{2}(A_1 + A_2)D \tag{9-5}$$

式中：V 为两中心桩间的土方量，m^3；A_1、A_2 为两中心桩应挖或填的横断面面积，m^2；D 为两中心桩间的距离，m。

采用该方法计算土方量时，可按以下步骤进行。

1. **确定断面的填挖范围**

一般土质渠道的标准设计断面如图 9-15 所示，组成梯形断面的要素有内边坡、外边坡、渠底宽、渠顶宽、水深、超高等。在岩石地带，设计断面采用矩形，此时内边坡垂直于渠底，如图 9-16 所示。

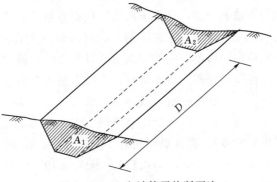

图 9-14 土方计算平均断面法

9-8

渠道横断面测量

9-9

渠道横断面图绘制

9-10

横断面测量

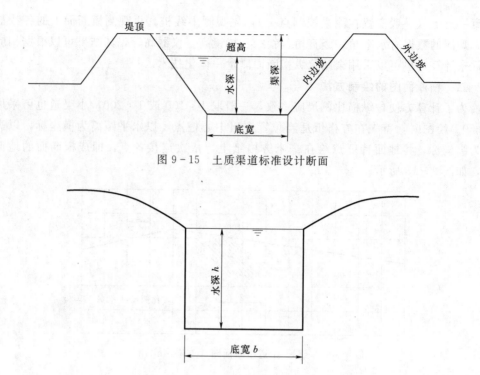

图 9-15 土质渠道标准设计断面

图 9-16 岩石地带设计断面

确定填挖范围时，可以将设计横断面套绘在相应桩号的横断面图上。套绘时，先在透明纸上画出渠道设计横断面，其比例尺与横断面图的比例尺相同，然后根据中心桩将挖深或填高数套绘到横断面图上。如图 9-13 所示，要想在该图上套绘设计断面，须先从纵断面图上查得 0+100 桩号应挖深 1.92m，再在该横断面图的中心桩处向下按比例量取 1.92m，得到渠底的中心位置，然后将绘有设计横断面的透明纸覆盖在横断面图上，透明纸上的渠底中点对准图上相应点，渠底线平行于方格横线，用针刺或压痕的方法将设计断面的轮廓点转到图纸上，连接各点，即将设计横断面套绘在横断面图上。这样，套绘在一起的地面线和设计断面线就能表示出应挖或应填范围。

2. 计算断面的挖填面积

设计横断面与地形断面交线围成的面积，即为该断面挖方或填方的面积。计算面积的方法有很多，通常采用的方法有方格法和梯形法。

（1）方格法。方格法是将欲测图形分成若干个小方格，方格边长以厘米为单位，分别数出图形范围内挖方或填方范围内的方格数，然后乘以每个方格代表的面积，从而求得图形面积。数方格时，先数完整的方格数目，再将不完整的方格目估拼凑成整方格，最后加在一起，得到总方格数。如图 9-13 所示，图形中间部分为挖方，以厘米方格为单位，有 4 个完整方格（图中打有斜线的地方），其余为不完整方格（没有斜线的地方），将其凑整共有 4.4 个方格，则挖方范围的总方格数为 8.4 个方格。图上方格边长为 1cm，即面积为 1cm²，图的比例尺为 1：100，则一个方格的实际面积为 1m²，因此该处的挖方面积为

$$8.4 \times 1 = 8.4(m^2)$$

（2）梯形法。梯形法是将欲测图形分成若干等高的梯形，然后按梯形面积的计算公式进行量测和计算，求得图形面积。如图 9-17 所示，将中间挖方图形划分为若干梯形，其中 l_i 为梯形的中线长，h 为梯形的高，为了计算方便，常将梯形的高采用 1cm，这样只需量取各梯形的中线长并相加，按下式即可求得图形面积 A：

$$A = h(l_1 + l_2 + \cdots + l_n) = h\sum l \qquad (9-6)$$

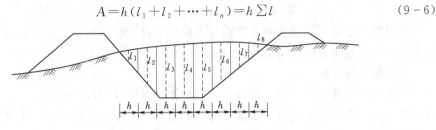

图 9-17 用梯形法计算面积

3. 计算土方量

根据相邻中心桩的设计面积及两断面间的距离，按式（9-5）计算出相邻横断面间的挖方或填方，然后将挖方和填方分别求其总和。总土方量应等于总挖方量与总填方量之和。

土方计算使用渠道土方计算表（表 9-4）逐项填写和计算。计算时，将从纵断面图上查取的各中心桩的填挖数量，以及各桩横断面图上量算的填挖面积一并填入表中，然后根据式（9-5）即可求得两中心桩之间的土方数量。

表 9-4 渠 道 土 方 计 算 表

桩号	中心桩填挖/m		面积/m^2		平均面积/m^2		距离/m	土方量/m^3		备注
	挖	填	挖	填	挖	填		挖	填	
0+000	2.50		8.12	3.15	8.26	3.08	100	826	308	
100	1.92		8.40	3.01	6.13	4.06	100	613	406	
200	1.57		3.86	5.11	2.28	5.28	50	114	264	
250	0		0.70	5.45	0.35	6.29	15.5	5	97	
265.5		0.49	0	7.13						
…	…	…	…	…	…	…	…	…	…	…
0+800	0.47		5.64	4.91						
共计								4261	3606	

当相邻两断面既有填方又有挖方时，应分别计算填方量和挖方量，如 0+000 与 1+100 两中心桩之间的土方量为

$$V_{挖} = \frac{1}{2} \times (8.40 + 8.12) \times 100 = 826(m^2)$$

$$V_{填} = \frac{1}{2} \times (3.15 + 3.01) \times 100 = 308(m^2)$$

如果相邻断面有挖方和填方，则两断面之间必有不挖也不填点，该点称为零点，即

9-11 ◉

土方量估算

9-12 ▶

土方量估算

纵断面图上地面线与渠底设计线的交点，可从图上量得，也可按比例关系求得。由于零点是指渠底中心线上为不挖也不填点，而该点处横断面的填方和挖方面积不一定都为 0，故还应到实地补测该点处的横断面，然后再分段算出有关相邻两断面间的土方量。

单元六 渠 道 放 样

渠道施工之前，必须在每个里程桩上把渠道设计断面在实地用木桩标定出来，以便于施工，这项工作称为渠道放样。

一、标定中心桩

从工程勘测开始，经过工程设计到开始施工这段时间，往往会有一部分中线桩被碰动或丢失。为了保证线路中线位置的正确与可靠，施工前应进行一次复核测量，并将已经碰动或丢失的交点桩、里程桩恢复校正好。然后在纵断面图上查出各中心桩的挖深或填高数，分别用红漆写在中心桩上。

二、渠道边坡放样

为了指导渠道的开挖和填土，需要在实地标明开挖线和填土线。根据设计横断面与原地面线的相交情况，渠道的横断面形式一般有三种：挖方断面 ［图 9-18 （a）］、填方断面 ［图 9-18 （b）］、挖填方断面 ［图 9-18 （c）］。在挖方断面上需标出开挖线，填方断面上需标出填方的坡脚线，挖填方断面上既有开挖线也有填土线，这些挖填线在每个断面处是用边坡桩标定的。所谓边坡桩，就是设计横断面线与原地面线交点的桩。在实地，用木桩标定这些交点桩的工作称为边坡桩放样。

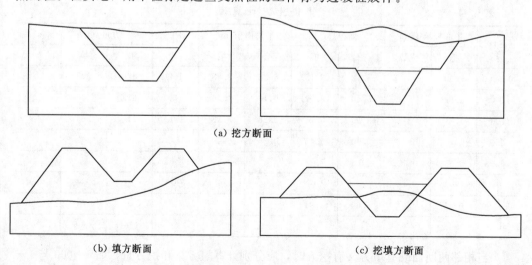

（a）挖方断面

（b）填方断面　　　　　　　　　　　（c）挖填方断面

图 9-18　渠道横断面图

标定边坡桩的放样数据与中心桩的水平距离，通常直接从横断面图上量取放样时，先在实地用全站仪或经纬仪定出横断面方向，然后根据放样数据，在横断面方向将边坡桩标定在地面上。如图 9-19 所示，从中心桩 O 向左侧方向量取 L_1，得到左内边坡桩 e，量 L_3 得左外边坡桩 d。同样，从中心桩向右侧量取 L_2 得到内边坡桩 f，分别打下木桩，即为开、挖界线的标志。连接各断面相应的边坡桩，撒上石灰，即为开挖线和填土线。

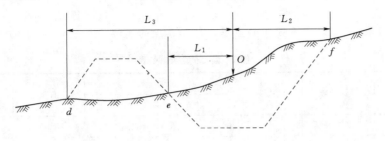

图 9-19 边坡桩放样示意图

三、验收测量

为了保证渠道的修建质量，还要进行验收测量。验收测量一般是用水准测量的方法检测渠底高程，有时还须检测渠堤顶的高程、边坡坡度等，以保证渠道按设计要求完工。

9-13 ◉ 渠道放样

9-14 ▶ 渠道放样

项 目 小 结

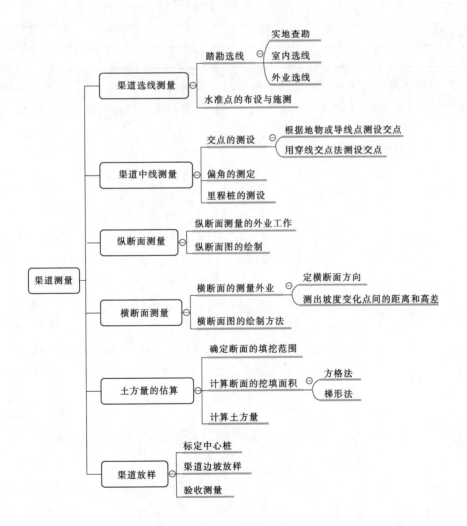

技 能 训 练

1. 根据表 9-5 记录手簿中的数据，计算各点的高程。

表 9-5　　　　　　　　　　　纵 断 面 测 量 记 录 表　　　　　　　　　　单位：m

| 测点（桩号） | 后视读数 | 视线高程 | 前视读数 | | 高程 | 备注 |
			转点	中间点		
0+000	1.325				25.650	
0+045				0.75		
0+070				0.89		
0+100	1.340		1.452			
0+200				0.47		
0+252				0.68		
0+300	1.502		1.645			
0+400				2.10		
0+500			1.872			
校核计算						

2. 根据上题计算的数据，绘制纵断面图，绘制的比例尺为距离比例尺 1∶1000，高程比例尺 1∶100，设计渠底纵坡为 1/2000，渠首的渠底设计高程为 25.200m。

项目十 大坝变形观测

【主要内容】

本项目主要介绍大坝变形测量的基本知识，垂直位移观测的方法，视准线法水平位移观测的方法，挠度变形观测的方法，最后介绍利用 GPS 进行变形监测及自动化系统。

重点：垂直位移观测，挠度变形观测，GPS 在变形监测中的应用。

难点：水平位移观测，变形监测成果的整理。

【学习目标】

知 识 目 标	能 力 目 标
1. 垂直位移观测的方法	1. 会精密水准测量垂直位移
2. 水平位移观测的方法	2. 会全站仪水平位移观测及挠度观测
3. 挠度观测的方法	3. 变形监测成果的整理

单元一 大坝变形观测基本知识

一、基本概念

大坝变形：指由于外力作用或外界（如水的压力变化、渗透、侵蚀和冲刷，温度变化与地震等）的影响以及内部应力的作用等，使大坝产生沉陷、位移、挠曲、倾斜及裂缝等变化。

当变形值在一定限度之内时，可认为是正常现象。如果超过了规定的限度，就会影响大坝的正常使用，严重时还会危及大坝的安全和人民生命财产的安全。因此，在大坝的施工、使用和运营期间，必须对其进行必要的变形监测。

大坝变形监测：指利用专门的仪器和设备测定大坝及其地基在大坝荷载和外力作用随时间而变形的测量工作，包括内部监测和外部监测两部分。

内部变形监测：指对大坝的内部应力、温度变化的测量，动力特性及其加速度的测定等。

外部变形监测：又称变形观测，是指对大坝沉降观测、位移观测、倾斜观测、裂缝观测、挠度观测等。

本项目主要介绍大坝变形观测，包括水平位移观测、垂直位移观测和挠度观测。

二、变形观测的精度和频率

1. 变形观测精度

变形观测精度：指变形观测误差的大小。因为变形观测的结果直接关系到大坝的

207

安全，影响对变形原因和变形规律的正确分析，和其他测量工作相比，变形观测必须具有更高的精度。《混凝土大坝安全监测技术规范》（DL/T 5178—2016）规定见表 10 - 1。

表 10 - 1　　　　　　　　　　大坝变形监测项目与精度要求

项　　目			位移量中误差限值
水平位移/mm	坝体	重力坝、支墩坝	±1.0
		拱坝　径向	±2.0
		拱坝　切向	±1.0
	坝基	重力坝、支墩坝	±0.3
		拱坝　径向	±3.0
		拱坝　切向	±0.3
坝体、坝基垂直位移/mm			±1.0
			±0.3
倾斜/(″)	坝体		±5.0
	坝基		±1.0
坝体表面接缝和裂缝/mm			±0.2
近坝区岩体和边坡/mm	水平位移		±2.0
	垂直位移		±2.0
滑坡体/mm	水平位移		±3.0（岩质边坡） ±5.0（土质边坡）
	垂直位移		±3.0
	裂缝		±1.0

2. 变形观测频率

变形观测频率：观测的频率取决于变形值的大小和变形速度，同时与观测目的也有关系。变形观测频率通常具有周期性观测和动态观测的特点。

（1）周期性观测：指多次重复观测，第一次称初始周期或零周期。每一周期的观测方案、使用仪器、作业方法及观测人员都要一致。周期性观测是大坝变形观测最大的特点。

大坝在施工过程中，一般频率较大，有 3 天、7 天、15 天三种周期，到了竣工投产以后，一般频率较小，有 1 个月、2 个月、3 个月、6 个月及 1 年等周期。

在施工过程中也可以按荷载增加的过程进行观测，即从观测点埋设稳定后进行第一次观测，当荷载增加到 25％时观测 1 次，以后每增加 15％观测 1 次。竣工后，一般第一年观测 4 次，第二年观测 2 次，以后每年观测 1 次，直至变形稳定。混凝土坝安全监测项目测次按表 10 - 2 确定。

（2）动态观测：指连续性观测。如急剧变化期的大坝洪水期、地震期等应作持续性的动态监测；对扭转、震动等变形须作动态观测。

表 10-2　　　　　混凝土坝安全监测项目测次表（节选）

监测项目	施工期	首次蓄水期	初蓄期	运行期
位移	1次/旬～1次/月	1次/天～1次/旬	1次/旬～1次/月	1次/月
倾斜	1次/旬～1次/月	1次/天～1次/旬	1次/旬～1次/月	1次/月
大坝外部接缝、裂缝变化	1次/旬～1次/月	1次/天～1次/旬	1次/旬～1次/月	1次/月
近坝区岸坡稳定	1次/月～1次/月	2次/月	1次/月	1次/季
大坝内部接缝、裂缝	1次/旬～1次/月	1次/旬～1次/月	1次/旬～1次/月	1次/月～1次/季
坝区平面监测网	取得初始值	1次/季	1次/年	1次/年
坝区垂直位移监测网	取得初始值	1次/季	1次/年	1次/年

注　表中测次，均系正常情况下人工测读的最低要求，特殊时期（如大洪水期、地震期等）应增加测次。监测自动化可根据需要，适当增加测次。

10-1 ●
大坝变形观测基本知识

10-2 ▶
大坝变形观测基本知识

单元二　垂直位移观测

垂直位移观测：是指测定大坝在铅垂方向的变动情况，一般多采用精密水准测量方法。现介绍如下。

一、测点布设

用于垂直位移观测的测点一般分为三级：水准基点、工作基点和沉降观测点。

水准基点：是垂直位移观测的基准点，一般应埋设在坝外地基坚实稳固（基岩）、不受大坝变形影响、便于引测的地方。为了互相校核是否有变动，一般应埋设 3 个以上。

工作基点：由于水准点一般离坝较远，为方便施测，通常在每排位移标点的延长线上，即在大坝两端的山坡上（图 10-1），选择地基坚实的地方埋设工作基点作为施测位移标点的依据。故工作基点的高程与该排位移标点的高程相差不宜过大。工作基点的结构可按一般水准点的要求进行埋设。

沉降观测点：为了便于将大坝的水平位移及垂直位移结合起来分析，在水平位移标点上（图 10-1），埋设一个半圆形的铜质标志作为垂直位移标点，但有特殊需要的部位，应加设垂直位移标点。

10-3 ▶
水准基点、工作基点及沉降观测点

二、观测方法及精度要求

垂直位移通常采用精密水准测量定期观测。具体步骤为：首先校测工作基点的高程，然后再根据工作基点测定各位移标点的高程；将首次测得的位移标点高程与本次测得的高程相比较，其差值即为两次观测时间间隔内位移标点的垂直位移量。按规定垂直位移向下为正，向上为负。

工作基点的校测：指由水准基点出发，测定各工作基点的高程，以校核工作基点是否变动。水准基点与工作基点一般构成水准环线或水准支线。精密水准测量要求应按《国家一、二等水准测量规范》（GB/T 12897—2006）中的规定执行，精密水准路线的高程闭合差不得超过表 10-3 的规定。

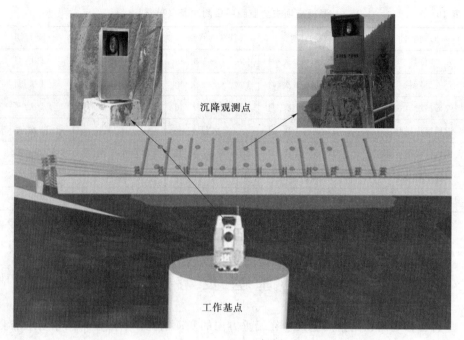

沉降观测点

工作基点

图 10-1 大坝变形观测

表 10-3　　精密水准路线的高程闭合差的限差

等　级	往返测限差	附合路线限差	环闭合差限差
一等	$2\sqrt{L}$		$\sqrt{L}$
	$0.3\sqrt{n}$	$0.2\sqrt{n}$	$0.2\sqrt{n}$
二等	$4\sqrt{L}$	$4\sqrt{L}$	$2\sqrt{L}$
	$0.6\sqrt{n}$	$0.6\sqrt{n}$	$0.6\sqrt{n}$

注　表中 L 为测段长度或环线、附合路线长度；n 为测段站数或环线、附合路线站数。

沉降观测点的观测：指由工作基点出发，测定各位移点的高程，再附合到另一基点上（也可往返施测或构成闭合环形）。对于土石坝可按三等水准测量的要求施测，对于混凝土坝应按一等或二等水准测量的要求施测。

三、观测成果处理

一个观测点垂直位移变形值的过程线是以时间为横轴，以垂直位移累计变形值为纵轴绘制的曲线。观测点变形值过程线可以明显地反映出变形的趋势、变形的规律和变形的幅度。

1. 编制、填写垂直位移变形值报表

根据观测记录或计算结果，将观测点的变形值编制成表格。表 10-4 为某观测点在 1997 年 5 月至 1998 年 10 月间垂直位移综合表。

2. 绘制观测点垂直位移变形值过程线

图 10-2 是根据表 10-4 绘制的某大坝 1 号观测点的垂直位移变形值过程线，图中横轴表示时间，纵轴表示观测点的累计垂直位移值。

表 10 - 4　　　　　　　　　　　　　某观测点垂直位移综合表

观测点号	累计垂直位移/mm								
	1997 年								1998 年
	5 月 14 日	6 月 16 日	7 月 15 日	8 月 15 日	9 月 16 日	10 月 16 日	11 月 15 日	12 月 15 日	1 月 14 日
1	0	−0.62	−1.42	−1.85	−1.30	−0.90	−0.60	+0.40	+1.10

观测点号	累计垂直位移/mm								
	1998 年								
	2 月 16 日	3 月 15 日	4 月 15 日	5 月 15 日	6 月 16 日	7 月 16 日	8 月 15 日	9 月 15 日	10 月 14 日
1	+2.32	+2.89	+2.30	+0.37	−0.90	−2.01	−2.75	+0.17	+0.66

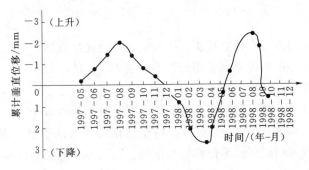

图 10 - 2　垂直位移曲线

3. 实测变形值过程线的修匀

由于观测是定期进行的，所得成果在变形值过程线上是孤立的几个点。若直接连接，则得到的是一条折线，如图 10 - 3（a）中的实线。为了更确切地反映大坝的变形规律，须将折线修匀成圆滑的曲线。常用的修匀方法是"三点法"。

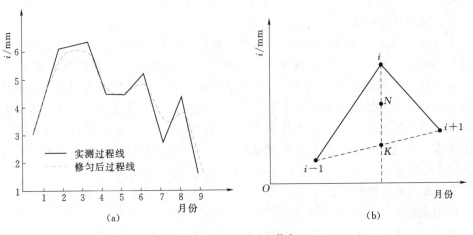

(a)　　　　　　　　　　　　　　　　　(b)

图 10 - 3　变形过程修匀

如图 10-3（b）中（$i-1$）、i、（$i+1$）为实测变形过程中相邻的三个点。"三点法"修匀的具体步骤为：首先，用直尺将（$i-1$）和（$i+1$）相连，求取此线与过 i 点的纵轴平行线的交点 K；然后，在直线 iK 上求取 N 点，使 $NK=P_i/[P]iK$（其中 $[P]=P_{i-1}+P_i+P_{i+1}$，P_{i-1}、P_i、P_{i+1} 分别为三点根据实测情况决定的权值），则点 N 即为 i 的修正位置。图 10-3（b）中 N 点是根据 $P_{i-1}=P_{i+1}=1$，$P_i=4$ 求取的，图 10-3（a）中的虚线是根据"三点法"修匀后的过程线。

4. 数据分析

根据图 10-3 曲线，分析建筑物的变形规律，判断建筑物的安全程度和预报未来变形的范围，对工程管理提出改进意见。

实测变形过程线的修匀

垂直位移观测

单元三　水平位移观测

水平位移观测的方法有视准线法，引张线法，激光准直法，正、倒垂线法和前方交会法等多种方法，任务仅介绍常用的视准线法。

一、观测原理

如图 10-4 所示，在坝端两岸山坡上设置固定工作基地 A 和 B，在坝面沿 AB 方向上设置若干位移标点 a、b、c、d 等。将全站仪安置在基点 A，照准另一基点 B，构成视准线，作为观测坝体水平位移的基准线。以第一次测定各位移观测点垂直于视准线的距离（偏离值）l_{a0}、l_{b0}、l_{c0}、l_{d0} 作为起始数据。相隔若干时间后，同样的方法重新测得各位移点相对视准线的偏离值 l_{a1}、l_{b1}、l_{c1}、l_{d1}，前后两次测得的偏离值不等，其差值如 a 点的差值 $\Delta_{a1}=l_{a1}-l_{a0}$，即为第一次到第二次时间内，$a$ 点垂直于视准线方向的位移值。同理，可算出其他各点的水平位移值，从而了解坝体各部位的水平位移情况。一般规定，水平位移值向下游为正，向上游为负，向左岸为正，向右岸为负。

视准线法观测原理

二、观测点的布设

土石坝观测点的布设情况见图 10-4，通常是在迎水面最高水位以上的坝坡上布设位移标点 1 排，坝顶靠下游坝肩上布设 1 排，下游坡面上根据坝高布设 1~3 排。在每排内各测点的间距为 50~100m，但在薄弱部位，如最大坝高处、地质条件较差等地段应当增设位移标点。为了掌握大坝横断面的变化情况，要使各排测点都在相应的横断面上。此外，各排测点应与坝轴线平行，并在各排延长线的两端山坡上埋设工作基点，工作基点外再埋设校核基点，用以校核工作基点是否有变动。

对于混凝土坝，一般在坝顶上每一坝块布设 1~2 个位移标点。

三、观测的仪器和设备

1. 观测仪器

用视准线法观测水平位移，关键在于提供一条方向线。一般采用 0.5″~1″级全站仪或大坝视准仪进行观测。

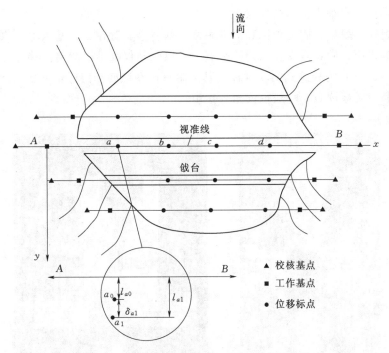

图 10-4　视准线法观测原理及观测点的布设

2. 观测设备

（1）工作基点及校核基点。需要建造专用的观测墩，用以安置仪器和专用的觇标和棱镜，观测墩一般用钢筋混凝土浇筑而成（图 10-5），其顶部埋设强制对中设备，以便减少仪器、觇标和棱镜的对中误差（可使对中误差不大于 0.1mm）。

图 10-5　观测墩

（2）位移标点。位移标点的标墩应与坝体连接 ［图 10-6 (a)］，从坝面以下 0.3～0.4m 处开始浇筑。其顶部也应埋设强制对中设备，常常还在位移标点的基脚或顶部

213

设铜质标志，兼作垂直位移的标点。

（3）觇标。觇标分固定觇标和活动觇标。前者是安置在工作基点上，供全站仪瞄准构成视准线用；后者是安置在位移标点上，供全站仪瞄准以测定位移标点的偏离值用。图10-6（b）为觇牌式活动觇标，其上附有微动螺旋和游标，可使觇牌分划尺左右移动，利用游标读数，一般可读至 0.1mm。

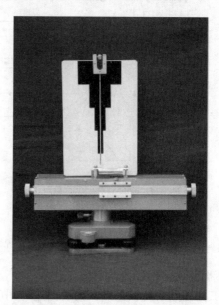

（a）位移标点　　　　　　　　　（b）活动觇标

图 10-6　位移标点和活动觇标

四、观测方法

如图 10-4 所示，在工作基点 A 安置全站仪，B 安置棱镜，在位移标点 a 安置活动觇标，用全站仪瞄准 B 点上的棱镜作为固定视线，然后俯下望远镜照准 a 点，并指挥司觇者移动觇牌，直至觇牌中丝恰好落在望远镜的竖丝上时发出停止信号，随即由司觇标者在觇牌上读取读数。转动觇牌微动螺旋重新瞄准，再次读数，如此共进行 2～4 次，取其读数的平均值作为上半测回的成果。倒转望远镜，按上述方法测下半测回，取上下两半测回读数的平均值为 1 测回的成果。一般来说，当用 1″级全站仪观测，测距在 300m 以内时，可测 2～3 测回，其测回差不得大于 3mm，否则应重测。

五、观测成果处理

1. 编制、填写水平位移变形值报表

根据观测记录或计算结果，将观测点的变形值编制成表格。表 10-5 为某观测点在 1997 年 10 月至 1999 年 3 月间的水平位移综合表。

2. 绘制观测点水平位移变形值过程线

图 10-7 是根据表 10-5 绘制的某大坝 1 号观测点的水平位移变形值过程线，图中横轴表示时间，纵轴表示观测点的累计水平位移值。

表 10 - 5　　　　　　　　　　　　　某观测点水平位移综合表

观测点号	累计垂直位移/mm								
	1997 年			1998 年					
	10 月 5 日	11 月 4 日	12 月 6 日	1 月 5 日	2 月 6 日	3 月 4 日	4 月 6 日	5 月 4 日	6 月 7 日
2	0	+0.80	+2.05	+2.80	+1.83	+0.61	−0.62	−1.43	−2.00

观测点号	累计垂直位移/mm								
	1998 年						1999 年		
	7 月 6 日	8 月 5 日	9 月 4 日	10 月 6 日	11 月 4 日	12 月 7 日	1 月 5 日	2 月 5 日	3 月 4 日
2	−2.65	−2.43	−1.51	−0.20	+2.03	+2.50	+2.84	+1.10	−1.10

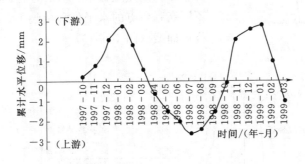

图 10 - 7　水平位移曲线

10 - 7 ▶

绘制观测点水平位移变形值过程线

3. 实测变形值过程线的修匀

水平位移实测变形值过程线的修匀同垂直位移。

4. 数据分析

根据上述曲线，分析建筑物的变形规律，判断建筑物的安全程度和预报未来变形的范围，对工程管理提出改进意见。

单元四　挠　度　观　测

10 - 8 ◉

水平位移观测

一、基本概念

挠度：指建筑物垂直面上不同高程的点相对于底部点的水平位移（图 10 - 8）。

挠度观测：一般是在坝体内设置铅垂线作为标准线，然后测量坝体不同高度相对于铅垂线的位置变化，以测得各点的水平位移，从而得出坝体的挠度。

挠度观测的分类：铅垂线设置的方法有正垂线和倒垂线，因此挠度观测也有相应的正垂线挠度观测和倒垂线挠度观测两类。

二、正垂线观测坝体挠度

如图 10 - 9 所示，正垂线是在坝内的观测井或宽缝等上部悬挂的带有重锤的不锈钢丝，提供一条铅垂线作为标准线。它是由悬挂装置、夹线装置、钢丝、重锤及观测

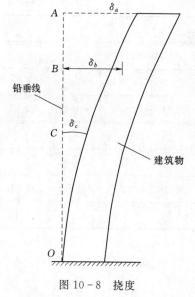

图 10-8　挠度

10-9 ▶

正垂线法
观测挠度

台等组成的。悬挂装置及夹线装置一般是在竖井墙壁上埋设角钢进行安置。

由于垂线挂在坝体上，它随坝体位移而位移，若悬挂在坝顶，在坝基上设置观测点，即可测得相对于坝基的水平位移［图 10-9（a）］。如果在坝体不同高度埋设夹线装置，在某一点把垂线夹紧，即可在坝基下测得该点相对坝基的水平位移。依次测得不同高度相对坝基的水平位移，从而求得坝体的挠度［图 10-9（b）］。

坝体挠度曲线的绘制：首先，以各测点相对基准点的水平位移值为横轴，各测点所在位置的高程为纵轴，建立坐标系。然后，将同一垂直横断面上不同高程各点的水平位移标绘上，就得到该断面的挠度曲线（图 10-10）。

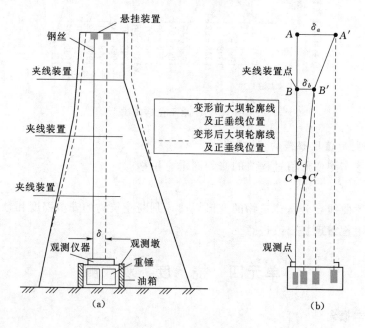

（a）　　　　　　　　　　　　（b）

图 10-9　正垂线法观测挠度

三、倒垂线观测坝体挠度

倒垂线的结构与正垂线相反，它是将钢丝一端固定在坝基深处，上端牵以浮托装置，使钢丝成一固定的倒垂线，一般由锚固点、钢丝、浮托装置和观测台组成（图 10-11）。

由于倒垂线可以认为是一条位置固定不变的铅垂线。因此，在坝体不同高度上设置观测点，测定各观测点与倒垂线偏离值的变化，即可求得各点的位移值。如图 10-11

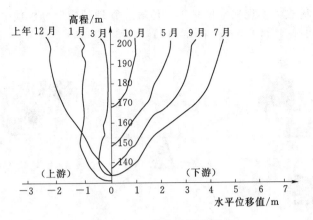

图 10-10　坝体挠度曲线

所示，变形前 C 点与铅垂线的偏离值为 l_c，变形后的偏离值为 l_c'，则其位移值为 $\delta_c = l_c' - l_c$，测出坝体不同高度上各点的位移值，即可求得坝体的挠度。

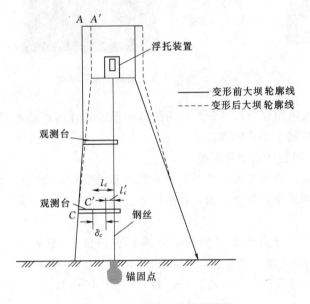

图 10-11　倒垂线法观测挠度

单元五　GNSS 变形监测自动化系统

一、基本概念

GNSS 变形监测：指利用 GNSS 技术开展变形监测，与传统方法相比较，GNSS 具有精度高、速度快、操作简便等优点。

GNSS 变形监测自动化系统：是利用 GNSS 和计算机技术、数据通信技术及数据处理与分析技术集成，实现从数据采集、传输、管理到变形分析预报的自动化，达到远程在线网络实时监控的目的（图 10 - 12）。

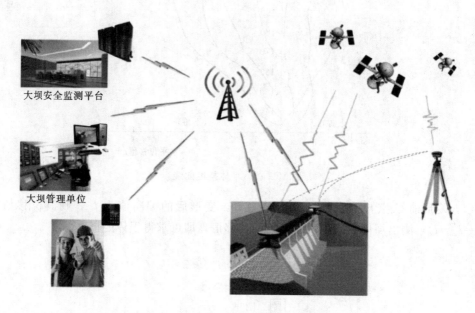

图 10 - 12　GNSS 变形监测自动化系统

GNSS 变形监测的类型：可分为周期性监测模式和连续性监测模式。GNSS 周期性变形监测与传统的变形监测类似。

二、GNSS 变形监测自动化系统

本单元以某大坝外部变形 GNSS 自动化监测系统为例，介绍 GNSS 连续性监测模式。该系统由数据采集，数据传输，数据处理、分析和管理等部分组成。

1. 数据采集

GNSS 数据采集分为基准点和监测点两部分，由 13 台我国自主研发的北斗、GPS 多模多频 GNSS 高精度监测型接收机（Mos - L300）组成。该大坝外部变形 GNSS 监测系统基准点有 2 个，监测点有 11 个（图 10 - 13）。

2. 数据传输

数据传输采用无线通信方式，网络结构如图 10 - 14 所示。

3. 数据处理、分析和管理

数据处理与分析为我国自主研发的高精度实时变形监测系统监测软件（QG-MOSV1.0）。监测软件可提供实时解以及准实时解等多种解算模式，每个监测点可同时输出实时解和 3 小时、24 小时等准实时解，满足数据分析中对探测精度和稳定性等指标的要求。

由采集数据分析得出结论为：以前 3 天数据的平均值为监测点起始坐标，将后 3 天的数据与之比较，水平方向坐标变化大最值为 0.385mm，小于 1mm，垂直方向坐标变化最大值为 -0.840mm，小于 1mm，达到亚毫米级别。

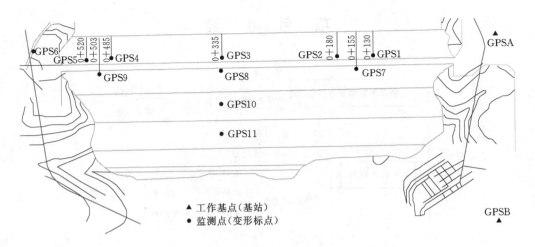

图 10 – 13　系统中各 GPS 点位的分布图

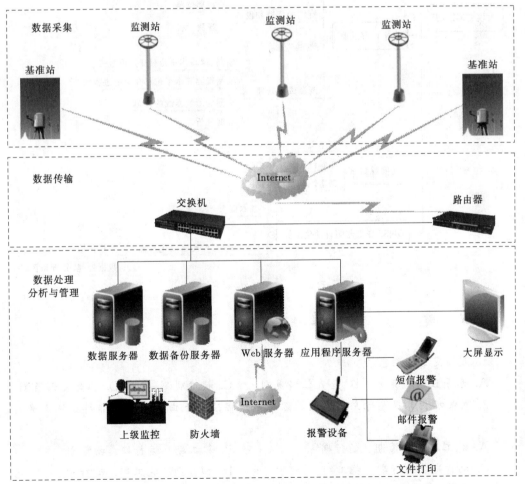

GNSS 变形
监测自动化
系统

图 10 – 14　GNSS 自动检测系统网络结构

项 目 小 结

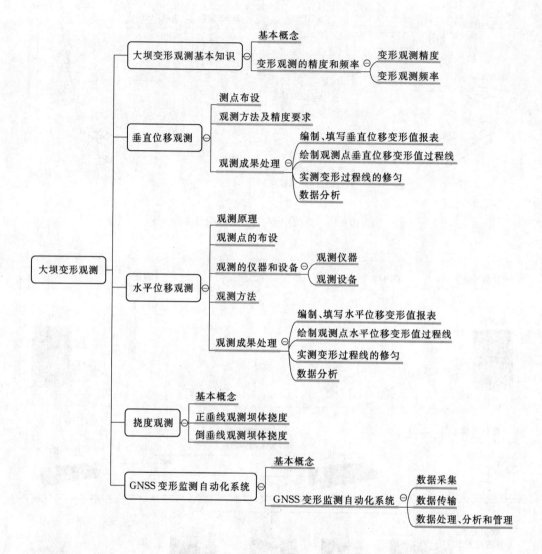

单 元 自 测

1. 大坝变形观测包括 (   )。

A. 水平位移观测　　　B. 垂直位移观测　　　C. 挠度观测　　　D. 内部变形监测

2. 对某水利工程进行变形观测的频次，通常情况下由多到少的排列顺序正确的是 (   )。

A. 施工期、初蓄期、运行期　　　　　　B. 施工期、运行期、初蓄期

C. 初蓄期、运行期、施工期　　　　　　D. 初蓄期、施工期、运行期

3. 沉降观测一般采用"分级观测"方式，用于垂直位移观测的测点一般分为

（　　）级。

A. 1　　　　　　　　　　B. 2　　　　　　　　　　C. 3　　　　　　　　　　D. 4

4. 对工程建筑物变形监测，下列说法不正确的是（　　）。

A. 基准点应远离变形区　　　　　　　　B. 测点应离开变形体

C. 监测仪器应定期检校　　　　　　　　D. 监测周期应相对固定

5. 下列关于视准线法的说法不正确的是（　　）。

A. 观测墩上应设置强制对中底盘

B. 一条视准线只能监测一个测点

C. 对于重力坝视准线的长度不宜超过 300m

D. 受大气折光的影响，精度一般较低

6. 下列不可以用来观测垂直位移的方法是（　　）。

A. 几何水准测量法　　　　　　　　　　B. 三角高程测量法

C. 液体静力水准法　　　　　　　　　　D. 精密导线法

7. 大坝的垂直位移符号一般规定为（　　）。

A. 向上为正，向下为负　　　　　　　　B. 向左为负，向右为正

C. 向上为负，向下为正　　　　　　　　D. 向左为正，向右为负

8. 大坝的水平位移符号一般规定为（　　）。

A. 向上游为正，向下游为负；向左岸为正，向右岸为负

B. 向上游为正，向下游为负；向左岸为负，向右岸为正

C. 向上游为负，向下游为正；向左岸为正，向右岸为负

D. 向上游为负，向下游为正；向左岸为负，向右岸为正

9. 正垂线不能用于建筑物的（　　）监测。

A. 水平位移　　　　　B. 垂直位移　　　　　C. 挠度　　　　　D. 倾斜

10. 不属于 GPS 变形监测系统的用户设备部的是（　　）。

A. 数据采集系统　　　B. 数据传输系统　　　C. 数据处理系统　　　D. 地面监控

技　能　训　练

1. 什么是大坝变形？主要包括哪几项观测内容？

2. 简述大坝垂直位移观测的方法。

3. 简述大坝视准线法水平位移观测的方法。

项目十一 现代测量技术在水利工程中的应用

【主要内容】

本项目简要介绍测量机器人的概念及 TS30 测量机器人应用，三维激光扫描仪的概念及在水利工程地形测绘中的应用，无人机倾斜摄影的概念及在水利工程地形图测绘中的应用，无人船搭载多波束测深系统的概念及其在水下地形测量中的应用。

【学习目标】

知 识 目 标	能 力 目 标
1. 了解测量机器人及其在水利工程中的应用	1. 掌握徕卡 TS30 测量机器人变形监测的工作流程
2. 了解三维激光扫描仪及其在水利工程中的应用	2. 掌握徕卡 ScanStation 2 地形测量的工作流程
3. 了解无人机倾斜摄影及其在水利工程中的应用	3. 掌握无人机倾斜摄影测量的工作流程
4. 了解无人船搭载多波束测深系统及其在水下地形测量中的应用	4. 掌握无人船搭载多波束测深系统的工作流程

单元一 测量机器人及其在水利工程中的应用

一、测量机器人基本概念

测量机器人：测量机器人又称自动全站仪或测地机器人，是一种高精度的能代替人进行自动搜索、跟踪、辨识和自动精确照准目标，并能自动获取目标的角度、距离、三维坐标和记忆影像等数据的高智能型电子全站仪。目前常用的有天宝 S8、徕卡 TS30 和拓普康 DS 系列测量机器人，如图 11-1 所示。

（a）天宝 S8　　　　（b）徕卡 TS30　　　　（c）拓普康 DS

图 11-1　常用测量机器人

测量机器人的特点如下：

（1）具有强大的自动目标搜寻、智能识别以及自动精确照准能力，可在短时间内对多个测量目标点完成持续的、重复的观测工作。

（2）测量机器人与自动监测软件相结合，能够实现测量数据获取及处理的自动化和测量过程的自动化，可以实现无人值守自动观测。

（3）测量过程控制及其行为的智能化，可通过程序实现对自动化观测仪器的智能化控制、管理，能模拟人脑的思维方式判断和处理测量过程中遇到的各种问题。比如在测量之前进行学习测量和测回数设置，仪器可以自动完成测量任务。

测量机器人在水利工程中的应用：测量机器人以其自动化程度高，精度可靠，并能大大提高作业效率的特点，广泛应用于水利工程外部变形监测。下面以徕卡 TS30 为例介绍其应用。

二、徕卡 TS30 测量机器人在水利工程变形监测中的作业流程

1. 徕卡 TS30 测量机器人

TS30 测量机器人［图 11-1（b）］是瑞士徕卡测量公司于 2009 年推出的一款高精度智能型第四代精密测量机器人。该仪器测量速度快，精度高，能够全天候不间断工作。与以前同类产品或同期其他公司的产品相比，TS30 具有以下几大突出的特点：

（1）测角、测距精度高。TS30 测量机器人角度测量精度达到 0.5s。测距精度在有棱镜情况下测程达到 12km，测距精度为 0.6mm＋1ppm；在无棱镜模式下测程可以达到 1km，测距精度为 2mm＋2ppm。

（2）转速快。TS30 测量机器人采用压电陶瓷驱动技术，该技术的主要特点是转速快、加速度快且步长小，非常适合精密测量。此驱动技术可为 0.5″测角精度和 1mm 自动定位精度提供保障。

测回间盘左、盘右转换时间少于 3s，大大减少数据采集时间，提高野外作业效率。

（3）高度智能化的目标识别能力。TS30 测量机器人具有（Automatic Target Recognition，ATR）功能，自动目标识别照准，其自动目标识别距离最大可达 1000m。TS30 测量机器人自动目标识别瞄准精度达到 1mm。

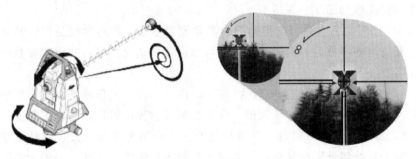

图 11-2 棱镜的自动识别

（4）超级搜索功能。TS30 测量机器人拥有超级搜索功能（Power Search），可实现对水平方向 360°范围内目标的自动搜索。超级搜索技术可大幅度提升照准棱镜速度，提高搜索效率，一般情况下仪器可在 5～10s 内搜索并照准棱镜。

（5）模块化系统构成。徕卡 TS30 测量机器人不仅仅是一台高精度全站仪，更是徕卡测量全面解决方案中的一个重要成员，徕卡 TS30 可以嵌入 GNSS 智能天线，组成徕卡 TS30 超站仪，实现数据无缝连接，GPS 数据直接被全站仪所用，超站仪的全部操作依赖于全站仪即可完成，无需外部电源和数据电缆，全站仪直接为 GPS 供电，GPS 可以直接获取测站坐标，测量数据存储于全站仪 CF 卡中。而且，整合 GNSS 智能天线和棱镜后组成的镜站仪能够实现快速设站和定向。徕卡公司的模块化设计使测量机器人和 GPS 组成一个测量系统，使其性能得到最大限度的利用，大大扩展了 GNSS 功能，从而极大地提高作业效率。

（6）强大的二次开发功能。徕卡 TS30 测量机器人不仅是一系列先进硬件的集成，还是一台迷你电脑，其强大的二次开发功能使仪器在工程领域发挥巨大作用。徕卡公司为 TS30 测量机器人提供了 Geo COM 接口技术，用户可以使用 Visual Basic 或者 Geo Basic 语言对测量机器人系统做二次开发，这可以极大地丰富测量机器人在不同工程领域的应用。

2. 多测回测角机载软件介绍

徕卡多测回测角软件是针对 TS30（TM30）测量机器人开发的机载软件，软件在控制测量、变形监测等工程领域中有很好的应用。

（1）软件基本功能。多测回测角软件配合 TS30 测量机器人可以用于建立三角网、导线（网）以及变形监测等工程项目。这些工程项目具有测量点多、测回数多、精度要求高等特点。与传统测量方法相比，多测回测角软件可以实现快速高效的自动化测量，且测量精度高、质量稳定。

（2）软件主要特点。软件操作简单，测量过程按照多测回测角原理流程设计，易于使用；可以根据工程需要自定义设置各项限差，提高工作效率；仪器可自动照准，自动测角、测距，实时检查并显示各项误差。超限后可自动处理或报警。

3. TS30 测量机器人测量过程

（1）多测回测角软件操作过程。徕卡 TS30 测量机器人配合徕卡多测回测角软件对某大坝外部变形进行高精度监测，在测量之前进行相关设置后，仪器便可自动进行观测，具体测量流程如图 11-3 所示。

使用 TS30 测量机器人进行变形监测时需要设置参数，这些参数是测量精度的重要保障，设置完这些参数后，测量机器人就可以进行自动化测量。在设置参数时有如下几个方面需要注意：

1）测量环境对测量精度的影响较大，TS30 内置温度、气压改正系统，用户在测量时需设置工程现场的温度、气压数值，仪器在测量过程中可以自动改正测量。

2）测量之前需要设置测回数。测回数是根据监测精度要求以及仪器精度指标计算得到的。由于野外测量环境复杂，如果出现监测点被遮挡、破坏、丢失的情况，测量机器人在一次测量中无法测到监测点数据，仪器就会重测此监测点，为了防止仪器在某一个点无限循环测量而无法停止的情况出现，在设置时一定要设置重测次数，仪器的重测次数达到设置值时会跳过这个点，进行下一个点的测量。

3）TS30 测量机器人测角精度为 0.5s，根据《精密工程测量规范》（GB/T

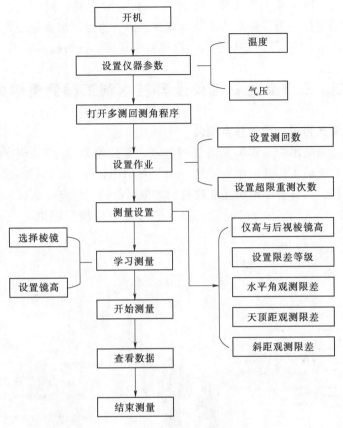

图 11-3　测量机器人自动测量流程图

15314—94）要求，DJ05 的仪器使用方向观测法观测时各项限差要求见表 11-1，在设置仪器时可根据下表数据设置各项限差。

表 11-1　　　　　　　　　　　方 向 观 测 法 限 差 表

限差种类	半测回归零差	一测回内 2C 互差	同一方向值各测回互差
数值	4″	8″	4″

4）学习测量是测量机器人自动测量的关键步骤，在学习测量过程中，测量员先大致瞄准棱镜（如果监测点为反射片需要精确瞄准），仪器在 ATR 功能的作用下会自动瞄准棱镜，此时须注意设置棱镜类型、棱镜常数与棱镜高。在完成学习测量后，仪器会记住学习的点，进行自动测量。

（2）TS30 测量机器人自动测量过程。TS30 测量机器人在完成学习测量操作之后可以自动测量。在自动测量过程中，仪器判断观测结果是否符合限差要求，若符合继续测量，若不符合则重测。仪器自动测量流程如图 11-3 所示。

1）TS30 测量机器人在测量过程中可以自动进行各项限差的判断。

2）仪器在测量过程中，正常情况下可完全进行自动化测量，无需人工干预，但是如果监测点棱镜被遮挡，仪器将按照设定次数重新测量，超出设置次数后仪器提示

11-1

测量机器人及其应用

是否跳过该点，此时需要人工选择，若选择"是"，仪器将跳过该点，该次测量值以学习值代替，若选择"否"仪器将会继续观测该点，直至测出测量结果。

3）仪器在完成半个测回之后会自动瞄准后视棱镜，进行归零观测。

单元二　三维激光扫描仪及其在水利工程测量中的应用

一、三维激光扫描技术的基本概念

三维激光扫描技术：又称为实景复制技术，是测绘领域继 GPS 技术之后的又一次技术革命。它突破了传统的单点测量方法 ［图 11-4（a）］，通过高速激光扫描测量的方法，大面积、高分辨率地快速获取被测对象表面的三维坐标数据、反射率、颜色等信息 ［图 11-4（b）］，为快速建立物体的三维影像模型提供了一种全新的技术手段。

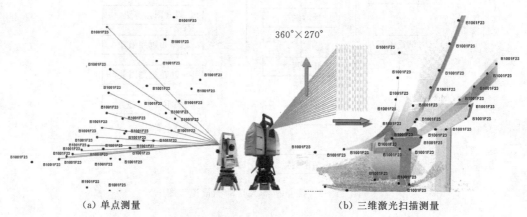

（a）单点测量　　　　　　　　　　　　　　　（b）三维激光扫描测量

图 11-4　单点测量与三维激光扫描测量

点云数据：通过三维激光扫描仪获取的海量点数据集合，如图 11-5 所示。

图 11-5　某水利枢纽三维激光扫描仪采集的点云数据

三维激光扫描仪：通过发射激光来扫描获取被测物体表面坐标和反射光强度的仪器。常用的地面三维激光扫描仪如图 11-6 所示。

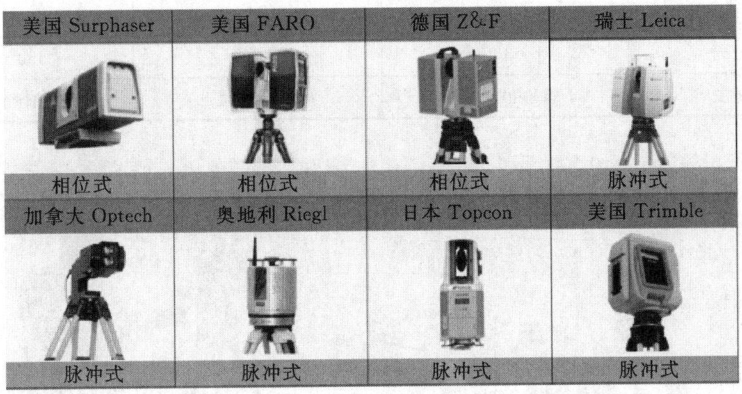

图 11-6　常用的地面三维激光扫描仪

三维激光扫描仪的特点如下：

（1）数据采集效率高，点云密度大。三维激光扫描仪被称为"疯狂的全站仪"，它能够每秒发出上万激光脉冲信号，采集速度达到每秒上万个点甚至几十万个点，这是其他数据采集手段望尘莫及的。

（2）全数字特征，几何信息丰富。三维激光扫描仪所获取的数据是离散的三维空间点数据，这些三维空间点云数据中包含了扫描对象完整的空间几何信息，还有扫描对象的反射率、反射强度、扫描角度等衍生信息。

（3）扫描精度高。三维激光扫描仪的单点定位精度达到毫米级别，一般 3mm 左右，有的甚至达到了 0.02mm。

（4）全天候作业。三维激光是主动发射激光脉冲信号，根据回波信息进行测量，可以在没有任何光照条件的环境中工作，甚至可以在小雨和大风环境下工作，对环境的适应能力比较强。

（5）小型便捷，易于操作。三维激光扫描仪在向着小型化、轻便化发展，目前小的三维激光扫描仪只有 3～4kg，体积小，携带方便。

三维激光扫描仪在水利工程测量中的应用：三维扫描仪的上述优点使得三维扫描技术在水利工程地形测量、变形监测分析等得到了广泛的应用，但是目前这项技术处于发展阶段，仍有很大的发展空间。下面以徕卡 ScanStation 2 三维激光扫描仪为例介绍其在水利工程地形测量中的应用。

二、三维激光扫描仪在某区域地形测量中的应用

1. 外业地形扫描测量

（1）仪器设备。测量仪器为徕卡 ScanStation 2 三维激光扫描仪，主要技术指标见表 11-2。

（2）野外设站。首先通过实地查勘确定测站点［图 11-7（a）］及扫描顺序，并利用 GNSS 测定出测站点坐标。然后在控制点上架设三维激光扫描仪并进行对中整平

表 11-2　　　　　　　徕卡 ScanStation 2 三维激光扫描仪主要技术指标

名　称	技术指标	名　称	技术指标
扫描仪类型	脉冲式	扫描精度	0.3mm/100m 距离
扫描距离	1～300m	视场角	360°×270°
扫描速度	50000 点/s	水平系统	双轴倾斜补偿器

（a）选点

（b）设站

图 11-7　三维激光扫描仪野外设站

［图 11-7（b）］。

　　（3）定向。将平板电脑与扫描仪连接，打开 Cyclone 软件，创建测区的数据库和工程项目，定向。

　　（4）拍照。执行 Get Image 命令，仪器自动旋转并进行拍照，可通过设置进行局部或整体拍照，该照片可对建立的三维模型进行纹理贴图。

　　（5）扫描设置。设置扫描主距、扫描精度、扫描范围和标靶类型以及后视定向。

　　（6）点云数据采集。通过执行 SCAN 命令，就可获得所选区域的点云数据，如图 11-8 所示。

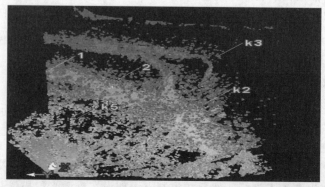

图 11-8　点云数据采集

2. 数据处理系统

在点云内业处理中，使用 Cyclone 软件和 Geomagic Studio 12 软件，对点云进行拼接、去噪、平滑、空洞修补等（图 11-9）。

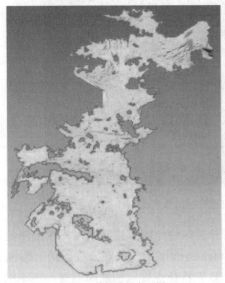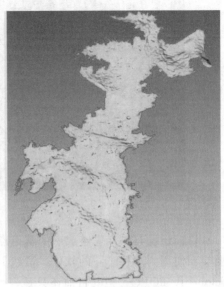

（a）修补前的点云图　　　　　　（b）修补后的点云图

图 11-9　点云数据处理

在数学建模过程中，采用 Geomagic Studio 12 和 Surfer 8.0 对处理后的点云进行建模，并通过片断修改和镶嵌，生成较为理想的地形模型，能够真实地反映出所测地形地貌（图 11-10）。

（a）Geomagic Studio 12 建模　　　　　　（b）Surfer 8.0 建模

图 11-10　点云数据三维建模

数字地形图与数字高程模型生成采用南方 CASS 软件，先通过布尔莎模型进行坐标转换，将点云转化成常规地形测量所用的数据，把转换后的三维点云导入 CASS 软件中，生成的等高线如图 11-11 所示。

3. 三维激光扫描仪地形测量实践中的问题

三维激光扫描技术应用于精细地形测绘还处于初步研究应用阶段，还有很多问题需要解决：

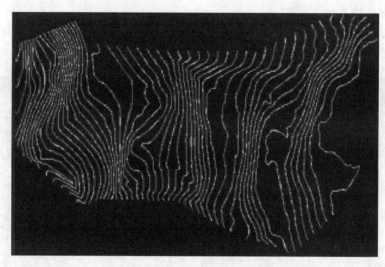

图 11-11　点云数据绘制的等高线

（1）目前还没有一套完整成熟的基于点云数据的地形图测绘软件，在成图的过程中需要交互使用到多种不同的软件。虽然 Leica 已推出了基于点云数据的地形测绘软件 Cyclone Ⅱ TOPO，但其目前还只是一个地形特征点提取的辅助工具，还不能胜任快速、复杂的地形测绘任务。

（2）如何实现点云数据中地形特征点的自动或半自动化精确提取，是地面三维激光扫描技术应用于地形测绘的过程中需要长期进行研究的课题。

（3）如何自动化或半自动化剔除点云数据中的非地貌数据，是等高线生成中急需解决的问题。

（4）当地形高低起伏遮挡情况比较严重时，容易出现数据黑洞，形成局部数据缺失。除了多设测站争取保证测区数据完整外，也可研究将近景摄影测量与地面激光扫描相结合的方法，来解决局部扫描数据空洞的问题。

（5）地面三维激光扫描由于受测站位置的限制，不可避免地会出现扫描死角，特别是顶部，因此与机载或低空激光扫描相结合是其发展的必然趋势。

11-2
三维激光扫描仪及其应用

单元三　无人机倾斜摄影技术及其在水利工程测量中的应用

一、无人机倾斜摄影的概念

无人机：是无人驾驶飞机的简称，指利用无线电遥控设备和自备的程序控制装置操纵的不载人飞行器。按照不同的平台构型可分为旋翼无人机和固定翼无人机等。

旋翼无人机：一般指多旋翼无人机，是一种具有三个及以上旋翼轴的特殊的无人驾驶直升机。其通过每个轴上的电动机转动，带动旋翼，从而产生升推力［图 11-12（a）］。

多旋翼的优点是机动、灵活，不需要跑道便可以垂直起降，可以精准悬停，可精细对某个目标进行观察，体积小，操作简单容易上手，应用领域广，缺点是机动性、稳定性和效率都是比较差的，操控距离较近，飞行高度较低，负载较小，续航时间短，所以只能小面积作业。

固定翼无人机：指机翼相对固定，主要靠延伸的机翼提供升力的直升机［图 11-12（b）］。

固定翼的优点是可以远程飞行，飞行速度快，负载大，可以远距离操纵，飞行高度比多旋翼高，续航时间长，应用领域广，缺点是机动、灵活性不足，不能悬停，起降需要跑道，操作难度比多旋翼大一些，但是可以大面积作业。

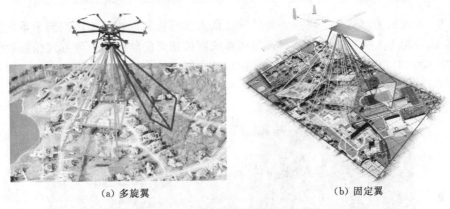

（a）多旋翼　　　　　　　　　　（b）固定翼

图 11-12　无人机倾斜摄影

倾斜摄影：倾斜摄影技术是国际摄影测量领域近十几年发展起来的一项高新技术，它颠覆了以往正射影像只能从垂直角度拍摄的局限，通过从 5 个不同的视角（1 个垂直、4 个倾斜）同步采集影像（图 11-12），获取到丰富的建筑物顶面及侧视的高分辨率纹理。它不仅能够真实地反映地物情况，高精度地获取物方纹理信息，还可通过先进的定位、融合、建模等技术生成三维模型。

无人机倾斜摄影：指以无人机为平台，以倾斜摄影相机为设备的航空影像获取系统。

二、无人机倾斜摄影的作业流程

下面以无人机倾斜摄影在河道带状地形图的应用为例介绍其作业流程。

1. 外业测量

（1）作业场地选择。场地选择某河道带状地形图测量。该场地长 1km，带状宽度约 300m，为平原地貌，最大相对高度约 80m。根据测图设计要求，需要提供全要素 1∶500 带状地形图（沿中线两侧各 150m 范围）。

（2）无人机选择。采用海燕 HX-X2 多旋翼无人机倾斜摄影系统进行航测，技术流程如图 11-13 所示。

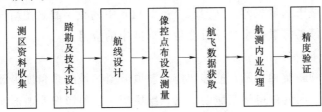

图 11-13　无人机航测技术流程

（3）前期准备。在飞行设计前对试验区概况进行了了解并收集了相关资料，如场地高分辨率遥感影像、地形图、GNSS 控制点坐标等，并到测区现场进行了踏勘。根据成图要求及测区地形起伏状况，本试验设计了 4 个航摄架次，航高根据海拔高度设置为 100m，地面分辨率优于 2cm。根据带状测区几何特点（接近规则矩形），在测区均匀分布了 8 个控制点和 30 个检查点，检查点和控制点间距 200～300m，对于无明显特征地物点区域，放置了棋盘格控制点靶标，控制点坐标采用 GPS - RTK 测量，精度为图根级。

（4）无人机采集数据。将规划好的航线载入飞行控制系统，地面控制子系统按照规划航线控制无人机飞行，倾斜摄影相机系统则按预设的航线和拍摄方式控制相机进行拍摄（图 11 - 14）。本次共获取影像 6000 张，采用人工选取同名点的方法计算相邻相片的重叠度和旋偏角，利用飞控数据和导航数据来检查航线的弯曲度、同一航线的航高差等参数，经检查均达到相关要求。

图 11 - 14　无人机数据采集

2. 内业数据处理

本试验采用海燕 UDP 无人机倾斜影像数据处理集群系统，接口软件采用商业 Smart 3D 软件。主要处理图像畸变差纠正、图像匹配、平差、三维产品制作等。

3. 成果及精度评定

（1）处理成果。经过航测内业处理完成了试验区实景三维模型产品、真正摄影像和 DSM 的制作。

（2）精度评定。检查出点平面位置中误差为 ±11.2cm，高程中误差为 ±12.7cm。精度完全满足《城市测量规范》（CJJ/T 8—2011）中的数字线划图精度要求。

三、无人机倾斜摄影在水电项目全生命周期中的应用

1. 在规划阶段的应用

通过无人机倾斜航拍技术，能够快速地获取航摄区域的多角度影像（图 11 - 15），经过实景建模软件的处理得到区域的实景三维模型、正射影像及地形。在实景三维模型中，结合其他辅助数据，可以对规划方案进行比选，最终确定最优的规划方案。

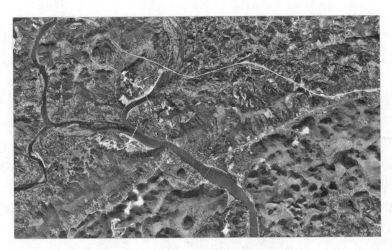

图 11-15　利用无人机获取的河道影像图

实景三维模型因其具有准确的地理位置和高程信息，在项目的勘查设计阶段可以准确地获取测绘成果，并将设计模型和实景模型进行关联分析，获取精确的比对分析结果。

2.地形图测绘

在项目前期勘测阶段，无人机倾斜摄影可以快速获取地表与地形信息，为项目提供基础数据保障。倾斜摄影无人机可以拍摄到 3cm 甚至更高的分辨率影像，能够满足 1∶500、1∶1000 及 1∶2000 等大比例尺地形图的制图需要。

将倾斜摄影成果制作成为地形图成果，须遵循的流程如图 11-16 所示。

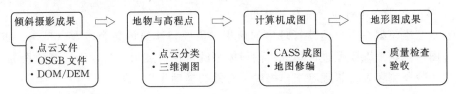

图 11-16　地形图制作流程

倾斜摄影成果可以导出为点云、OSGB 模型、DOM/DEM 等文件，经过上述流程处理可以得到全要素的地形图成果（图 11-17）。

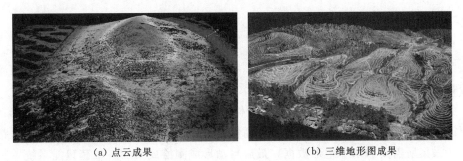

（a）点云成果　　　　　　　　　　（b）三维地形图成果

图 11-17　基础测绘成果

233

3. 方案设计

根据倾斜摄影成果对方案的设计进行调整，以得到既满足项目要求，又满足环境要求的精确设计方案。与此同时，也可以将场景进行模拟，将设计的方案以可视化的方式呈现出来，降低人员间的沟通成本。

4. 倾斜摄影在施工阶段的应用

实景三维的一大特点是真实还原地形地貌。在项目的施工过程中，现场的施工现状和进展可以通过拍照建模的方式进行数字化的交流和汇报。通过对不同时期构建的三维模型进行变化监测，可以准确地分析出本月的工程进度，预测完工日期。同时可以在实景模型上进行土方量的计算，进而辅助决策渣土车和挖掘机的调度和安排。对于高边坡及地质灾害易发区域，可以通过无人机倾斜摄影进行定期的安全监测及应急响应（图 11-18 和图 11-19）。

图 11-18　施工现场三维实景模型图　　图 11-19　施工现场土方量计算

5. 倾斜摄影在运行维护阶段的应用

实景三维模型在项目运营管理中的应用，需要将建筑的各个专业（厂房、机电）的设计图与实景三维模型进行集成。倾斜模型的可视化展示平台，为运营阶段的实时监控、风险预测和设备管理等工作提供了有效的辅助作用。

单元四　无人船搭载多波束测深系统及其在水下地形测量的应用

一、无人船水下测量系统

1. 无人测量船

无人测量船：简称无人船，是指集高精度姿态定位、无线通信技术、数字测深和遥控技术于一体的水上移动测量设备。

无人船测量系统：指以无人船为载体，集成 GNSS、单波束（多波束）测深仪、超声波避障系统以及实时摄像头等多种高精度传感设备，让船体在水域按预定的路线行驶，采集所需要的水下地形数据，最后自动形成测绘成果的一整套智能系统。其工作原理如图 11-20 所示。

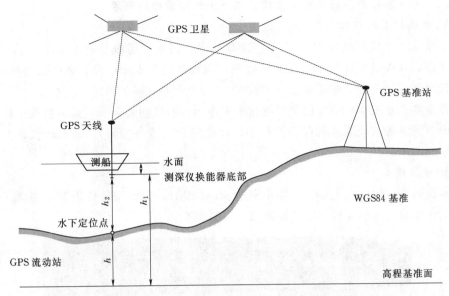

图 11-20　无人船测量系统水下测量原理

2. 多波束测深系统

多波束测深系统：与传统的单波束测深系统每次测量只能获得测量船垂直下方一个海底测量深度值相比，多波束探测能获得一个条带覆盖区域内多个测量点的海底深度值，实现了从"点—线"测量到"线—面"测量的跨越。常用的多波束测深仪有 Imagenex DT101 多波束、GeoAccoustics GeoSwath Plus 多波束（图 11-21）等。

(a) DT101 多波束测深仪　　　(b) GeoSwath Plus 多波束测深仪

图 11-21　多波束测深仪

多波束测深系统的工作原理是利用接收换能器阵列对声波进行窄波束接收，通过发射、接收扇区指向的正交性形成对海底地形的照射脚印，对这些脚印进行恰当的处理，一次探测就能给出与航向垂直的垂面内上百个甚至更多的海底被测点的水深值，从而能够精确、快速地测出沿航线一定宽度内水下目标的大小、形状和高低变化，比较可靠地描绘出海底地形的三维特征。

二、无人船搭载多波束测深系统在水下地形测量中的应用

1. 测区概况及作业要求

某水库，水域面积约 $6km^2$，是一座集防洪、供水、灌溉、观光、养殖于一体的中型水库，水深最深处约 12m，北部较深，南部较浅，水库中包含若干孤立的小岛，南部浅水区围网较多，东部边沿芦苇较多。

作业要求是按 1∶2000 比例尺测量水下地形，航线间隔 40m，航向数据采样点间距 10m（无人船自动采集间隔设置稍小些，最终数据适当抽稀），地形起伏较大处适当加密。

2. 仪器设备

本次勘测采用的无人船设备为中海达 iBoat BM1，GPS 定位选用 V60 基站、H32 移动站，配合无人船完成平面和水深数据的采集工作。

图 11-22 中海达 iBoat BM1 无人测量船

3. 技术路线

利用无人船搭载多波束测深系统开展水下地形测量的作业模式如图 11-23 所示。

图 11-23 无人船搭载多波束测深系统测量作业模式

4. 航线设计

在航线设计前要先在测区踏勘，标注障碍区或围网区，然后内业中利用地形图资料套合最新的卫星影像，若无地形图可以外业现场采集特征点坐标，内业借助 CASS 软件进行影像坐标校正，从几何校正后的卫星影像中寻找可能需要避开的潜在障碍区，设计好避让线路，然后将航线转为 .dxf 格式导入岸基操控软件。方便水库管理

人员根据影像可以发现航线上的诸多障碍区，如围网、浅滩、孤岛、太阳能指示灯等（图 11-24）。无人船在远离视线范围作业时如果发生靠岸贴边、搁浅、挂住围网及潜在避障区域靠远距离手动遥控脱离障碍区等情况是比较麻烦的，因此作业前充分考虑潜在的障碍区是十分有必要的。对于水库岸边或狭小区域可以直接手动遥控作业。

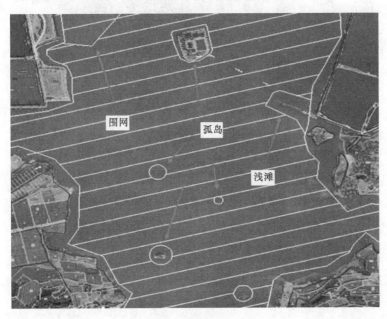

图 11-24　航线设计

5. 外业数据采集

（1）首先测试设备之间的设置和连接是否完整。岸基端与无人船通信联通后，即可在岸基端利用笔记本电脑操控无人船的航行和数据采集。

（2）测量过程中，基本采用自动航行测量的方式进行，整个过程无需人工干预。由于测区不规则，部分区域岸边水草较多，航线布设时并没有完成覆盖整个测区，因此，需要采用手动控制测量方式对航行未覆盖和个别死角进行手动控制测量。

6. 内业数据处理

无人测量船按一定的距离或时间间隔采集数据，对获得的数据还不能直接使用，需要进行粗差剔除和数据抽稀。对水底正高数据的处理采用无验潮模式，对实时获得的水面高程和水深数据进行处理得到水底正高数据，然后生成水下地形三维模型（图 11-25），直观地反应水下地形状况。

三、无人船测量系统使用中需要注意的问题

无人船测量系统能够适应复杂野外水上测量环境，具有高度的自动化，能够高效完成水下地形勘测任务。尤其适用于大面积水域、浅滩、水质污染等人工测量困难或无法到达的区域。但是，无人船测量技术作为近年来发展起来的一项水下地形测量新技术，在实际应用当中还存在一些问题，如智能化避障、测量死角、信号遮挡、通信传输控制等问题。

11-4

无人船搭载多
波束测深系统
及其应用

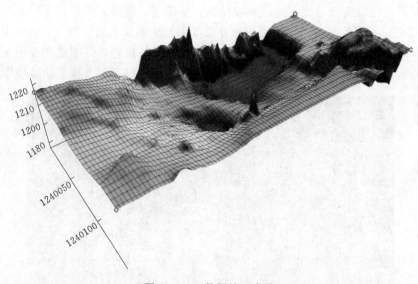

图 11 - 25　数据处理成果

项目十二　水利工程测量实训

一、测量实训须知

（1）水利工程测量是一门实践性很强的课程。测量实训不仅可以加深对课堂教学内容的理解，而且只有通过实际操作才能真正领会和掌握仪器的构造、性能和使用方法，因此实训课是掌握水利工程测量技能的重要环节，必须以严肃、认真的态度完成指定的实训内容，努力培养独立工作的能力、严谨的工作态度和团结协作的精神。

（2）测量实训前，应预习所做实训项目，认真复习教材中有关内容，预习实训指导书，初步了解实训目的、要求、操作方法、步骤、记录、计算及注意事项等，及时完成实训前的预做作业，以便更好地完成实训项目。

（3）实训应在规定的时间内进行，不得无故缺席或迟到早退。在测站上，不得嬉戏打闹，不看与实训无关的书籍或手机等。

（4）实训分小组进行，组长负责小组实训的组织协调和仪器的借还。领取仪器时，由组长负责按借物单核对所借物品的品种、数量是否相符。核对无误后，在借物单上签字，再将全部仪器和工具领出仪器室。实训中，各组组长应切实负责，合理安排小组工作，每一项工作都由小组成员轮流担任，使每人都有练习的机会。

（5）如果初次接触仪器，未经讲解，不得擅自开箱取用仪器，以免发生损坏。经实训指导教师讲授，明确仪器的构造、操作方法和注意事项后方可开箱进行操作。

（6）在作业中间，应严格按照操作规程进行，要爱护仪器，有不懂之处及时请教指导老师。仪器使用注意事项见"测量仪器使用注意事项"。

（7）应认真对待测量数据的记录和计算。具体要求见"测量记录注意事项"。

（8）每人都应认真、仔细地操作，每项实训都应取得合格成果，并提交规范的实训报告，经指导教师审阅签字后，方可结束实训。

（9）归还仪器时，应待仪器室工作人员对所还仪器和工具检查验收，获准后方可离开。

二、测量仪器使用注意事项

（1）携带仪器时，应注意检查仪器箱盖是否关紧锁好，拉手、背带是否牢固。

（2）打开仪器箱后，要看清并记住仪器在箱中的安放位置，以便用毕后将各部件稳妥地放回原位。

（3）提取仪器之前，应注意先松开制动螺旋，以免取出仪器时因强行扭转而损坏微动装置，甚至损坏轴系。提取仪器时，应一手握住照准部支架，另一只手扶住基座部分，轻轻取出仪器，勿提望远镜，也不要一只手抓仪器。

（4）三脚架安置稳妥后，方可安置仪器。安装仪器于脚架上时，应一手握住仪器，另一只手立即拧紧连接螺旋。

（5）仪器安装在脚架上之后，应将仪器箱盖关好，以防灰尘等杂物进入箱中。仪器箱上不得坐人。

（6）实训过程中，仪器必须有人守护，做到"人不离仪器"，特别在交通要道、坚硬光滑之处，更应注意。

（7）在阳光下使用仪器时，必须撑伞保护仪器，雨天应禁止观测。对于电子测量仪器，在任何情况下均应撑伞防护。

（8）若发现透镜表面有灰尘或其他污物，应先用软毛刷轻轻拂去，再用镜头纸擦拭，严禁用手帕、粗布或其他纸张擦拭，以免损坏镜头。观测结束后应及时盖好物镜盖。

（9）在训练过程中，应按实训指导书和操作规程严格操作。对仪器性能尚未了解的部件，未经指导教师许可，不得擅自操作。发现仪器有不正常情况，应及时报告。

（10）各制动螺旋勿扭之过紧，各微动螺旋勿扭至极端。使用各种螺旋都应均匀用力，以免损坏螺纹。转动仪器时，应先松开制动螺旋。使用微动螺旋时，应先旋紧制动螺旋。

（11）对于电子仪器，电池充电时，应用专用充电器。每次取下电池盒时，都必须先关掉仪器电源，否则仪器易损坏。在进行测量的过程中，千万不能不关机拔下电池，否则测量数据将会丢失。

（12）仪器搬站时，先检查连接螺旋，再收拢脚架，一手握支架或基座，另一只手握脚架，将望远镜直立向上，保持仪器近直立状态搬移。绝对禁止横扛仪器于肩上。长距离搬运时应将仪器装入箱内，再行搬站。

（13）从三脚架取下仪器时，先松开制动螺旋，一手握住仪器基座或支架，一手拧松连接螺旋，双手从脚架上取下仪器，装箱后再旋紧制动螺旋，以免仪器在箱内晃动。如发现箱盖不能关闭时，应打开查看原因，不可强力按下。最后关箱上锁。

（14）水准尺、棱镜杆不准用作担抬工具，以防弯曲变形或折断。立尺时，要用双手扶好，严禁脱开双手。在观测间隙，不要将尺子随便倚靠于树上或墙上，以防尺子滑倒摔坏。尺子放在平地上，应注意不得有碎石、硬土块等尖锐物体磨伤尺面，更不能坐在尺子上。

（15）训练结束前须清点仪器，发现损坏和遗失要及时报告，并按照学校的规章制度进行赔偿。

三、测量记录注意事项

（1）记录时应用2H或3H铅笔书写，字体应工整清晰，不得潦草。

（2）观测数据应直接填入指定的记录表格或实训报告册中，不得以其他纸张记录再事后抄录。记录表格上规定的内容及项目必须填写，不得空白。

（3）字体大小一般占格宽的一半左右，字脚靠近底线，留出空隙作改正错误用。

（4）观测数据应随测随记，不得转抄，记录者应在每一数据记录完毕后立即向观测者"回报"所记数据，以防听错或记错。

（5）如记录发生错误，不得直接在原数字上涂改，也不得用橡皮擦拭，应用横线或斜线将错误数据划去，并在其上方写上正确数据。观测成果不能连环涂改。除计算数据外，所有观测数据的修改和作废，必须在备注栏内注明原因以及重测结果记于何处。

（6）观测数据应表现其精度及完整性，不能省略零位。如水准尺读至毫米，则应记为 0.325/1.360m；度盘读数 4°03′06″，这些读数中的"0"都不能省略。

（7）距离测量和水准测量中，厘米及以下数值不得更改，在同一距离、同一高差的往返测或两次测量的相关数字，以及水准测量的红、黑面读数不得连环更改，否则，必须重测。

（8）角度观测时，分、秒读数不准涂改，同一方向盘左、盘右读数不得同时更改

（9）计算时，按"四舍六入，五前奇进偶不进"的取数规则进行计算。

（10）简单的计算及必要的检核，应在测量进行时随即算出，以判断测量成果是否合格。经检查确认无误后方可搬动仪器，以免影响测量进度。

（11）观测结束后，将表格上各项内容计算填写齐全，自检合格后将实训结果交给指导教师审阅。符合要求并经允许后方可收拾仪器工具归还仪器室，结束实训。

实训项目一　水　准　测　量

任务一　水准仪的构造和使用

一、实训目的

（1）了解水准仪的基本构造、各部件名称和作用，熟悉其使用方法。

（2）掌握水准仪的安置、瞄准以及水准尺读数方法。

（3）掌握水准测量观测、记录、计算的基本方法。

二、实训任务

（1）认识水准仪各个部件及作用，学会水准仪的整平。

（2）学会照准目标，消除视差及利用望远镜的中丝在水准尺上读数。

（3）学会利用水准仪测定地面两点间的高差，并进行记录、计算。

（4）每组施测一个测段的高差，至少设定一个转点，已知一个点的高程，通过转点，求另一个点的高程。

（5）每一个测站采用变动仪器高法或双面尺法进行测站检核。要求测站检核高差不超过±5mm。

三、实训仪器

水准仪1台，水准尺1对，尺垫1对，记录板1块。

四、实训流程

1. 安置仪器，认识水准仪，了解仪器基本构造、各部件名称和作用

（1）安放三脚架。选择坚固平坦的地面张开三脚架，使架头大致水平，高度适中；三条架腿开度适当，如果地面松软，则将架腿的三个脚尖插牢于土中，使脚架稳定。

（2）安置仪器。打开仪器箱用双手将仪器取出，放在三脚架架头上，一手握住仪器，一手旋转脚架中心连接螺旋，将仪器固连在三脚架架头上。

（3）观察熟悉仪器。仔细观察仪器的各个部件，熟悉各部件名称和作用，试着旋拧各个螺旋以了解其功能。

2. 水准仪的使用

水准仪的操作步骤为：粗平、瞄准水准尺、读数。

（1）粗平。转动三个脚螺旋，使圆水准气泡居中。

（2）目镜对光。调节目镜使十字丝最清晰。

（3）粗瞄。借助准星大致瞄准水准尺。

（4）物镜对光。转动物镜调焦螺旋，使水准尺成像最清晰。

（5）精瞄。旋紧水平制动螺旋，转动微动螺旋，使十字丝纵丝照准水准尺中央。

（6）检查并消除视差。

（7）读数。仪器整平后，用十字丝的中丝在水准尺上读数。

3．测站水准测量练习

（1）从已知水准点 A 开始，通过转点1，测定 B 点的高程。首先将仪器安置在 A 和转点1之间，使前后视距离大致相等，测定 A 和转点1之间的高差；然后变动仪器高度超过10cm或采用双面尺法，重新测定这两点高差，检核合格后，搬到下一站，直至测到终点为止。

（2）根据已知水准点 A 高程，求出待定点 B 点的高程

换一人重新安置仪器，进行上述观测，直至小组所有成员全部观测完毕。

五、技术要求

（1）仪器操作时，各种螺旋旋转的手感均应匀滑流畅，当微动螺旋、微倾螺旋或脚螺旋突然旋转不动时，说明已至极限范围，切勿再用力旋拧。消除视差的方法可以参考教材《水利工程测量》。

（2）安置仪器时，脚架头应大致水平，脚架应踩实。水准尺应直立，不得倾斜。

（3）选择测站时，应尽量使前后视距相等。

（4）已知水准点和待定水准点上不能放置尺垫；仪器未搬站，后视点尺垫不能移动仪器搬站时，前视点尺垫不能移动，否则应从起点 A 开始重测。

（5）尺垫应踩入土中或置于坚固的地面上，在观测过程中，不得碰动仪器或尺垫。

（6）瞄准标尺时必须消除视差。每次读数前，须先使符合水准气泡居中。读数完成注意检核气泡是否仍然居中。

（7）应先读后视，后读前视。后视与前视之间若圆气泡不再居中，如未偏出圆圈，可继续施测，如因碰动脚架而偏出圆圈，则应重新整平，后视亦应重新观测。

（8）读数应根据水准尺刻划按由小到大的原则进行；先估读水准尺上的毫米数，然后报出全部读数；读数一般应为小数点后三位数，估读至毫米，即米、分米、厘米和毫米；读数应迅速、果断、准确，不拖泥带水。

六、实训成果

每人交测量两点高差记录表1份，每人交实训报告1份，每人交操作视频1个。

测量两点高差记录表

测站编号	点号	后尺 上丝 下丝		前尺 上丝 下丝		方向及尺号	中丝读数/m		备注
		后视距/m		前视距/m			黑面	红面	
		视距差/m							
1	$A-B$					后			正常仪器高测 A、B 两点高差
						前			
						后－前			

续表

测站编号	点号	后尺 上丝 下丝		前尺 上丝 下丝		方向及尺号	中丝读数/m		备注
		后视距/m		前视距/m			黑面	红面	
		视距差/m							
1	A—B					后			变换仪器高测 A、B 两点高差
						前			
						后—前			
1	A—B					后			变换仪器高测 A、B 两点高差
						前			
						后—前			
1	A—TP					后			加一个转点测 A—B 两点高差
						前			
						后—前			
2	A—TP					后			
						前			
						后—前			

任务二 水准仪的检验与校正

一、实训目的

（1）弄清水准仪的主要轴线与它们之间的几何关系。

（2）掌握水准仪的检验与校正方法。

二、实训任务

每组完成 1 台水准仪的检验。内容包括：

（1）圆水准器轴平行于竖轴的检验与校正。

（2）十字丝的横丝垂直于竖轴的检验与校正。

（3）水准管轴平行于视准轴的检验与校正。

三、实训仪器

水准仪 1 台，水准尺 1 对，尺垫 1 对，记录板 1 块，校正针 1 根，小螺丝刀 1 把。

四、实训流程

1. 圆水准器轴平行于竖轴的检验与校正

（1）检验：调脚螺旋使圆水准器气泡居中，旋转仪器 180°，若气泡偏离圆圈，则需校正。

（2）校正：拨圆水准器下面的 3 个校正螺丝使气泡退回偏移量的 1/2，调脚螺旋使气泡居中

2. 十字丝横丝垂直于竖轴的检验与校正

（1）检验：用微动和微倾螺旋使十字丝交点对准一明显标志点，旋转水平微动螺旋，若该点偏离横丝，则需校正。

（2）校正：用螺丝刀松开十字丝镜筒相邻的两颗固定螺丝，转动分划板座，让横丝水平，再将螺丝拧紧。

3. 水准管轴平行于视准轴的检验与校正

（1）检验：在地面上选 A、B 两点，相距 $60 \sim 80 \mathrm{m}$，各点钉木桩（或放置尺垫）立水准尺。安置水准仪于距 A、B 两点等距离处，准确测出 A、B 两点高差 h_{AB}。再在 A 点附近 $2 \sim 3 \mathrm{m}$ 处安置水准仪，分别读取 A、B 两点的水准尺读数 a_2、b_2，应用公式 $b_2' = a_2 + h_{AB}$，求得 B 点上的水平视线读数。若 $b_2' = b_2$ 则说明水准管轴平行于视准轴，若 $b_2' \neq b_2$，应计算 i 角，当 $i > 20''$ 时需要校正。i 角的计算公式为

$$i = |b_2 - b_2'| \ \rho / D_{AB}$$

式中：D_{AB} 为 A、B 两点间距离，$\rho = 206265''$。

（2）校正：转动微倾螺旋，使横丝对准正确读数 b_2'，这时水准管气泡偏离中央，用校正针拨动水准管一端的上下两个校正螺丝，使气泡居中。再重复以上检验校正步骤，直到 $i \leqslant 20''$ 为止。

五、技术要求

（1）按照实训步骤进行检验，确认检验无误后才能进行校正。

（2）转动校正螺丝时，应先松后紧，松紧适当，校正完毕后，校正螺丝应稍紧。固定螺丝应拧紧。

（3）用于一等、二等水准测量的水准仪，仪器的 i 角不应超过 $15''$；用于三等、四等水准测量的仪器，仪器的 i 角不应超过 $20''$。

六、实习成果

每组提交水准仪 i 角检查记录表 1 份，每组交操作视频 1 个。

水准仪 *i* 角核查记录

仪器设备名称		水准仪		出厂编号		

水准仪核查记录

测站编号	后尺	下丝	前尺	下丝	方向及尺号	标尺读数		K+黑-红	高差中数	备注
		上丝		上丝		黑面中丝	红面中丝			
	后距		前距							
	视距差 *d*		$\sum d$							
					后					
					前					h_{ab}
					后—前					
					后					
					前					
					后—前					
计算	$h_{ab}=$ $b_2 \quad =$ $\qquad b_2'=$ $\Delta =$ $\qquad D_{AB}=$ $i = \Delta \times 206265 / D_{AB}=$									
结论										
核查			日期			校核			日期	

任务三 普 通 水 准 测 量

一、实训目的

（1）掌握普通水准测量一个测站的工作程序和一条水准路线的施测方法。

（2）掌握普通水准测量的观测、记录、高差及闭合差的计算方法。

二、实训任务

（1）每组施测一条闭合水准路线。在场地上选定一个坚固点作为已知高程点，再选定 2～3 个待测高程点，跟已知高程点一起构成一条闭合水准路线。在两个高程点之间，最好再设置几个转点，以能观测 2～3 站为宜。

（2）观测精度满足要求后，根据观测结果进行水准路线高差闭合差的调整和高程计算。水准路线高差闭合差限差为 $\pm 12\sqrt{n}\,\mathrm{mm}$ 或 $\pm 40\sqrt{L}\,\mathrm{mm}$（其中 n 为测站总数，L 为以 km 为单位的水准路线长度）。

三、实训仪器

水准仪 1 台、水准尺 1 对、尺垫 1 对、记录板 1 块。

四、实训步骤

（1）拟定施测路线。选一已知水准点作为高程起始点，记为 BM_A，选择有一定长度（约 500m）、一定高差的路线作为施测路线。1 人观测、1 人记录、2 人立尺，施测 1~2 站后应轮换工种。

（2）施测第一站。以已知高程点 BM_A 作后视，在其上立尺，在施测路线的前进方向上选择适当位置为第一个立尺点（转点 1，记为 ZD_1 或 TP_1）作为前视点，在 ZD_1 处放置尺垫，尺垫上立尺（前视尺）。将水准仪安置在距后视点、前视点距离大致相等的位置（常用步测），置平后读数 a_1，记入记录表中对应后视栏中；再转动望远镜瞄前尺、置平后读数 b_1，将前视读数记入前视栏中。

（3）计算高差。$h_1 =$ 后视读数－前视读数＝$a_1 - b_1$，将结果记入高差栏中。

（4）仪器迁至第二站，第一站的前视尺不动变为第二站的后视尺，第一站的后视尺移到转点 2 上，变为第二站的前视尺，按与第一站相同的方法进行观测、记录、计算。

（5）按以上程序依选定的水准路线方向继续施测，直至回到起始水准点 BM_A 为止，完成最后一个测站的观测记录。

（6）成果校核。检核计算：后视读数之和减前视读数之和应等于高差之和。计算高差闭合差：$f_h = \sum h_{测}$。高差闭合差应在限差之内，否则，应当返工。

（7）对符合要求的观测成果进行闭合差的调整和高程计算。

五、技术要求

（1）立尺员应认真将水准尺立直，注意不要将尺立倒。并用步测的方法，使各测站的前、后视距离基本相等。

（2）正确使用尺垫，尺垫只能放在转点处，已知高程点和待求高程点上均不能放置尺垫。

（3）同一测站，只能粗平一次（测站重测，需重新粗平仪器）；但每次读数前，均应注意消除视差。

（4）仪器未搬迁时，前、后视点上尺垫均不能移动。仪器搬迁了，后视尺立尺员才能携尺和尺垫前进，但前视点上尺垫仍不能移动。若前视尺垫移动了，则需从起点开始重测。

（5）测站数一般布置为偶数站。

（6）调整高差闭合差时，只需调整待测水准点的高差，无需计算中间各转点的高程。

六、应交成果

每组交普通水准测量记录表 1 份，每组交实训报告 1 份，每人交操作视频 1 个。

普通水准测量记录表

仪器型号：　　　　日期：　　　　观测者：　　　　记录者：　　　　立尺者：

测站	测点	标尺中丝读数/m		高差/m		高程/m	备注
		后尺	前尺	+	−		
	Σ						
	计算检核						

水准路线简图

248

实训项目二 角度、距离测量

任务一 全站仪的认识与使用

一、实训目的

(1) 熟悉全站仪的基本构造和各部件的功能。

(2) 掌握全站仪的使用方法（对中、整平、照准、读数）。

二、实训任务

(1) 熟悉全站仪的构造和性能。

(2) 练习全站仪的对中、整平及照准目标。

三、实训仪器

每组全站仪 1 台，三脚架 2 个，小钢尺 1 把，棱镜组 1 个。

四、实训流程

1. 准备工作

仪器开箱后，仔细观察并记清仪器在箱中的位置，取出仪器并连接在三脚架上，旋紧中心连接螺旋，及时关好仪器箱。

2. 认识全站仪

了解仪器各部件（包括反射棱镜）及键盘按键的名称、作用和使用方法。

3. 仪器操作

(1) 测站上安置全站仪，按①键打开全站仪，按★打开快捷设置，选择 [F3] 打开光学对点器，对中整平仪器（对中误差不应大于1mm）并量仪器高 i（量至厘米）。

(2) 对中：将三脚架安置在测站点上，并使架头大致水平，移动两个架腿利用光学对点器初步对准测站点，踩实脚架。

(3) 整平：包括粗略整平和精确整平。

粗略整平：伸缩三脚架腿使照准部圆水准器气泡大致居中。

精确整平：使照准部水准管轴平行于两个脚螺旋的连线，转动这两个脚螺旋使水准管气泡居中，将照准部旋转 90°，转动另一脚螺旋使水准气泡居中，在这两个位置反复数次，直到气泡任何方向都居中为止。

若整平后发现对中有偏差，松开中心连接螺旋，移动照准部再进行对中，拧紧连接螺旋后仍需重新整平仪器，这样反复几次，即可对中整平。

(4) 瞄准目标点：照准目标点的棱镜标牌中心（或不带标牌的棱镜中心）。

五、技术要求

(1) 使用各螺旋时，用力应轻而均匀。

（2）全站仪从箱中取出后，应立即用中心连接螺旋连接在脚架上，并做到连接牢固。

（3）当电池电量不足时，应立即结束操作，更换电池。在装卸电池时，必须先关闭电源。

（4）迁站时，即使距离很近，也必须取下全站仪装箱搬运，并注意防震。

六、应交资料

每人完成全站仪使用的实训报告 1 份，操作视频 1 个（包括对中、整平及照准）。

七、南方 NTS－310 系列全站仪操作说明

1. 主界面

主界面：左侧为显示屏，右侧为功能键。

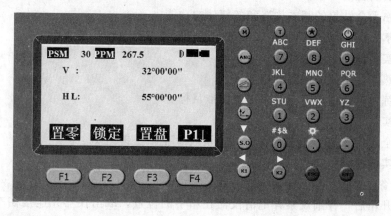

2. 操作键

符号	名称	功能
	角度测量键	进入角度测量模式
	距离测量键	进入距离测量模式
	坐标测量键	进入坐标测量模式
	菜单键	进入菜单模式
	测量标志切换键	进入测量标志切换模式
	星键	进入星键模式
	电源开关键	电源开关
	退出键	返回上一级状态或返回测量模式
	回车键	确认
F1 - F4	功能键	对应于显示的软键信息

3. 显示符号

符　号	含　义	符　号	含　义
V	垂直角	N	北向坐标
HR	水平角（右角）	E	东向坐标
HL	水平角（左角）	Z	高程
HD	水平距离	PSM	棱镜常数
VD	高差	PPM	大气改正数
SD	倾斜距离		

任务二　角度、距离测量（全站仪）

一、实训目的

掌握全站仪测角和测距的方法。

二、实训任务

1. 练习水平角的设置

通过锁定角度值进行设置，通过键盘输入进行设置。

2. 水平角测量

每人利用测回法，测定水平角一个测回。要求水平角观测半测回较差不大于 $\pm 40''$。

3. 距离测量

练习大气改正设置，棱镜常数设置，练习距离测量。要求距离测量往测一测回（瞄准目标一次，读数 2 次），一测回读数间较差不大于 $\pm 5\text{mm}$，读数取至 mm。温度需读至 0.2℃，大气压应精确至 50Pa。

三、实训仪器

每组全站仪 1 台，三脚架 3 个，小钢尺 1 把，棱镜组 2 个。

四、实训步骤

测回法为测定某一单独的水平角的最常用的方法。

设测站为 O，左目标为 A，右目标为 C，测定水平角 β，方法与步骤如下：

（1）全站仪安置于测站 O，经过对中、整平，盘左位置（竖直度盘在望远镜左边）瞄准左目标 A，读取水平度盘读数 a，记入手簿；同时，读取水平距离 HD。

（2）瞄准右目标 B，读取水平度盘读数 b，记入手簿，同时，读取水平距离 HD。

（3）计算上半测回（盘左）水平角值：$\beta_L = b - a$。

（4）倒转望远镜成盘右位置（竖直度盘在望远镜右边），瞄准右目标 B，读取水平度盘 b'，记入手簿；同时，读取水平距离 HD。沿逆时针方向旋转照准部，瞄准左目标 A，读取水平度盘 a'，记入手簿；同时，读取水平距离 HD。

（5）计算盘右半测回测得的水平角值与竖盘指标差 x：

$$\beta_R = b' - a'$$

$$x = \frac{1}{2}(R + L - 180°)$$

（6）如果 β_L 与 β_R 的差值不大于 $40''$，则取其平均值作为一个全测回（简称一测回）的水平角值：

$$\beta = \frac{1}{2}(\beta_L + \beta_R)$$

（7）一测回观测完毕，继续观测其他测回时，需配置度盘，设共观测水平角 n 个测回，则第 i 测回的度盘读数约 $180°(i-1)/n$（n 为测回数）。

测站观测完毕后，应立即检查测回角值、水平距离是否超限，并计算各测回平均角值。

五、技术要求

（1）仪器安置稳妥，观测过程中不可触动三脚架。

（2）观测过程中，照准部水准管气泡偏移不得超过 1 格。测回间允许重新整平，测回中不得重新整平。

（3）各测回盘左照准左方目标时，应按规定配置平盘读数。

（4）盘左顺时针方向转动照准部，盘右逆时针方向转动照准部。半测回内，不得反向转动照准部。

（5）观测者和记录者应坚持回报制度。

（6）水平度盘顺时针方向刻划。故计算角值时，应用右方目标的读数减左方目标的读数。不够减出现负角值时，应加上 $360°$。

六、实训成果

每人交测回法观测水平角、水平距离测量记录表 1 份，每人交操作视频 1 个。

水平角、水平距离测量记录表

测站	盘位	目标	水平度盘读数 /(° ′ ″)	半测回角值 /(° ′ ″)	一测回平均值 /(° ′ ″)	水平距离 HD/m	备注
							1. 上、下半测回的角度互差的限差 $\leqslant 40''$；
							2. 同一方向各测回方向值之差的限差 $\leqslant 24''$

七、南方 NTS － 310 系列全站仪角度、距离测量操作说明

（1）点击 置零与置盘。

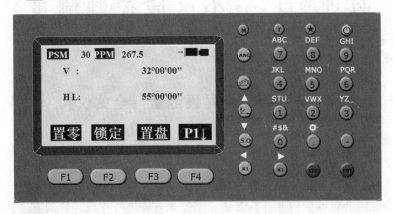

（2）点击 两次进入角度、距离测量模式。

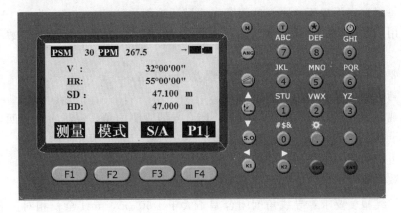

实训项目三　小区域控制测量

任务一　闭合导线测量（全站仪）

一、实训目的

（1）掌握闭合导线的布设方法。

（2）掌握全站仪闭合导线的外业观测方法。

（3）掌握闭合导线的内业计算方法，掌握 Excel 进行导线计算的方法。

二、实训任务

（1）每组选定不少于 4 个点的闭合导线进行施测。

（2）用全站仪完成导线测量工作，要求绘出草图，在草图上标出起算数据和观测结果。

（3）要求对中误差小于 1mm，整平误差小于 1 格。

（4）测定每条导线的边长和转折角。

（5）观测导线前进方向的左转折角，闭合导线观测内角，观测一个测回，半测回差不大于 $\pm 40''$。

（6）边长往测一个测回，要求距离测量往测一测回（瞄准目标一次，读数 2 次），一测回读数间较差不大于 $\pm 5mm$，读数取至 mm。

（7）导线精度要求：导线角度闭合差不大于 $\pm 60\sqrt{n}$，导线全长相对闭合差小于 1/2000。

（8）每人分别利用计算器和 Excel 进行导线计算。

三、实训仪器

全站仪 1 台，三脚架 3 个，小钢尺 1 把，棱镜组 2 个，小钉若干，自备记号笔、铅笔、小刀等。

四、实训流程

1. 外业观测

（1）根据导线测量选点的要求及测区情况，每组选定不少于 4 个导线点，并构成闭合导线。导线点按逆时针编号。导线起点坐标自己假定，利用罗盘仪测定起始边方位角。

（2）测定每条导线的边长及转折角。

（3）计算导线角度闭合差。

2. 内业计算

（1）检查核对所有已知数据和外业数据资料。

（2）角度闭合差的计算和调整。

（3）坐标方位角的推算。

（4）坐标增量计算。

（5）坐标增量闭合差的计算和调整。

（6）坐标计算。

（7）每人分别利用计算器和 Excel 进行导线内业计算。

五、技术要求

（1）相邻点间通视良好，地势较平坦，便于测角和量距。

（2）点位应选在土质坚实处，便于保存标志和安置仪器。

（3）视野开阔，便于测图和放样。

（4）导线点应有足够密度，分布较均匀，便于控制整个测区。

六、实训成果

每组提交导线测量计算表 1 份（顺时针一圈、逆时针一圈），每组提交小区域控制测量内业计算成果 2 份，每人提交作业视频（不少于 5min）。

导 线 测 量 计 算 表

点号	观测角 （左角）	改正数 (″)	改正角	坐标方位角 α	距离 D /m	增量计算值 /m		改正后增量 /m		坐标值/m	
						Δx	Δy	Δx	Δy	x	y
1	2	3	4＝2＋3	5	6	7	8	9	10	11	12
Σ											

辅助计算	$\sum \beta_{测}=$ $\sum \beta_{理}=$ $f_\beta=$	$f_{\beta容}=$ $f_x=$ $K=\dfrac{f}{\sum D}=$	$f=\sqrt{f_x^2+f_y^2}=$ $f_x=$

任务二 高程控制测量（四等水准）

一、实训目的

（1）通过四等水准测量的具体实施，明确四等水准测量的实施步骤和方法。

（2）掌握四等水准测量的成果计算。

二、实训任务

每组利用四等水准测量完成一条水准路线的施测。在校园内布设一条水准路线，在路线上选定 1～2 个待测水准点，由已知水准点 A 出发，依次经过待测水准点，闭合到 A 点。

三、实训仪器

水准仪 1 台，水准尺 1 对，尺垫 1 对，记录板 1 块。

四、实训流程

（1）安置水准仪，使前、后视距离大致相等，满足视距差要求。将望远镜对准后视尺黑面，精平后，读取上丝、下丝和中丝读数，记入表中。

（2）照准后视尺红面，只读取中丝读数，记入表中。

（3）将望远镜照准前视尺黑面，读取上丝、下丝和中丝读数，记入表中。

（4）照准前视尺红面，只读取中丝读数，记入表中。

至此，一个测站上的操作已告完成。四等水准测量这样观测的顺序简称为"后—后—前—前"，或"黑—红—黑—红"。

五、技术要求及注意事项

（1）读数前应消除视差，水准管的气泡一定要严格居中。

（2）计算平均高差时，都是以黑面尺计算所得高差为基准。

（3）每站观测完毕，应立即进行计算，该测站的所有检核均符合要求后方可搬站，否则必须立即重测。

（4）仪器未搬站，后视尺不可移动；仪器搬站时，前视尺不可移动。

（5）最后须进行每页计算校核，如果有误，须逐项检查计算中的差错并进行改正。

（6）实训中严禁专门化作业。小组成员的工种应进行轮换，保证每人都能担任到每一项工种。

（7）测站数一般应设置为偶数；为确保前、后视距离大致相等，可采用步测法；同时在施测过程中，应注意调整前后视距，以保证前后视距累积差不超限。

六、实训成果

每组交四等水准测量记录表 1 份，每人交实训报告 1 份，每人交操作视频 1 个。

四等水准测量记录表

时间：　　　年　月　日　　　　　　　　天气：

仪器及编号：　　　　观测者：　　　　记录者：　　　立尺者：

测站编号	点号	后尺 下丝 上丝 / 后视距/m / 视距差/m	前尺 下丝 上丝 / 前视距/m / $\sum d$/m	方向及尺号	标尺读数/m 黑面	标尺读数/m 红面	黑+K一红 /mm	高差中数 /m	备注
				后					K 为水准尺常数
				前					
				后-前					
				后					
				前					
				后-前					
				后					
				前					
				后-前					
				后					
				前					
				后-前					
				后					
				前					
				后-前					

任务三　三角高程测量

一、实训目的

掌握三角高程测量的步骤和方法。

二、实训任务

（1）在空旷的场地上选择三个间距约 60m 的点，构成一个高程点的闭合环。

（2）观测每一测段的往返测高差，最后计算闭合差。精度要求：竖直角采用中丝法读数，观测 2 测回，指标差较差和测回差限差均为不大于 $\pm 25''$，对向观测高差较差不大于 $80\sqrt{D}$ mm，环线闭合差不大于 $40\sqrt{\sum D}$ mm。其中，边长测量取 2 次读数的平均值，两次读数差不超过 ± 5mm；D 为导线边的长度（km）。仪器高和觇标高量至毫米。

三、实训仪器

全站仪 1 台，棱镜 2 个，小钢尺 3 把，记录板 1 块。

四、实训流程

（1）从任一点出发开始架设仪器，相邻两点架设棱镜，对中整平后量取仪器高和棱镜高，按以上要求观测距离和垂直角。

（2）沿顺时针或逆时针方向移动仪器和棱镜，重复以上观测，直至所有测段都进行了往返观测。

（3）计算每一测段的往返高差，并检查是否符合精度要求，超限重测。若符合精度要求，则计算往返测平均高差作为测段高差，并计算闭合差，超限重测。

五、注意事项

尽量提高视线高度，这样可以有效削弱地面折光的影响，提高测量精度。

六、实习成果

每组交三角高程测量记录表 1 份，每人交实训报告 1 份，每人交操作视频 1 个。

三角高程测量记录表

时间： 年 月 日 天气：

仪器及编号： 观测者： 记录者： 立尺者：

测段	往返	斜距/m	垂直角/(° ′ ″)	仪器高/m	目标高/m	高差/m	高差平均值/m
	往						
	返						
	往						
	返						

任务四 GPS-RTK 图根控制测量

一、实训目的

（1）熟悉 GPS-RTK 实训物品及各部件作用。

（2）掌握各部件连接方法。

（3）掌握 GPS-RTK 测量方法与步骤。

二、实训任务

在校园内选择合适的区域，根据已知控制点（3 个）利用 GPS-RTK 开展图根控制测量。具体内容如下：

（1）安装基准站。

（2）配置坐标系统。

（3）新建任务。

（4）设置基准站。

（5）安装流动站。

（6）设置流动站。

（7）点校正。

（8）测量。

三、实训仪器

基准站仪器：中海达基准站接收机、电台、蓄电池、加长杆、电台天线、电台数传线、电台电源线、三脚架 2 个、基座 1 个、加长杆铝盘。

流动站仪器：中海达 GPS 流动站接收机 1 台、棒状天线 1 根、碳纤对中杆、手簿 1 个、托架 1 个、中海达电子手簿 1 个。

四、实训流程及技术要求

参见本书项目四单元五。

五、实习成果

每组交图根控制测量成果 1 份，每人交实训报告 1 份，每人交操作视频 1 个。

实训项目四 地形图测绘

任务一 全站仪坐标测量

一、实训目的
掌握全站仪测量坐标的方法。

二、实训任务
每人测定若干点的坐标，练习全站仪进行坐标测量的步骤及方法。

三、实训仪器
全站仪1台，棱镜1个，对中杆1套，小钢尺1把，记录板1块。

四、实训流程

1. 新建项目

点击 M 键，进入菜单模式，选择数据采集，出现如下图所示操作界面。

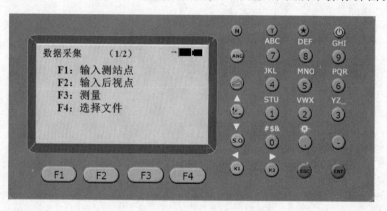

2. 坐标测量

进行坐标测量，要先设置测站坐标、测站高、棱镜高及后视方位角。

（1）设置测站点坐标。

（2）设置仪器高。

（3）设置棱镜高。

（4）设置后视，并通过测量来确定后视方位角：①通过锁定角度值进行设置；②通过键盘输入进行设置。

（5）测量待求点坐标。

五、实习成果
每人交坐标测量记录表1份，每人交实训报告1份，每人交操作视频1个。

坐标测量记录表

时间： 年 月 日 天气：

仪器及编号： 观测者： 记录者： 立尺者：

测 点	坐标/m			棱镜高/m	备 注
	x	y	z		

任务二　草图法数字测图

一、实训目的

（1）掌握全站仪进行数据采集（草图法）的作业过程。

（2）掌握全站仪与计算机之间的数据通信。

（3）掌握南方 CASS 成图软件的使用方法。

二、实训任务

在测区内，利用草图法，测绘 1∶500 数字地形图。利用全站仪采集地物和地貌特征点，并将数据传输到计算机中，利用 CASS 软件绘制成图。

三、实训仪器

全站仪 1 台，棱镜 1 个，对中杆 1 套，小钢尺 1 把，记录板 1 块，草图纸，南方 CASS 软件。

四、实训流程

（1）将全站仪安置在测站点上。

（2）按下 M 键，仪器进入主菜单 1/3 模式，按下回（数据采集）键，显示数据采集菜单 1/2。

（3）选择数据采集文件，使其所采集数据存储在该文件中。

（4）选择坐标数据文件，可进行测站坐标数据及后视坐标数据的调用（当无需调用已知点坐标数据时，可省略此步骤）。

（5）置测站点，包括仪器高和测站点号及坐标。

（6）置后视点，通过测量后视点进行定向，确定方位角。

（7）输入棱镜高，开始采集数据并存储。

（8）全站仪测点的同时，绘图员应跟随立镜员实地绘制草图。

（9）碎部点施测完毕，将数据导入计算机中。

（10）利用 CASS 软件绘制地形图。

五、技术要点及注意事项

（1）观测员应及时与绘图员对点号，立镜员最好固定一个镜高，当改变镜高时，应及时告知观测员。

（2）定向完成后，注意检核，可通过测第三个控制点或测量后视点进行检核。

六、实习成果

每人交 CASS 图 1 份，每人交实训报告 1 份，每人交操作视频 1 个。

实训项目五 地形图的应用

任务一 纸质地形图的应用

一、实训目的

（1）掌握在地形图上计算点位坐标、方位角、距离、高程的方法。

（2）掌握绘制断面图的方法。

（3）掌握坡度计算及按要求选定一条满足坡度的最短路线。

二、实训任务

在 1∶2000 地形图上完成以下工作：

（1）确定 A、C 两点的坐标。

（2）计算直线 AC 的距离和方位角。

（3）求 A、B、C、D 四点的高程。

（4）求 AC 连线的平均坡度。

（5）由 A 点到 E 点选定一条坡度不超过 6.5% 的最短路线。

（6）做沿 AB 方向的断面图。

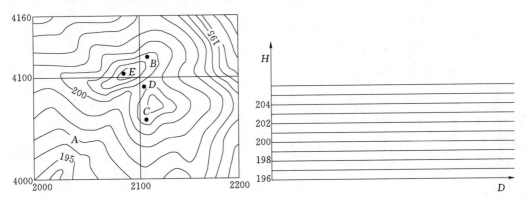

三、实训设备

计算器，绘图工具。

任务二 数字地形图的应用

一、实训目的

（1）掌握 CASS 软件进行几何要素查询的方法。

（2）熟悉 CASS 软件计算土方量和绘制断面图的步骤和方法。

二、实训任务

利用 CASS 软件自带的数据文件 DGX.DAT，做以下训练。

1. **基本几何要素的查询**

查询指定点坐标，查询两点距离及方位，查询线长，查询实体面积。

方法：用鼠标点取"工程应用"菜单，在下拉菜单中选择查询点、线、面即可。

2. **土方量的计算**

土方量的计算的方法有很多种，CASS 软件提供的方法有：DTM 法、断面法、方格网法、等高线法、区域土方量平衡法。可以任选两种方法进行练习。

3. **绘制断面图**

CASS 软件绘制断面图的方法有四种：根据已知坐标、根据里程文件、根据等高线、根据三角网。可以任选两种方法进行练习。

三、实训设备

计算机，南方 CASS 软件。

实训项目六 施 工 测 量 实 训

任务一 已 知 高 程 的 测 设

一、实训目的

掌握利用水准仪进行高程测设的方法。

二、实训任务

(1) 掌握计算放样数据的方法。

(2) 按给定的数据，先计算出放样数据，然后进行测设。

计算完毕和测设完毕后，都必须进行认真的校核。放样高程精度为 1cm，即检核高差理论值与实际值之差小于 ±1cm。

(3) 测设过程中要注意使仪器严格整平。

三、实训仪器

水准仪 1 台，水准尺 1 根，小木桩 1 个，记号笔 1 个。

四、实训流程

(1) 将水准仪安置在已知水准点 A 与 P 点的中间，后视 A，得后视读数 a，要使 P 点桩顶的高程等于设计值 H，则竖立在桩顶的尺上读数应为：$b = H_A + a - H_P$。

(2) 在 P 点逐渐将木桩打入土中，使立在桩顶的尺上读数逐渐增加到 b，这样，在 P 点桩顶就标出了设计高程 H_P。也可将水准尺沿木桩的侧面上下移动，直至尺上读数为计算出的 b 为止，这时沿水准尺的零刻划线在桩的侧面绘一条红线，其高程即为 P 点的设计高程。

五、实习成果

每人交测设数据计算表 1 份，每人交实训报告 1 份，每人交操作视频 1 个。

测 设 数 据 计 算 表

时间： 年 月 日 天气：

仪器及编号： 观测者： 记录者： 立尺者：

已知高程	设计高程	后视读数	计算前视读数	测设后检查高差	与已知值差值
H_A	H_{P1}	a_1	b_1		
H_A	H_{P2}	a_2	b_2		

任务二 平面位置的测设

一、实训目的

掌握利用全站仪进行点的平面位置测设的方法。

二、实训任务

(1) 根据两个已知的控制点,用全站仪在实地测设出某建筑物的四个轴线交点的平面位置,并在实地标定。

(2) 要求对中误差小于 2mm,整平误差小于 1 格,实地标定的点位清晰。

测量所测设 4 个点的水平距离和水平角进行检核,要求水平距离与设计值之差的相对误差不大于 1/3000,水平角与设计值之差不大于 $\pm 30''$。

三、实训仪器

全站仪 1 台,棱镜 1 个,对中杆 1 套,小钢尺 1 把,钉子 4 个,木桩 4 个。

四、实训流程

(1) 在实训场地选定 A、B 两点,假定:

$x_A = 371.245\text{m}$, $y_A = 500.489\text{m}$; $x_B = 371.245\text{m}$, $y_B = 527.043\text{m}$

(2) 设计建筑物轴线交点的坐标为:

$x_{P1} = 375.395\text{m}$, $y_{P1} = 509.285\text{m}$; $x_{P2} = 383.395\text{m}$, $y_{P2} = 509.285\text{m}$

$x_{P3} = 383.395\text{m}$, $y_{P3} = 519.285\text{m}$; $x_{P4} = 375.395\text{m}$, $y_{P4} = 519.285\text{m}$

(3) 把全站仪安置在 A 点,输入 A 点坐标;瞄准后视点 B,输入 B 点坐标进行定向;然后将待放样点 P_1 的设计坐标输入全站仪,即可自动计算出测设数据:水平角 β_1 及水平距离 D_{AP1}。首先测设水平角度 β_1,转动全站仪的照准部,使 d_{HA} 变为 $0°0'00''$,将照准部制动;在视线方向上调整棱镜位置,直至 d_{HD} 变为零,此时距离为 D_{AP1},这样就得到了地面点 P_1。同法测设其余三个点。

(4) 检核。将全站仪分别安置在 P_1、P_2、P_3、P_4 点上,测量四个水平角和四个水平距离,也可以在 A 点上,利用全站仪程序测量中的"对边测量"功能测量四个点间的水平距离。如水平角和水平距离满足精度要求,则结束实训。否则,应重新放样。

五、实习成果

每人交实训报告 1 份,每人交操作视频 1 个。

参 考 文 献

［1］ 赵红，张养安，李聚方，等. 水利工程测量［M］. 北京：中国水利水电出版社，2010.

［2］ 赵桂生，刘爱军. 水利工程测量［M］. 北京：中国水利水电出版社，2014.

［3］ 牛志宏，徐启杨，蓝善勇. 水利工程测量［M］. 北京：中国水利水电出版社，2005.

［4］ 王郑睿. 水利工程测量［M］. 北京：中国水利水电出版社，2011.

［5］ 岳建平，邓念武. 水利工程测量［M］. 北京：中国水利水电出版社，2011.

［6］ 梅文胜，周燕芳，周俊. 基于地面三维激光扫描的精细地形测绘［J］. 测绘通报，2010（1）：53－56.

［7］ 彭维吉，李孝雁，黄飒. 基于地面三维激光扫描技术的快速地形图测绘［J］. 测绘通报，2013（3）：70－72.

［8］ 车大为，张珅. 无人机倾斜摄影在水电工程中的应用［C］// 第二届全国岩土工程 BIM 技术研讨会论文集. 北京：中国水利水电出版社，2017.

［9］ 魏来. 无人机倾斜摄影技术在 1∶500 带状地形图测量中的试验及分析［J］. 测绘与空间地理信息，2018（9）.

［10］ 赵培，王之顺，叶瑞峰，等. 无人测量船在水库水下地形测量中的应用［J］. 经纬天地，2018.

［11］ 中华人民共和国建设部. 工程测量规范：GB 50026—2007［S］. 北京：中国计划出版社，2008.